高等教育课程改革创新教材

电工电子线路实验与设计

徐静萍　主　编
尚建荣　黄　慧　副主编
丁鹏飞　参　编
樊　宏　主　审

科学出版社
北　京

内 容 简 介

“电工电子线路实验与设计”课程紧密配合电工电子技术理论教学，通过验证性实验，使学生在实践过程中更加形象、直观地理解基本概念，巩固基础理论知识，并能够分析实验现象和解决实际问题。

本书内容由浅入深，共6个单元。其中，单元1介绍电工电子线路实验基础知识与基本要求，单元2介绍仪器仪表的使用，单元3介绍Multisim 14.0的基本功能与操作，单元4和单元5分别涉及电路分析基础实验和模拟电子线路实验，单元6介绍综合设计实验课题并给出具体实例。

本书可以作为高等学校通信类、电子电气类、控制类等专业的实验教材，也可供相关领域的工程技术人员参考。

图书在版编目（CIP）数据

电工电子线路实验与设计/徐静萍主编. —北京：科学出版社，2020.6
高等教育课程改革创新教材
ISBN 978-7-03-064966-9

Ⅰ. ①电… Ⅱ. ①徐… Ⅲ. ①电子电路-实验-高等学校-教材 ②电子电路-电路设计-高等学校-教材 Ⅳ. ①TN710-33 ②TN702

中国版本图书馆CIP数据核字（2020）第071471号

责任编辑：张振华 / 责任校对：赵丽杰
责任印制：吕春珉 / 封面设计：东方人华平面设计部

科学出版社 出版
北京东黄城根北街16号
邮政编码：100717
http://www.sciencep.com

三河市中晟雅豪印务有限公司印刷
科学出版社发行　各地新华书店经销
*
2020年6月第 一 版　开本：787×1092 1/16
2021年11月第三次印刷　印张：13 1/2
字数：300 000

定价：39.00元

（如有印装质量问题，我社负责调换〈中晟雅豪〉）
销售部电话 010-62136230　编辑部电话 010-62135120-2005（VT03）

前　言

本书是西安邮电大学电工电子实验教学部教学团队对电工电子线路实验课进行教学改革的成果之一。编者以培养高素质的创新型和工程应用型人才为目标，按照教育部教材建设的要求，并结合近几年建设电工电子线路实验课的体会和学生意见，编写了本书。

“电工电子线路实验与设计”是通信类、电子电气类、控制类专业学生一门重要的基础实验课。开设此课程的目的是培养毕业后能从事现代电子设备的使用、维护和设计研究工作的学生，为学生在电子科学与工程方面进一步深造或自学打下坚实的基础。在理论课堂教学中，学生学到的都是基于理想元件的基本单元电路；通过实验，可以使学生认识实际元件，分析实际电路，培养严谨的科学态度和踏实的工作作风，提高解决实际问题的能力。实践证明，实验课能拓宽学生的知识面，系统地对学生进行电子电路设计的工程实践训练，为后续的课程设计、电子竞赛、毕业设计等打下良好的基础。

本书内容丰富、由浅入深，包括电工电子线路实验基础知识与基本要求、仪器仪表的使用、Multisim 14.0 基本功能与操作、电路分析基础实验、模拟电子线路实验、综合设计类实验。实验安排既考虑与理论教学保持同步，又注重学生实际工程设计能力的培养，在保证基本验证性实验的同时，增加了设计性和综合性实验。单元 4～6 分别设计了与理论课同步的基础实验、滞后理论课学习的综合设计性实验，以适应不同教学条件的学校使用。

本书由徐静萍（西安邮电大学）担任主编，尚建荣（西安邮电大学）、黄慧（华北水利水电大学）担任副主编，樊宏（西安邮电大学）担任主审，丁鹏飞（西安邮电大学）参与编写。

西安邮电大学电子工程学院张宝军和高敏在百忙之中审阅了全书，电工电子实验教学部全体老师提出了许多宝贵的建议，在此一并表示感谢。

由于编者水平有限，书中难免有不妥之处，敬请读者批评指正。

前言

目　　录

单元1　电工电子线路实验基础知识与基本要求　1

1.1　电工电子线路实验课的意义、地位和要求　2
1.1.1　电工电子线路实验课的意义和地位　2
1.1.2　电工电子线路实验课的要求　2
1.2　常用电子元器件的基础知识　3
1.2.1　电阻器和电位器　3
1.2.2　电容器　6
1.2.3　电感器　9
1.2.4　二极管　11
1.2.5　晶体管　13
1.2.6　场效应管　15
1.2.7　集成电路　16
1.3　实验中的注意事项　17
1.4　实验数据的记录与处理　18
1.4.1　有效数字　18
1.4.2　有效数字的运算规则　19
1.4.3　实验数据的处理方法　19
1.5　电路故障查找与排除　20
1.5.1　排除实验故障的步骤　20
1.5.2　常见的故障产生原因　20
1.5.3　排除故障的一般方法　20

单元2　仪器仪表的使用　22

2.1　数字万用表　23
2.1.1　万用表简介　23
2.1.2　面板介绍　23
2.1.3　使用方法　24
2.1.4　仪表保养与电池更换　25
2.2　直流稳压电源　25
2.2.1　直流稳压电源简介　25
2.2.2　主要技术参数　26
2.2.3　面板介绍　26

2.2.4 使用方法 …… 27
2.3 函数信号发生器 …… 28
2.3.1 TFG2030 DDS 函数信号发生器 …… 28
2.3.2 F40 型数字合成函数信号发生器 …… 30
2.4 示波器 …… 33
2.4.1 示波器简介 …… 33
2.4.2 使用示波器测量电压、相位、时间与频率 …… 34
2.4.3 常用示波器的使用 …… 36

单元3 Multisim 14.0 基本功能与操作 46

3.1 Multisim 14.0 概述 …… 47
3.2 Multisim 14.0 的基本操作界面及菜单栏 …… 47
3.3 虚拟仪器仪表 …… 55
3.3.1 数字万用表 …… 55
3.3.2 函数信号发生器 …… 56
3.3.3 瓦特计 …… 57
3.3.4 示波器 …… 57
3.3.5 4 通道示波器 …… 59
3.3.6 波特测试仪 …… 59
3.3.7 频率计数器 …… 61
3.3.8 字发生器 …… 61
3.3.9 逻辑分析仪 …… 63
3.3.10 逻辑变换器 …… 64
3.3.11 IV 分析仪 …… 65
3.3.12 失真分析仪 …… 66
3.3.13 光谱分析仪 …… 67
3.3.14 网络分析仪 …… 68
3.3.15 Agilent 仪器 …… 70
3.3.16 Texktronix 示波器 …… 70
3.4 Multisim 14.0 的仿真分析 …… 70
3.5 实例分析 …… 88
3.5.1 *RC* 一阶电路的方波脉冲全响应电路仿真分析 …… 88
3.5.2 单管共射极放大电路仿真分析 …… 90

单元4 电路分析基础实验 93

实验 4.1 直流稳压电源及仪表的使用 …… 94
实验 4.2 元器件伏安特性和电源外特性的测试 …… 96

实验 4.3　基尔霍夫定律的研究……100
实验 4.4　叠加定理……102
实验 4.5　戴维南定理及最大功率传输条件的研究……104
实验 4.6　受控源……109
实验 4.7　信号源、数字存储示波器的使用……114
实验 4.8　*RC* 一阶电路动态特性的研究……116
实验 4.9　二阶电路的暂态过程研究……120
实验 4.10　*RC* 电路的频率响应及选频网络特性测试……123
实验 4.11　*RLC* 正弦稳态电路分析及研究……126
实验 4.12　荧光灯及改善功率因数的实验……129
实验 4.13　*RLC* 串联谐振电路特性研究……133
实验 4.14　二端口网络参数的测试……137

单元 5　模拟电子线路实验　140

实验 5.1　二极管电路的应用……141
实验 5.2　共射极单管放大电路……143
实验 5.3　射极跟随器……149
实验 5.4　场效应管放大器……153
实验 5.5　差动放大电路……156
实验 5.6　集成功率放大电路……159
实验 5.7　运算放大器的应用（一）……164
实验 5.8　运算放大器的应用（二）……169
实验 5.9　比较电路……172
实验 5.10　电流源电路……175
实验 5.11　负反馈放大电路……177
实验 5.12　*RC* 有源滤波电路……181

单元 6　综合设计类实验　185

6.1　模拟电子电路的设计方法……186
6.1.1　总体方案的确定……186
6.1.2　单元电路设计……187
6.1.3　元器件的选择……187
6.1.4　电路原理图绘制要求……189
6.2　硬件电路验证……190
6.2.1　整体结构布局和元器件的安置……190
6.2.2　电路布线……191
6.2.3　硬件电路的调试……191

6.3 硬件电路的故障分析与处理……193
6.3.1 故障产生的原因……193
6.3.2 故障的诊断方法……193
6.4 设计举例……194
6.5 实验题目……198
6.5.1 多级放大器的设计……198
6.5.2 单级阻容耦合晶体管放大器设计……203
6.5.3 稳压电路设计……204
6.5.4 滤波电路设计……204
6.5.5 波形产生电路设计……205
参考文献 206

1 单元 电工电子线路实验基础知识与基本要求

◎ **单元导读**

电工电子线路实验课是电类相关专业学生重要的实践课程，在教学中具有重要意义。掌握常用电子元器件（包括电阻器、电容器、电感器、二极管、晶体管、场效应管、运算放大器等）的基本知识是对电类相关专业学生最基本的要求。

◎ **能力目标**

1. 能够熟练识读色环电阻器。
2. 认识瓷片电容器和电解电容器，能读出电容器的大小，并判断电解电容器的极性。
3. 能够熟练识读色环电感器。
4. 能够判断二极管的极性。
5. 能够判断晶体管各极及其类型。

◎ **思政目标**

1. 树立正确的学习观、价值观，自觉践行行业道德规范。
2. 遵规守纪，安全实验，爱护设备，钻研技术。
3. 培养一丝不苟、精益求精的工作作风。

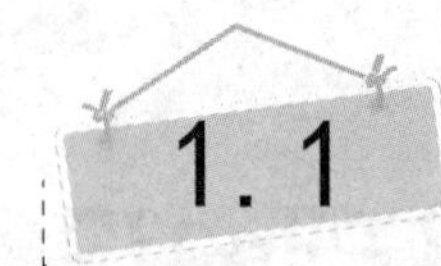

1.1 电工电子线路实验课的意义、地位和要求

1.1.1 电工电子线路实验课的意义和地位

电工电子技术是通信类、电子电气类、控制类等专业一门重要的技术基础课，其显著特征之一是实践性。实验是理论教学的深化和补充，具有较强的实践性，在理论教学的同时开设实验课程，可以将理论与实际有机地联系起来，使学生接受系统实验方法和实验技能训练，培养学生理论联系实际的能力和科学实验能力。若要很好地掌握电工电子技术，除了掌握基本元器件的原理、电路的基本组成及分析方法外，还应掌握电子元器件及基本电路的应用技术。电工电子线路实验课已成为电工电子技术教学中的重要环节。通过实验，学生能正确使用仪器、设备；了解电子元器件的基本知识；掌握电子元器件的测量原理和方法；掌握电工电子技术的基本测量技术及调试方法；进一步巩固和加深对电工电子线路基本知识的理解，提高综合运用所学知识及独立设计电路的能力；能独立撰写设计说明，准确分析实验结果，撰写实验报告。通过实际操作，培养学生独立思考、独立分析和独立实验的能力，使学生能够利用所学理论知识分析实验中遇到的实际问题，掌握实际操作中的基本故障检测方法，培养学生综合应用所学理论知识进行小规模电路设计及装调的能力。

1.1.2 电工电子线路实验课的要求

通过电工电子线路实验课，学生在实验技能方面应达到以下要求：

1）正确使用万用表、示波器、函数信号发生器、直流稳压电源等常用的仪器仪表。

2）根据实验要求正确设计电路，选择实验设备和器件，学会按电路图连接实验电路，要求做到连线正确、布局合理、测量方便。

3）正确地运用实验手段来验证一些定理和理论。

4）能够读懂基本电子电路图，具有一定分析电路作用或功能的能力。

5）能够查阅和利用技术资料，合理选用电子元器件并具有设计、组装、调试基本电子电路的能力。

6）能够认真观察和分析实验现象，运用正确的实验手段采集实验数据，绘制图表、曲线，科学地分析实验结果，正确书写实验报告。

1.2 常用电子元器件的基础知识

1.2.1　电阻器和电位器

电阻器（resistor）是所有电子电路中使用最多的元件。电阻器的主要物理特性是变电能为热能，即它是一个耗能元件，电流经过它会产生内能。电阻器在电路中通常起分压、分流的作用。对信号来说，交流信号与直流信号都可以通过电阻器。

电阻器都有一定的阻值，代表这个电阻器对电流流动阻挡力的大小，单位是欧姆（简称欧），符号为Ω。欧姆的定义为当在一个电阻器的两端加上 1V 的电压时，如果这个电阻器中有 1A 的电流通过，则这个电阻器的阻值为 1Ω。除了欧姆外，电阻的单位还有千欧（kΩ）、兆欧（MΩ）等，其换算关系为$1\text{M}\Omega=1000\text{k}\Omega$，$1\text{k}\Omega=1000\Omega$。

电位器是阻值在一定范围内连续可调的电子元件。电位器依靠电刷在电阻体上的滑动取得与电刷位移成一定关系的输出电压。

常用的电位器如图 1.1 所示。其中，R_{12}是固定的电阻值，在电位器上标示，如 103，表示 R_{12}=10×1000=10（kΩ）。转动电位器上的螺钉可以改变 R_{13} 和 R_{23} 的值，但始终保持 R_{12}=R_{13}+R_{23}。接入电路时，只需将 1、3 端子或 2、3 端子接入即可。图 1.2 是另一种电位器。

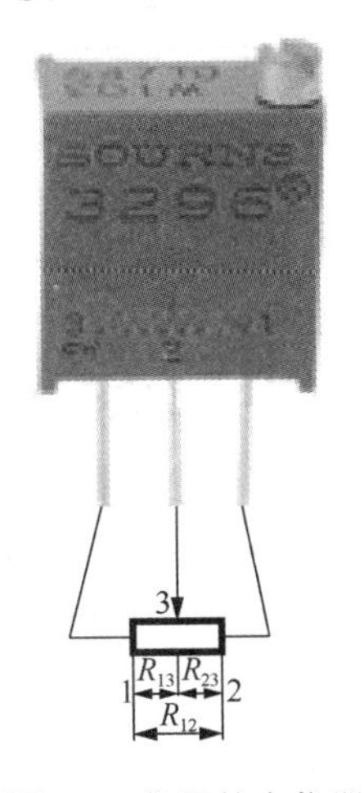

图 1.1　常用的电位器

图 1.2　电位器

1. 电阻器的分类

按阻值特性，电阻器可以分为固定电阻器、可调电阻器、特种电阻器（又称敏感电阻器）。按制造材料，电阻器可以分为碳膜电阻器、金属膜电阻器、线绕电阻器等。按安装方式，电阻器可以分为插件电阻器、贴片电阻器。

注意：阻值不能调节的电阻器称为固定电阻器，阻值可以调节的电阻器称为可调电阻器。

2. 电阻器的型号命名法

国产电阻器的型号由4部分组成（不适用于敏感电阻器）：第一部分是主称，用字母表示，表示产品的名称；第二部分是材料，用字母表示，表示电阻体由什么材料组成；第三部分是分类，一般用数字表示，个别类型用字母表示；第四部分是序号，用数字表示，表示同类产品中的不同品种，以区分产品的外形尺寸和性能指标等。国产电阻器的型号命名如表1.1所示。例如，RT11表示普通碳膜电阻器。

表1.1 国产电阻器的型号命名

第一部分		第二部分		第三部分		第四部分
主称		材料		分类		序号
符号	意义	符号	意义	符号	意义	
R W	电阻器 电位器	T H S N J Y C I X	碳膜 合成碳膜 有机实心 无机实心 金属膜 氧化膜 沉积膜 玻璃釉膜 线绕	1 2 3 4 5 6 7 8 9 G T	普通 普通 超高频 高阻 高温 精密 精密 高压 特殊 高功率 可调	用于区分同类产品中的不同品种，包括额定功率、阻值、允许偏差、精度等级等

3. 电阻器的主要参数

1）标称阻值：标示在电阻器上的电阻值称为标称阻值。标称阻值是根据国家规定的阻值系列标注的。标称阻值系列如表1.2所示，电阻器的标称阻值应为表1.2中所列数值乘以10^n（n为整数）。

表1.2 标称阻值系列

标称阻值系列	电阻系列标称阻值
E24	1.0，1.1，1.2，1.3，1.5，1.6，1.8，2.0，2.2，2.4，2.7，3.0，3.3，3.6，3.9，4.3，4.7，5.1，5.6，6.2，6.8，7.5，8.2，9.1
E12	1.0，1.2，1.5，1.8，2.2，2.7，3.3，3.9，4.7，5.6，6.8，8.2
E6	1.0，1.5，2.2，3.3，4.7，6.8

2）允许偏差：电阻器的实际阻值相对于标称阻值的最大允许误差范围称为允许偏差。它表示电阻器的精度。例如，线绕电阻器的允许偏差一般小于±10%，非线绕电阻器的允许偏差一般小于±20%。允许偏差与精度等级关系如表1.3所示。

表 1.3　允许偏差与精度等级关系

级别	0.05	0.1	0.2	I	II	III
允许偏差	±0.5%	±1%	±2%	±5%	±10%	±20%

3）额定功率：电阻器在电路中长时间连续工作且不损坏或不显著改变性能时所允许消耗的最大功率。例如，线绕电阻器的额定功率系列为 1/20W、1/8W、1/4W、1/2W、1W、2W、4W、8W、10W、16W、25W、40W、50W、75W、100W、150W、250W、500W。非线绕电阻器的额定功率系列为 1/20W、1/8W、1/4W、1/2W、1W、2W、5W、10W、25W、50W、100W。

4）额定电压：电阻器长时间正常工作时的最佳电压。

5）最高工作电压：电阻器允许的最大连续工作电压。电阻器在低气压条件下工作时，最高工作电压较低。

6）温度系数：温度每变化 1℃所引起的电阻值的相对变化。温度系数越小，电阻器的稳定性越好。温度系数有正负之分，电阻值随温度升高而增大时为正温度系数，反之为负温度系数。

7）老化系数：电阻器在额定功率长期负荷条件下阻值相对变化的百分数。它是表示电阻器寿命长短的参数。

8）电压系数：在规定的电压范围内，电压每变化 1V，电阻器的相对变化量。

9）噪声：产生于电阻器中的一种不规则的电压起伏，包括热噪声和电流噪声两部分。热噪声是由于导体内部不规则的电子自由运动使导体任意两点的电压不规则变化产生的。

4. 电阻器标称阻值与允许偏差的标示方法

1）直标法：用数字和单位符号在电阻器表面标出阻值，允许偏差直接用百分数表示，如 5.1kΩ5%。若电阻器表面未标注允许偏差，则表示允许偏差为±20%。

2）文字符号法：用阿拉伯数字和文字符号有规律地组合来表示标称阻值，允许偏差也用文字符号表示。文字符号前面的数字表示整数阻值，后面的数字依次表示第一位小数阻值和第二位小数阻值。例如，0.1Ω 可表示为Ω1、0R1，3.3Ω可表示为3Ω3、3R3，3.3 kΩ 可表示为 3K3。

表示允许偏差的文字符号有 D、F、G、J、K、M，分别对应的允许偏差为±0.5%、±1%、±2%、±5%、±10%、±20%。

3）数码法：在电阻器上用 3 位数码表示标称阻值的标注方法。数码从左到右第一、二位为有效值，第三位为指数，即零的个数，单位为Ω。允许偏差通常采用文字符号表示。

4）色标法：用不同颜色的带或点在电阻器表面标出标称阻值和允许偏差。国外电阻器大部分采用色标法。色环颜色的意义如表 1.4 所示。

表 1.4　色环颜色的意义

色环	棕	红	橙	黄	绿	蓝	紫	灰	白	黑	金	银
表示数字	1	2	3	4	5	6	7	8	9	0		
表示倍数	10^1	10^2	10^3	10^4	10^5	10^6	10^7	10^8	10^9	10^0	10^{-1}	10^{-2}
表示允许偏差	±1%	±2%			±0.5%	±0.2%	±0.1%				±5%	±10%

当电阻器为四环时，前两位为有效数字，第三位为指数，第四位为允许偏差。当电阻器为五环时，最后一环与前面四环距离较大，前三位为有效数字，第四位为指数，第五位为允许偏差。常见的色环电阻器如图 1.3 所示。

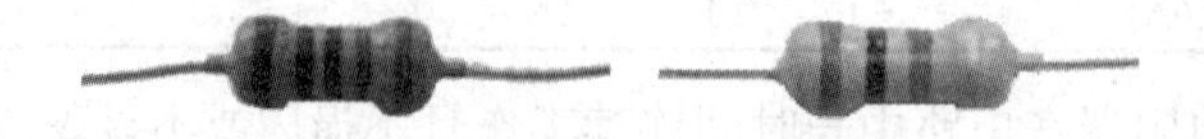

图 1.3　常见的色环电阻器

1.2.2　电容器

电容是表征电容器容纳电荷本领的物理量。人们把电容器的两极板间的电势差增加 1V 所需的电量称为电容器的电容。从物理学上讲，电容器是一种静态电荷存储介质，是电子、电力领域不可缺少的电子元件。电容器主要用于电源滤波、信号滤波、信号耦合、调谐、隔直流等电路中。电容的符号是 *C*，单位为法拉（简称法），符号为 F。常用的电容单位有毫法（mF）、微法（μF）、纳法（nF）和皮法（pF）等。它们的换算关系如下：

1 法（F）= 1000 毫法（mF）=1000000 微法（μF）

1 微法（μF）= 1000 纳法（nF）= 1000000 皮法（pF）

1. 电容器的分类

按照材质及特点，电容器的分类如表 1.5 所示。

表 1.5　电容器的分类

名称	性能	特点与应用
聚酯（涤纶）电容器（CL）	电容量为 40pF～4μF，额定电压为 63～630V	主要特点为体积小，容量大，耐热、耐湿，稳定性差；主要用于对稳定性和损耗要求不高的低频电路
聚苯乙烯电容器（CB）	电容量为 10pF～1μF，额定电压为 100V～30kV	主要特点为稳定，损耗低，体积较大；主要用于对稳定性和损耗要求较高的电路
聚丙烯电容器（CBB）	电容量为 1000pF～10μF，额定电压为 63～2000V	主要特点为性能与聚苯乙烯电容器相似，但体积小，稳定性略差；主要代替大部分聚苯乙烯电容器或云母电容器用于要求较高的电路
云母电容器（CY）	电容量为 10pF～0.1μF，额定电压为 100V～7kV	主要特点为稳定性高，可靠性高，温度系数小；主要用于高频振荡及脉冲等要求较高的电路
高频瓷介电容器（CC）	电容量为 1～6800pF，额定电压为 63～500V	主要特点为高频损耗小，稳定性好；主要用于高频电路
低频瓷介电容器（CT）	电容量为 10pF～4.7μF，额定电压为 50～100V	主要特点为体积小，价格低廉，损耗大，稳定性差；主要用于要求不高的低频电路
玻璃釉电容器（CI）	电容量为 10pF～0.1μF，额定电压为 63～400V	主要特点为稳定性较好，损耗小，耐高温（200℃）；主要用于脉冲、耦合、旁路等电路
铝电解电容器（CD）	电容量为 0.47～10000μF，额定电压为 6.3～450V	主要特点为体积小，容量大，损耗大，漏电量大；主要用于电源滤波、低频耦合、去耦合等电路
钽电解电容器（CA）	电容量为 0.1～1000μF，额定电压为 6.3～125V	主要特点为损耗、漏电量小于铝电解电容器；主要用于在要求高的电路中代替铝电解电容器

续表

名称	性能	特点与应用
空气介质可变电容器	可变电容量为 100～1500pF	主要特点为损耗小，效率高，可根据要求制成直线式、直线波长式、直线频率式及对数式等；主要用于电子仪器、广播电视设备等
薄膜介质可变电容器	可变电容量为 15～550pF	主要特点为体积小，质量小，损耗比空气介质可变电容器大；主要用于通信、广播接收机等
薄膜介质微调电容器	可变电容量为 1～29pF	主要特点为损耗较大，体积小；主要用于收录机、电子仪器等电路中作为电路补偿
陶瓷介质微调电容器	可变电容量为 0.3～22pF	主要特点为损耗较小，体积较小；主要用于精密调谐的高频振荡回路
独石电容器	容量范围为 0.5pF～1μF，耐压为二倍额定电压	主要特点为电容量大，体积小，可靠性高，电容量稳定，耐高温、耐湿性能好等；主要用于电子精密仪器、各种小型电子设备中作为谐振、耦合、滤波、旁路

另外，按照安装方式，电容器可分为贴片电容器和直插电容器。按照结构，电容器可分为固定电容器、可变电容器和微调电容器。

2. 电容器的型号命名法

国产电容器的型号一般由 4 部分组成（不适用于压敏、可变、真空电容器）。第一部分是名称，用字母 C 表示；第二部分是材料，用字母表示；第三部分是分类，一般用数字表示，个别用字母表示；第四部分是序号，用数字表示。国产电容器的型号如表 1.6 所示。

表 1.6　国产电容器的型号

第一部分		第二部分				第三部分					第四部分
主称		材料				分类					序号
符号	意义	符号	意义	符号	意义	符号	意义				
							瓷介	云母	有机性	电解电容	
		A	钽电解质	O	玻璃膜	1	圆片	非密封	密封	箔式	
		B	聚苯乙烯等	Q	漆膜	2	管形	非密封	非密封	箔式	
		BB	聚丙烯	S	聚碳酸酯	3	叠片	密封	密封	烧结粉固体	
		C	高频瓷	T	低频瓷	4	独石	密封	密封	烧结粉固体	对于材料相同可互换的，给同一序号。影响互换的，在序号后面用大写字母作为区别代号
		D	铝电解质	V	云母纸	5	穿心				
		E	其他材料	Y	云母	6	支柱				
C	电容	G	合金电解质	Z	纸介	7				无极性	
		H	复合介质			8	高压	高压	高压		
		I	玻璃釉			9			特殊	特殊	
		J	金属化纸			G	高功率				
		L	涤纶			T	叠片式				
		N	铌电解质			W	微调				

3. 电容器的主要特性参数

1）标称容量：标注在电容器上的“名义”电容量。目前，我国采用的固定式标称容量系列是E24、E12、E6。

2）允许偏差：实际电容量对于标称容量的最大允许误差范围。固定电容器的允许偏差分为8级，如表1.7所示。

表1.7 电容器的允许偏差

级别	0.1	0.2	I	II	III	IV	V	VI
允许偏差	±1%	±2%	±5%	±10%	±20%	+20% −30%	+50% −20%	+100% −10%

3）额定工作电压：电容器在电路中能够长期稳定、可靠工作，所承受的最大电压，又称耐压。对于结构、介质、容量相同的元器件，耐压越高，体积越大。

4）温度系数：在一定温度范围内，温度每变化1℃，电容量的相对变化值。温度系数越小越好。

5）绝缘电阻：用来表明漏电大小。一般小容量的电容器，绝缘电阻很大，为几百兆欧甚至几千兆欧。电解电容器的绝缘电阻一般较小。相对而言，绝缘电阻越大，漏电越小。

6）损耗：在电场的作用下，电容器在单位时间内发热而消耗的能量。这些损耗主要来自介质损耗和金属损耗，通常用损耗角的正切值来表示。

7）频率特性：电容器的电参数随电场频率而变化的性质。在高频条件下工作的电容器，介电常数较小，电容量也相应减小。损耗随频率的升高而增加。另外，在高频工作时，电容器的分布参数，如极片电阻、引线和极片间的电阻、极片电感、引线电感等都会影响电容器的性能，电容器的使用频率受到限制。

不同品种的电容器，最高使用频率不同。例如，小型云母电容器的最高使用频率在250MHz以内，圆片形瓷介电容器的最高使用频率为300MHz，圆管形瓷介电容器的最高使用频率为200MHz，圆盘形瓷介电容器的最高使用频率可达3000MHz，小型纸介电容器的最高使用频率为80MHz，中型纸介电容器的最高使用频率只有8MHz。

4. 电容器的标示

1）数量级标示：此标示方法中，电容的基本标注单位是pF，如图1.4所示。例如，104表示容量为10×10^4=100000（pF）=0.1（μF），472表示容量为47×10^2=4700（pF）。

2）字母标示：电容器上标示的字母有μ、p、n，单位为F。例如，4μ7表示容量为4.7μF。

3）直接标示：分为整数标示与小数标示两种。其中，整数标示单位为pF，如47表示容量为47pF。小数标示单位为μF，如0.1表示容量为0.1μF。

4）电解电容的标示：在电解电容器（图1.5）上，由上至下有一条白色的宽带子，其上有明显的“-”标记，它所对应的引脚即为电解电容器的负极。电解电容器容量的大小直接标示于电容器表面，如105℃/470μF/25V表示电解电容器的最高工作温度为105℃，容量为470μF，耐压值为25V。

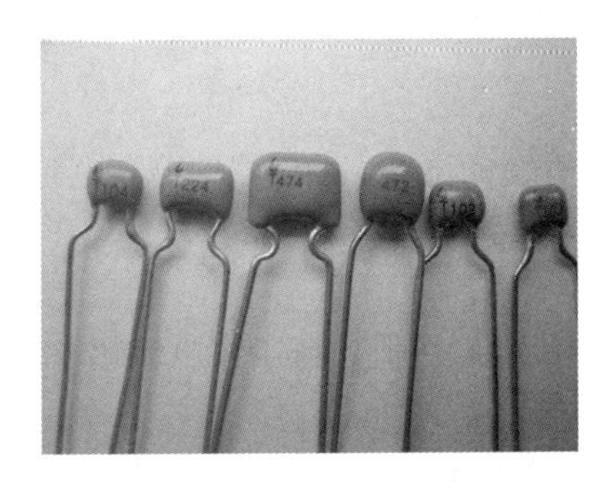

图 1.4　电容器的数量级标示

图 1.5　电解电容器

1.2.3　电感器

电感器一般由线圈组成。为了增加电感量 L，提高品质因数 Q 和减小体积，通常在线圈中加入软磁性材料制成的磁心。

1. 电感器的分类

根据电感量是否可调，电感器分为固定电感器、可变电感器和微调电感器。可变电感器的电感量利用磁心在线圈内移动而在较大的范围内调节。它一般与固定电容器配合应用于谐振电路中起调谐作用。微调电感器可以满足整机调试的需要，用于补偿电感器生产中的分散性，一次调好后，一般不再变动。

另外，根据磁导体性质，电感器可分为空心电感器、磁心电感器、铁心电感器等。

2. 电感器的主要参数

电感器的主要参数有电感量、允许偏差、品质因数、分布电容及额定电流等。

（1）电感量

电感量又称自感系数，是表示电感器产生自感应能力的一个物理量。电感器电感量的大小主要取决于线圈的匝数（圈数）、绕制方式、有无磁心及磁心的材料等。通常，线圈匝数越多、绕制的线圈越密集，电感量越大；有磁心的线圈比无磁心的线圈电感量大；磁心磁导率越大的线圈，电感量越大。

电感量的基本单位是亨利（简称亨），用字母 H 表示。常用的单位还有毫亨（mH）和微亨（μH），它们之间的关系是 1H=1000mH，1mH=1000μH。

（2）允许偏差

允许偏差是指电感器上标称的电感量与实际电感量的允许误差值。一般用于振荡或滤波等电路中的电感器要求精度较高，允许偏差为±0.2%～±0.5%；用于耦合、高频阻流等电路中的电感器精度要求不高，允许偏差为±10%～±15%。

（3）品质因数

品质因数又称 Q 值或优值，是衡量电感器质量的主要参数。它是指电感器在某一频率的交流电压下工作时，所呈现的感抗与其等效损耗电阻之比。电感器的 Q 值越高，损耗越小，效率越高。

电感器品质因数的高低与线圈导线的直流电阻、线圈骨架的介质损耗及铁心、屏蔽罩等引起的损耗等有关。

（4）分布电容

分布电容是指线圈匝与匝之间、线圈与磁心之间存在的电容。电感器的分布电容越小，稳定性越好。

（5）额定电流

额定电流是指电感器在正常工作时所允许通过的最大电流值。若工作电流超过额定电流，则电感器会因发热使性能参数发生改变，甚至因过电流而烧毁。

3. 电感器的标示

1）直标法：将电感器的标称电感量用数字和文字符号直接标在电感器的外壁上，电感量单位后面用一个英文字母表示其允许偏差。各字母所表示的允许偏差如表 1.8 所示。

表 1.8 各字母所表示的允许偏差

英文字母	Y	X	E	L	P
允许偏差	±0.001%	±0.002%	±0.005%	±0.01%	±0.02%
英文字母	W	B	C	D	F
允许偏差	±0.05%	±0.1%	±0.25%	±0.5%	±1%
英文字母	G	J	K	M	N
允许偏差	±2%	±5%	±10%	±20%	±30%

例如，560μHK 表示标称电感量 560μH，允许偏差为±10%。

2）文字符号法。

① 数量级标示：这种表示法中，电感量的基本标注单位是微亨（μH）。例如，330 表示电感量为 $33\times10^{0}=33$（μH）。

② 字母表示：电感器上标注的字母有 R 等。例如，6R8 表示电感量为 6.8μH。

③ 整数标示：例如，33 表示电感量为 33μH，220 表示电感量为 220μH。

3）色标法。

① 色环标示：在电感器的表面涂不同的色环来代表电感量，通常用四色环标示。其中，紧靠电感体一端的色环为第一环，电感体本色露出较多的另一端的色环为末环，如图 1.6 所示。色环颜色的意义如表 1.9 所示。也有采用三道色环标示的电感器，此时只用三道色环表示电感值，没有对允许偏差进行标示。

图 1.6 电感元件

表 1.9　色环颜色的意义

色环	棕	红	橙	黄	绿	蓝	紫	灰	白	黑	金	银
十位	1	2	3	4	5	6	7	8	9	0		
个位	1	2	3	4	5	6	7	8	9	0		
倍数	10^1	10^2	10^3	10^4	10^5	10^6	10^7	10^8	10^9	10^0	10^{-1}	10^{-2}
允许偏差	±1%	±2%	±3%	±4%						±20%	±5%	±10%

② 色码标示：在元件体上采用色点标示元件值及允许偏差，一般有 3 个或 4 个色点。顶端的两个色点表示电感量有效值的十位与个位；侧面一点表示数量级，另一点表示允许偏差。

注意：由 3 个色点标示的电感器没有标出允许偏差的色点。

1.2.4　二极管

二极管是最简单的半导体器件，由一个 PN 结组成。二极管具有单向导电性，是构成分立元器件电子电路的核心器件。

1. 二极管的极性判别

小功率二极管的 N 极（负极）在二极管外表大多采用一种色圈标示，有些二极管也用二极管专用符号来表示 P 极（正极）或 N 极（负极），还有些二极管采用 P、N 来标示二极管极性。发光二极管的正、负极可从引脚长短来判别，引脚长的一端为正极，引脚短的一端为负极。

一般情况下，二极管（如 2AP1～2AP7、2AP11～2AP17 系列）有色点的一端为正极。如果是透明玻璃壳二极管，可直接看出极性，即内部连接触丝的一端是正极，连接半导体片的一端是负极。塑封二极管（如 1N4000 系列）有圆环标志的是负极。

对于无标记的二极管，可用万用表电阻挡来判别正、负极。万用表除了可以测量电阻、电压和电流外，利用其电阻挡还可以检测二极管及晶体管的极性。

注意：万用表的红表笔（万用表正端）带负电，黑表笔（万用表负端）带正电。

具体检测方法如下：

选择万用表的电阻挡（一般用 $R\times100$ 或 $R\times1\text{k}$ 挡，不要用 $R\times1$ 或 $R\times10\text{k}$ 挡，因为 $R\times1$ 挡使用的电流太大，容易烧坏管子，而 $R\times10\text{k}$ 挡使用的电压太高，可能击穿管子），将红、黑表笔分别与二极管的两极相接。若黑表笔接二极管的正极，红表笔接二极管的负极，则二极管正向偏置，呈现低阻；反之，二极管反向偏置，呈现高阻。根据两次的检测结果，可判别二极管的极性。记录测得的正、反向电阻，填入表 1.10。

表 1.10　二极管型号及正、反向电阻值

管子型号	正向电阻	反向电阻

如果两次测量的电阻值都较小，则说明二极管击穿；如果两次测得的电阻值都是无穷大，则说明二极管烧断；如果两次测量的电阻值相差很大，则说明二极管具有良好的单向导电性能。

2. 二极管的型号命名

二极管的型号命名规则如表 1.11 所示。N 型锗材料普通二极管的命名如图 1.7 所示。

表 1.11 二极管的型号命名规则

第一部分：用数字表示器件的电极数目		第二部分：用字母表示器件材料和极性		第三部分：用字母表示器件类别		第四部分：用数字表示器件序号		第五部分：用字母表示规格	
符号	意义	符号	意义	符号	意义	符号	意义	符号	意义
2	二极管	A	N 型锗材料	P	普通管	略		略	
		B	P 型锗材料	V	微波管				
		C	N 型硅材料	W	稳压管				
		D	P 型硅材料	C	参量管				
				Z	整流管				
				L	整流堆				
				S	隧道管				
				N	阻尼管				
				U	光电管				
				K	开关管				

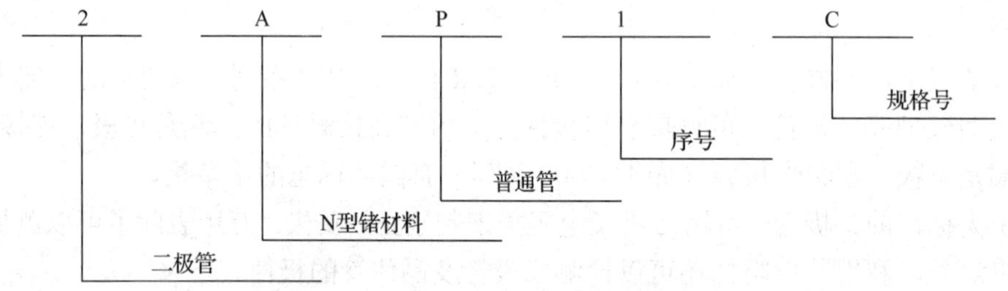

图 1.7 N 型锗材料普通晶体二极管的命名

3. 二极管的选用

通常，小功率锗二极管的正向电阻为 300～500Ω，硅二极管的正向电阻为 1kΩ 或更大。锗二极管的反向电阻为几十千欧，硅二极管的反向电阻在 500kΩ 以上。一般，二极管正向电阻与反向电阻的差值越大越好。

点接触二极管的工作频率高，不能承受较高的电压和较大的电流，多用于检波、小电流整流或高频开关电路。面接触二极管的工作电流和能承受的功率都较大，但适用的频率较低，多用于整流、稳压、低频开关电路等。

选用整流二极管时，既要考虑正向电压，又要考虑反向饱和电流和最大反向电压。选用检波二极管时，要求工作频率高，正向电阻小，以保证较高的工作效率，且二极管的特性曲线要好，避免引起过大的失真。

4. 二极管的性能参数

二极管的主要性能参数有最大整流电流 I_F、反向击穿电压 U_{BR}、反向电流 I_R 及极间电容。

1.2.5 晶体管

晶体管是常用的半导体器件之一，由两个 PN 结组成，是组成分立元器件电子电路的核心器件。晶体管具有电流放大作用，在数字电路中还可以作为开关器件使用。

1. 晶体管的极性判别

（1）根据晶体管的标记判别

对于塑料封装的晶体管，如晶体管 9011～9018，可将晶体管平面面向自己，并使 3 个引脚向下，3 个引脚从左到右依次为发射极（e 极）、基极（b 极）、集电极（c 极）。

对于金属封装的晶体管，其管壳上带有方位端，从方位端按逆时针方向依次为 e 极、c 极、b 极。如果管壳上没有方位端，且 3 个引脚在半圆内，可将有 3 个引脚的半圆置于上方，按顺时针方向 3 个引脚依次为 e 极、b 极、c 极。

对于大功率晶体管（如 3AD、3DD、3DA 等），从外形上只能看到两个引脚，可将底座朝上，并将两个引脚置于左侧，从上至下依次为 e 极、b 极，底座为 c 极。

（2）使用万用表的电阻挡判别

1）基极 b 的判别。根据 PN 结正、反向电阻不同及晶体管类似于两个背靠背 PN 结的特点，利用万用表的电阻挡可首先判别出基极，如图 1.8 所示。对于 NPN 型管，黑表笔接某一假设为基极的引脚，红表笔先后接到其余两个引脚。若两次测得的电阻值都很大，约为几百千欧（或都很小，约为几百欧或几千欧），而红、黑表笔对调后测得的两个电阻值都很小（或很大），则可确定假设是正确的。如果两次测得的电阻值一大一小，则假设是错误的，需重新假设再次测量。

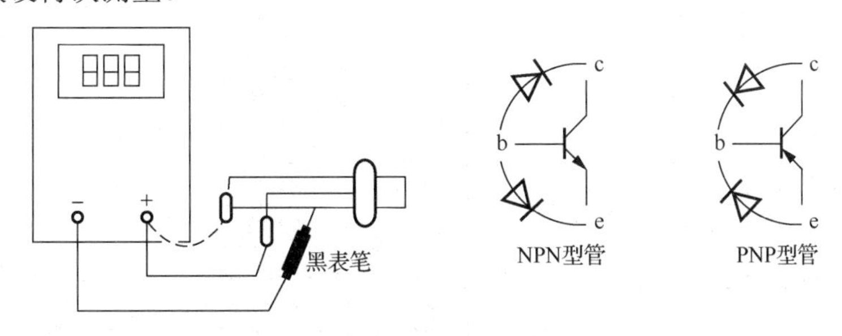

图 1.8　判断晶体管类型和基极示意图

对于 NPN 型管来说，当黑表笔接基极，红表笔分别接其他两极时，测得的阻值均很小。PNP 型管则相反。

2）集电极 c 和发射极 e 的判别。判别晶体管 c、e 极的方法及等效电路如图 1.9 所示。对于 NPN 型管，集电极加正电压，发射极加负电压时，电流放大系数 β 值较大；反之，β 值较小。对于 PNP 型管，集电极加负电压，发射极加正电压时，β 值较大；反之 β 值较小。

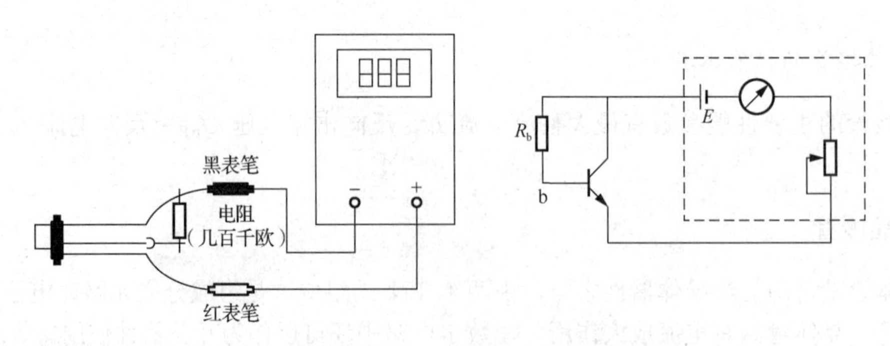

图 1.9　判断晶体管 c、e 极的方法及等效电路

判别出 NPN 型管的基极后，将黑表笔接到假设的集电极，红表笔接到假设的发射极，并用手捏住基极、集电极两端（但不能使 b、c 两端直接接触），相当于在 b、c 之间接入偏置电阻。读出 c、e 之间的电阻值，然后将红、黑表笔对调重新测量，与前一次比较。若第一次阻值小，即电流大，β 值大，则假设是正确的；反之，则与假设相反。

结论：对于 NPN 型管 β 值大时，黑表笔接的是集电极，红表笔接的是发射极；对于 PNP 型管 β 值大时，红表笔接的是集电极，黑表笔接的是发射极。

2. 晶体管的型号命名

晶体管的型号命名规则如表 1.12 所示。NPN 型硅材料高频小功率整流晶体管的命名如图 1.10 所示。

表 1.12　晶体管的型号命名规则

第一部分：用数字表示器件的电极数目		第二部分：用字母表示器件材料和极性		第三部分：用字母表示器件类别		第四部分：用数字表示器件序号		第五部分：用字母表示规格	
符号	意义	符号	意义	符号	意义	符号	意义	符号	意义
3	晶体管	A	PNP 型锗材料	X	低频小功率管	略		略	
		B	NPN 型锗材料	G	高频小功率管				
		C	PNP 型硅材料	D	低频大功率管				
		D	NPN 型硅材料	A	高频大功率管				
				T	晶体闸流管				
				Y	体效应管				
				B	雪崩管				
				J	阶跃恢复管				
				CS	场效应管				
				BT	半导体特殊管				
				FH	复合管				
				PIN	PIN 型管				
				JG	激光管				

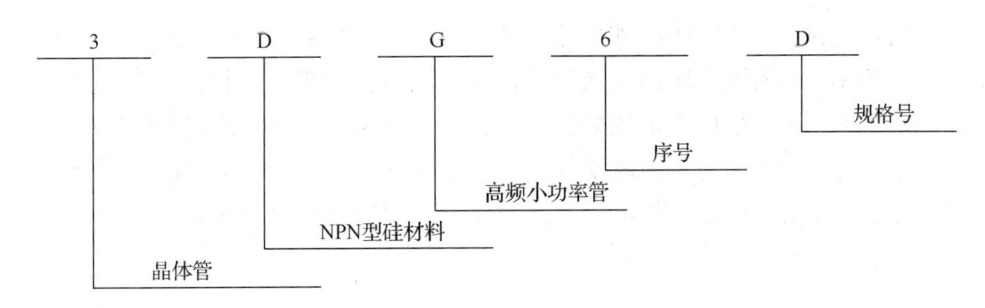

图 1.10　NPN 型硅材料高频小功率整流晶体管的命名

3. 晶体管的性能参数

晶体管的主要性能参数有电流放大系数、反向饱和电流、集电极最大允许电流和耗散功率等。通常根据使用场合和主要参数来选择晶体管。常用晶体管的主要性能参数如表 1.13 所示。

表 1.13　常用晶体管的主要性能参数

型号	极限参数				直流参数				交流参数
	P_{cm}/W	I_{cm}/A	U_{ebo}/V	U_{ceo}/V	I_{ceo}/μA	U_{be}/V	H_{fe}	U_{ce}/V	F_t/MHz
3DG130B	0.7	0.3	≥4	≥45	≤1	≤1	≥30	≤0.6	
3DG130C	0.7	0.3	≥4	≥30	≤1	≤1	≥30	≤0.6	
3DG130G	0.7	0.3	≥4	≥45	≤1	≤1	≥30	≤0.6	
9011	400	30	5	30	≤0.2	≤1	28～198	<0.3	>150
9012	625	500	−5	−20	≤1	≤1.2	64～202	<0.6	>150
9013	625	500	5	20	≤1	≤1.2	64～202	<0.6	
9014	450	100	5	45	≤1	≤1	60～1000	<0.3	>150
9015	450	100	−5	−45	≤1	≤1	60～600	<0.7	>100
9016	400	25	4	20	≤1	≤1	28～198	<0.3	>400
9018	400	50	5	15	≤0.1	≤1	28～198	<0.5	>1100

1.2.6　场效应管

场效应晶体管简称场效应管，分为结型场效应管（简称 JFET）和绝缘栅型场效应管（简称 MOSFET）两类。根据沟道所采用的半导体材料，场效应管可分为 N 沟道场效应管和 P 沟道场效应管两种。场效应管是一种电压控制的半导体器件，这一点类似于晶体管，但它的构造和工作原理与晶体管是截然不同的。与双极型晶体管相比，场效应管具有如下特点：

1）输入阻抗高。

2）输入功耗小。

3）温度稳定性好。

4）信号放大稳定性好，信号失真小。

5）不存在杂乱运动的电子扩散引起的散粒噪声，所以噪声低。

场效应管的引脚判别：场效应管的 3 个引脚，即漏极（D）、栅极（G）、源极（S），与普通晶体管的 3 极对应，判别的方法也基本相同。栅极的确定方法为将万用表电阻挡置于

R×1 挡，用黑表笔接假设的栅极引脚，然后用红表笔分别接另外两个引脚，若两次测得的阻值均较小，则将红、黑表笔对调一次测量；若两次测得的阻值均较大，说明这是两个 PN 结，即假设正确，且该管为 N 沟道场效应管。若红、黑表笔对调后测得的阻值仍然较小，则红表笔接的为栅极，且该管为 P 沟道场效应管。栅极确定以后，由于源极、漏极之间是导电沟道，万用表测量其正、反电阻基本相同，因此没必要判别剩余两极。

1.2.7 集成电路

集成运算放大器简称集成运放，是常用的集成电路，其是具有高放大倍数的集成电路。它的内部是直接耦合的多级放大器，整个电路可分为输入级、中间级、输出级 3 个部分。输入级采用差分放大电路以消除零点漂移和抑制干扰；中间级一般采用共发射极电路，以获得足够高的电压增益；输出级一般采用互补对称功放电路，以输出足够大的电压和电流，其输出电阻小，负载能力强。

1. 集成电路的型号命名

模拟集成电路的型号命名规则如表 1.14 所示。通用型运算放大器型号的命名如图 1.11 所示。

表 1.14 模拟集成电路的型号命名规则

第一部分：用字母表示器件符合国家标准		第二部分：用字母表示器件的类型		第三部分：用数字表示器件的系列和品种代号	第四部分：用字母表示器件的工作温度范围		第五部分：用字母表示规格	
符号	意义	符号	意义		符号	意义	符号	意义
C	中国	T	TTL		C	0～70℃	W	陶瓷扁平
		H	HTL		E	−40～85℃	B	塑料扁平
		E	ECL		R	−55～85℃	F	全密封扁平
		C	CMOS		M	−55～125℃	D	陶瓷直插
		F	线性放大器				P	塑料直插
		D	音响、电视电路				J	黑陶瓷直插
		W	稳压器				K	金属菱形
		J	接口电路				T	金属圆形
		B	非线性电路					
		M	存储器					
		μ	微型机电路					

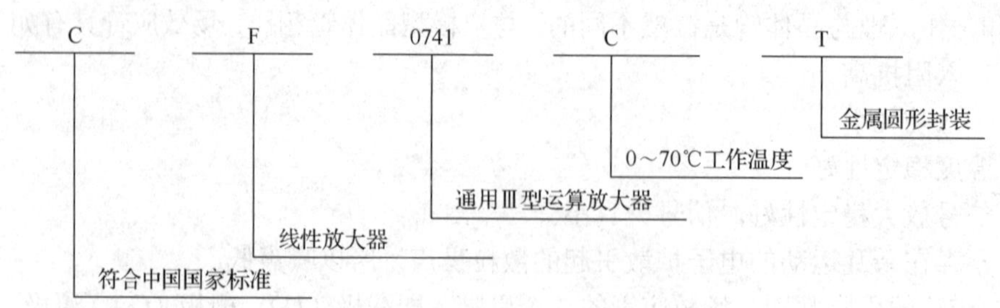

图 1.11 通用型运算放大器型号的命名

2. 常用集成运放

μA741 是目前常用的集成运放，该运放既能放大直流信号，又能放大交流信号。放大直流信号时，正极性信号加到同相输入端，负极性信号加到反相输入端，输出都为正极性。放大交流信号时，输出相位与同相输入端信号同相位。通用系列运放的主要电参数如表 1.15 所示。

表 1.15　通用系列运放的主要电参数

参数	通用 I 型	通用 II 型	通用III型	μA741、CF741
失调电压 U_{IO}/mV	3	5	5	1.0
失调电流 I_{IO}/nA	2000	200	100	10
输入偏置电流 I_{IB}/nA	7000	600	300	80
开环增益 A_{uo}/dB	66	90	100	106
共模抑制比 K_{CMR}/dB	70	80	86	90
功耗 P_D/mW	120	90	80	50
输出电压 U_{OPP}/V	±4.5	±12	±12	±14
最大共模电压 U_{ICM}/V	+0.7 −3.5	+8 −12	±12	±13

1.3 实验中的注意事项

为了使实验能够达到预期的效果，确保实验顺利完成，培养学生良好的工作作风，充分发挥学生的主观能动作用，在实验中应注意以下事项：

1）实验前必须做好充分预习，认真阅读理论教材和实验教材，深入了解本次实验的目的，明确实验电路的基本原理和实验方法，估算测量数据，列出实验记录表格，写出预习报告。

2）认真阅读实验教材中关于仪器使用的章节，熟悉所用仪器的主要性能和使用方法。

3）按预定时间准时进入实验室做实验，遵守实验室的规章制度，实验结束后整理好实验台。

4）实验中严格按照科学的操作方法进行实验，要求接线正确、布线整齐合理。接线完成且检查无误后才能通电。布线、拆线时必须先切断电源。

5）实验过程中，当嗅到焦臭味、见到冒烟火花、听到“噼啪”响声、感觉到设备过热或出现熔丝熔断等异常现象时，应立即切断电源，切勿尖叫、乱跑，以免造成额外损失，在故障排除前不得再次开机。

6）要爱护仪器、设备，按照仪器的操作规程正确使用仪器，不得野蛮操作。

7）实验中出现故障时，应利用所学知识冷静分析原因，并能在老师的指导下独立解决。

对实验中出现的现象和实验结果要进行正确的解释。

8）实验中认真观察实验现象，记录实验测量数据、波形等。

9）实验结束后，要求必须写一份实验报告。实验报告内容要齐全，应包括实验任务、实验原理、实验电路、测量条件、测量数据、实验结果、结论分析、误差分析、故障分析与排除、实验体会及改进等。

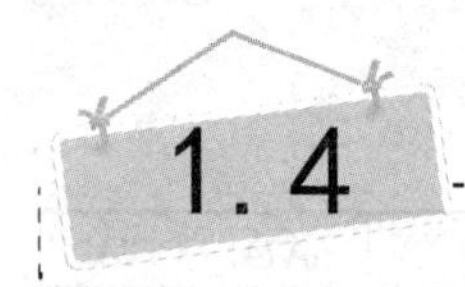

1.4 实验数据的记录与处理

在实验中观察、读数和记录数据是实验的核心，操作时要做到：手合电源、眼观全局；先看现象，再读数据。实验中应读取哪些数据，如何读取才能使误差最小，这是实验者应注意的问题。读数前一定要了解仪表的量程和表盘上每一小格所代表的实际数值，读数时注意姿势要正确。要求“眼、针、影成一线”，即读数时应使自己的视线同仪表的刻度标尺相垂直。当刻度标尺下有弧形玻璃片时，要看到指针和镜片中的指针影子完全重合后，才能开始读数。要随时观察和分析数据。测量时，既要忠实于仪表读数，又要观察和分析数据的变化。

数据记录完整、真实全面地记录信息是对每一位实验者的一项基本要求。

1）实验现象和数据必须以原始形式做好记录，不要做近似处理（如不要将读取的数据0.463，记录成0.46），也不要记录经计算和换算后的数据，数据必须真实。

2）实验数据记录应全面，实验条件、实验中观察到的现象及各种影响，甚至失败的数据或认为与研究无关的数据也应记录。这是因为有些数据可能隐含解决问题的新途径或可以作为分析电路故障的参考依据。同时，应注意记录有关波形。

3）数据记录一般采用表格方式，既整齐又便于查看，并一律写入预习报告表格，作为原始实验数据。切不可随便写到一张纸上，这样既不符合要求，又易丢失。

4）在记录实验数据时，应及时做出估算，并与预期结果（理论值）进行比较，以便及时发现错误予以纠正。

在测量数据的记录和计算时，该用几位数字表示测量或计算结果是有一定规则的，这就涉及有效数字的表示及其运算规则问题。

1.4.1 有效数字

由于测量过程中总是不可避免地存在误差，因此在记录或计算数据时，这些数据通常只能是一个近似数，这就涉及如何用近似数恰当地表达测量结果的问题，即有效数字的问题。对于有效值的表示，应注意以下几点：

1）有效数字是指从左边第一个非零数字开始，到右边最后一个数字为止的所有数字。例如，测得的频率为0.0356MHz，则它是由3、5、6这3个有效数字组成的频率值，左边的两个零不是有效数字。它可以写成 3.56×10^{-2}MHz，也可以写成 35.6kHz，但不能写成 35600Hz。

2）如果已知误差，则有效值的位数和误差位应一致。例如，仪表误差为±0.01V，测得的电压为 10.234V，其结果应写为 10.23V。

3）当有效数字位数确定以后，多余的位数应一律按四舍五入的原则，但为使正、负舍入误差的概率大致相等，现已广泛采用“小于 5 舍，大于 5 入，等于 5 时取偶数”的方法，称为有效数字的修约。

1.4.2 有效数字的运算规则

1）加减运算规则：参加运算的各数所保留的位数，一般应与各数小数点后位数最少的相同。例如，14.5、0.125、2.446 相加，小数点后最少位数是一位，所以应将其余两数修约到小数点后一位数，再相加，即 14.5+0.1+2.4=17.0。为了减少计算误差，也可在修约时多保留一位小数，计算之后再修约到规定的位数，即 14.5+0.12+2.45=17.07，其最后结果为 17.1。

2）乘除运算规则：乘除运算时，各因子及计算结果所保留的位数以百分误差最大或有效数字位数最少的项为准，不考虑小数点的位置。

3）乘方及开方运算规则：运算结果比原数多保留一位有效数字。

4）对数运算规则：数据进行对数运算时，几位数字的数值应使用几位对数表，即对数前后的有效位数应相等。

1.4.3 实验数据的处理方法

实验测量所得到的记录，经过有效数字修约、有效数字运算处理后，有时仍不能看出实验规律或结果，因此要对测量数据进行计算、分析、整理和归纳，去粗取精，去伪存真，以引出正确的科学结论，并用一定的形式加以表达；必要时，将测量数据绘制成曲线或归纳成经验公式，才能找出实验规律，得出实验结果，这个过程称为实验数据处理。实验数据处理的方法很多，这里介绍几种常用的实验数据处理方法。

1）列表法：列表法就是将实验中直接测量、间接测量和计算过程中的数值依一定的形式和顺序列成表格。列表法的优点是结构紧凑，简单易行，便于比较分析，容易发现问题和找出各电量之间的相互关系及变化规律等。列表时表格的设计要便于记录、计算和检查；表中所用符号、单位要交代清楚；表中所列数据的有效数字位要正确。

2）图示法：在坐标平面内，用一条曲线表示出两个电量之间的关系，称为图示法。图示法的优点是当两个电量之间的关系不能用解析函数表示时，却能容易地用图示法表示出来，而且图示法比较形象和直观。图示法的关键是要根据所表示的内容及其函数关系选择合适的坐标和比例，画出坐标轴及其刻度值，再标点描线。坐标轴及其刻度值选择要正确，可以简化作图和数据处理过程。

3）图解法：图解法是在用图示法画出两个电量之间关系曲线的基础上，进一步利用解析法求出其他未知量的方法。许多电量之间的关系并非是线性的，但可以通过适当的函数变换或坐标变换使其成为线性关系，即把曲线改成直线，再用图解法求出其中的未知量。

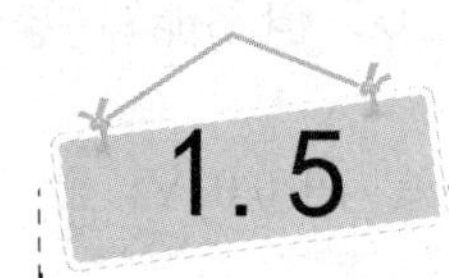

1.5 电路故障查找与排除

电工电子实验中，不可避免地会出现各类故障现象，检查和排除故障是提高学生分析问题、解决问题的能力，需要具备一定的理论基础和较熟练的实验技能，以及丰富的实际经验。对于一个复杂的系统来说，要从大量元器件和线路中迅速、准确地查找出故障不是一件容易的事情，这就要求学生掌握正确的故障检查及排除方法。

1.5.1 排除实验故障的步骤

1）出现故障时应立即切断电源，关闭仪器、设备，避免故障扩大。

2）根据故障现象，判断故障性质。实验故障大致可分为两大类：一类是破坏性故障，可对仪器、设备、元器件等造成损坏，其现象常常是冒烟、烧焦味、发热等。另一类是非破坏性故障，其现象是无电流、无电压、指示灯不亮，以及电流、电压、波形不正常等。

3）根据故障性质，确定检查的方法。对于破坏性故障不能采用通电检查的方法，应先切断电源，然后用万用表的欧姆挡检查电路的通断情况，看有无短路、断路或阻值不正常等现象。对于非破坏性故障，也应先切断电源进行检查，没有什么问题再采用通电检查的方法。通电检查主要使用电压表检查电路有关部分的电压是否正常，用示波器观察波形是否正常等。

4）进行检查时，首先应知道正常情况下电路各处的电压、电流、电阻、波形，做到心中有数，然后用仪表进行检查，逐步缩小产生故障的范围，直到找到故障所在的部位。

1.5.2 常见的故障产生原因

1）仪器、设备方面的故障或仪器、设备使用、操作不当引起的故障，如示波器旋钮挡位选择不正确造成的波形异常或无波形。

2）电路中元器件本身引起的故障，如元器件质量差或损坏。

3）电路连接不正确或接触不良，导线或元器件引脚短路或断路，元器件、导线引脚相碰等。

4）元器件参数选错、引脚错误或测量条件错误。

5）电路设计本身的问题。

1.5.3 排除故障的一般方法

1）直观检查法：此方法不用仪器、设备，利用人的视觉、听觉、嗅觉和触觉来直接观察电路外观有无故障。例如，各仪器和电路是否共地，元器件引脚有无接错，连线有无断开、短路、接错，熔丝、电阻等元件有无烧坏等。此方法比较简单、有效，可在电路初步检查时使用。

2）工作电压、电流检查法：直流电源是保证电路正常工作的先决条件。先检查电源是否工作，连线是否正确；然后分别测电路开路时的电源电压和电路接通后的电压。如果开路时电源电压正常，电路接通后电压为零，说明电源电压未加到电路上。此时，常见的故障有引线断开、接触不良等。如果测得的电压比开路时低很多，则说明有部分短路现象，需进一步检查。如果电压正常，则检查供电电流。如果无电流，则说明电路中有断路的现象。如果测得的电流太大或太小，则说明电路中有部分支路工作不正常。需要注意的是，电流太小，多为管子烧断或工作点减少造成的；电流太大，则有短路的地方或电源滤波电容击穿，或管子损坏等。

3）参数测量法：此方法借助于仪器、设备来发现问题，并通过实际分析找出故障原因。一般利用万用表检查电路的静态工作点、支路电阻、支路电流及元器件两端的电压等，当发现测量值与设计值相差悬殊时，可针对问题进行分析直至解决问题。

4）信号跟踪法：信号跟踪法是在电路输入端接入适当幅度和频率的信号，利用示波器并按信号的流向，从前级到后级逐级观察电压波形及幅度的变化情况，先确定故障在哪一级，然后做进一步检查。

5）信号注入法：此法是用信号源分别给各级逐一加入信号，看有无输出。一般从后级开始，若加到某一级时无输出，则说明故障在这一级，再仔细检查元器件。

6）部件代替法：经过检查，找到可疑元器件，然后用同类型的完好的电路部件来替换可疑元器件。元器件拆下来后，先测量其损坏程度，并分析故障原因，同时检查相邻元器件是否也有故障，确认无其他故障后再更换元器件。

7）短路法：这是采取临时短接一部分电路来寻找故障的方法。它是把电路中适当的节点短路（用电容器连接该点到地），对判断某些自激振荡、虚焊等现象很有效。具体方法是从后级向前级逐一短路，短路到某一级时故障消失，说明故障在此级。但是，自激振荡由于产生原因复杂，正反馈不仅仅出现在一级和一个元件上，还要结合其他方法进一步检查。采用短路法时要注意考虑短路对电路的影响，如对于稳压电路就不能采用短路法。

8）断路法：此法用于检查短路故障时最为有效。其也是一种逐步缩小故障范围的方法。例如，稳压电源接入一个带故障的电路，使输出电流过大。此时，可采用依次断开故障电路某一支路的办法来检查故障。如果断开该支路后，电流恢复正常，则说明故障发生在此支路。

在实验中，查找故障的方法很多，对于简单的故障用一两种方法即可检出故障，但对于复杂的故障则需综合采用多种方法，并互相补充、互相配合，最终才能找出故障。

2 单元 仪器仪表的使用

◎ **单元导读**

常用仪器仪表包括供电设备（直流稳压电源和函数信号发生器）、测量工具（万用表和示波器）等。每个实验室的仪器仪表型号不尽相同。通过本单元的学习，应熟练掌握常用仪器仪表的性能和使用方法。

◎ **能力目标**

1. 能够熟练使用万用表，熟悉其功能。
2. 能够熟练使用直流稳压电源，熟悉两路可调电源串并联的连接方法。
3. 能够熟练使用不同型号的函数信号发生器。
4. 能够熟练使用不同型号的示波器。

◎ **思政目标**

1. 树立正确的学习观、价值观，自觉践行行业道德规范。
2. 遵规守纪，安全实验，爱护设备，钻研技术。
3. 培养一丝不苟、精益求精的工作作风。

数字万用表

2.1.1　万用表简介

万用表又称多用表、三用表、复用表，分为指针式万用表和数字万用表。万用表是一种多功能、多量程的测量仪表，可测量直流电流、直流电压、交流电压、电阻和音频电平等。另外，有的万用表还可以测交流电流、电容、电感及半导体的一些参数（如β）。数字万用表具有灵敏度高、显示清晰、过载能力强、便于携带、操作简单的优点。现在以UNI-T-M890D 数字万用表为例来介绍它的使用方法。

2.1.2　面板介绍

UNI-T-M890D 数字万用表的面板如图 2.1 所示。具体介绍如下：

1）液晶显示器：显示仪表测量的数值及单位。

2）电源开关：开启及关闭电源。

3）功能旋钮：用于改变测量功能及量程。

4）h_{FE} 测量插孔：用于测量晶体管的 h_{FE}。

5）电容测量插孔：测量电容量时使用。

6）电压、电阻测量插孔：测量电压、电阻时使用。

7）小于 200mA 电流测量插孔：测量小于 200mA 电流时使用。

8）20A 电流测量插孔：测量较大电流时使用。

9）公共地插孔：接地。

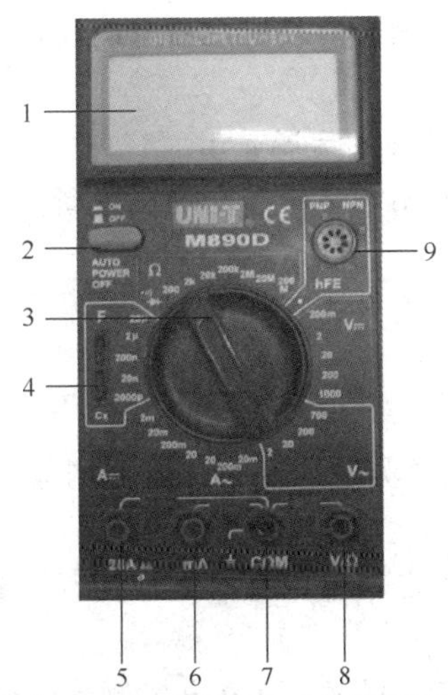

1—液晶显示器；2—电源开关；3—功能旋钮；4—电容测量插孔；5—20A 电流测量插孔；
6—小于 200mA 电流测量插孔；7—公共地插孔；8—电压、电阻测量插孔；9—h_{FE} 测量插孔。

图 2.1　UNI-T-M890D 数字万用表的面板

2.1.3 使用方法

1. 直流电压与交流电压的测量

先将黑表笔插入“COM”插孔，红表笔插入“V/Ω”插孔，功能旋钮转至相应的 V～或V⎓挡位，然后将测量表笔跨接在被测电路上，红表笔所接点的电压与极性显示在屏幕上。

注意：

1）如果事先对被测电压范围没有概念，应将功能旋钮转至最高挡位，然后根据显示值转至相应挡位。

2）如果在高位显示“1”，表明已超过量程范围，需将功能旋钮转至较高挡位。

3）输入电压切勿超出直流1000V或交流700V，如果超出，有损坏仪表线路的危险。

4）在测量高压电路时，注意避免直接触及高压电路。

2. 直流电流与交流电流的测量

1）将黑表笔插入“COM”插孔。当测量最大值为200mA电流时，红表笔插入“mA”插孔；当测量200mA～20A的电流时，红表笔插入“20A”插孔。

2）将功能旋钮转至相应的挡位，然后将测量表笔串入被测电路中，被测电流值及红色表笔所接点的电流极性将同时显示在屏幕上。

注意：200mA挡位表示最大输入电流为200mA，过载将烧坏熔丝，20A挡位无熔丝保护。

3. 电阻的测量

1）将黑表笔插入“COM”插孔，红表笔插入“V/Ω”插孔。

2）将功能旋钮转至相应的欧姆挡，将两表笔跨接在被测电阻上。

注意：

1）如果电阻值超出所选量程，则液晶显示器显示“1”，这时应将功能旋钮转至高一级的挡位；当测量电阻值超过1M 时，读数需几秒时间才能稳定，这在测量高电阻值时是正常的。

2）当无输入，即开路时，液晶显示器显示“1”。

3）测量在线电阻时，确认被测电路所有电源已关断，且所有电容都已完全放电后，才可进行。

4）请勿在使用欧姆挡时输入电压。

4. 电容的测量（自动调零）

测量电容时，将电容插入电容测量插座中，进行测量即可。

注意：

1）连接待测量电容之前，注意每次转换挡位时复零需要时间，此时有漂移读数存在但不会影响测量精度。

2）仪表本身已对电容挡设置了保护，故在电容测量过程中不用考虑电容极性及充放电等情况。

3）测量大电容时，稳定读数需要一定的时间。

5. 晶体管 h_{FE} 测量

1）将功能旋钮转至 h_{FE} 挡位。

2）确定所测晶体管为 NPN 型或 PNP 型，将发射极、基极、集电极分别插入相应插孔。

3）液晶显示器上将显示 h_{FE} 的近似值。测量条件为 I_b 约为 10μA，U_{ce} 约为 2.8V。

6. 二极管及其通断测量

1）将黑表笔插入“COM”插孔，红表笔插入“V/Ω”插孔（注意红表笔极性为+）。

2）将功能旋钮转至→|•))挡，并将表笔连接到待测试二极管，红表笔接二极管正极，读数为二极管正向降压的近似值。

3）将表笔连接到待测线路的两端，如果两点之间的电阻值低于 30Ω，则内置蜂鸣器发声。

2.1.4　仪表保养与电池更换

1. 仪表保养

1）在电池没有装好或后盖没有拧紧时，不要使用此表进行测量工作。

2）在更换电池或熔丝前，应将测量表笔从测量点移开，并关闭电源开关。

2. 电池更换

注意 9V 电池的使用情况，当液晶显示器显示“▭”符号时，应更换电池。具体步骤如下：

1）按指示拧出后盖电池门上的两个固定螺钉，退出电池门。

2）取下 9V 电池，换上一个新的电池。虽然任何标准 9V 电池都可使用，但是为了增加使用时间，最好用碱性电池。

3）如果长时间不用仪表，应取出电池。

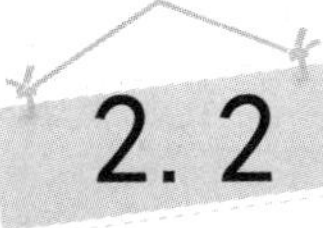

2.2 直流稳压电源

2.2.1　直流稳压电源简介

以 MPS-3000L（SS3323）为例，介绍直流稳压电源。MPS-3000L（SS3323）可调式直流稳压电源是一种输出电压与输出电流均连续可调，稳压与稳流自动转换的稳定性高、可靠性高、精度高的多路直流稳压电源。其可同时显示两路输出电压和电流值，而且两路电源可串联或并联使用，并由一路主电源进行电压或电流跟踪。串联时，最高输出电压可达两路电压额定值之和；并联时，最大电流可达两路电流额定值之和。

2.2.2 主要技术参数

1）输入电压与频率：AC 220V×(1±10%)，50Hz±2Hz。

2）额定输出电压：0～30V（MPS-3000L 的第三路输出为 5V，SS3323 的第三路输出为 0～6V）。

3）额定输出电流：0～2A（SS3323 为 0～3A）。

4）电源效应：电压指示 CV≤0.01%+3mV，电流指示 CC≤0.2%+3mA。

5）保护：电流限制及短路保护。

6）电压指示精度：3 位半 A/D（模/数）转换数字显示±0.5%+2 个字。

7）电流指示精度：3 位半 A/D 转换数字显示±1%+2 个字。

2.2.3 面板介绍

直流稳压电源的前面板如图 2.2 所示。

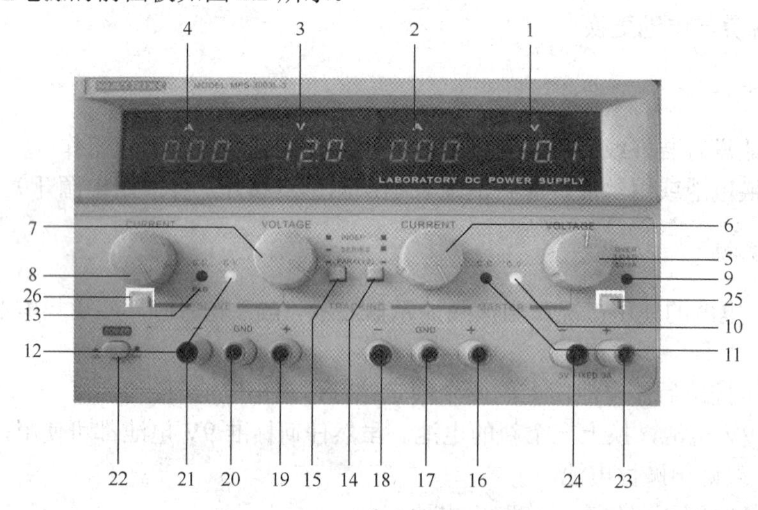

图 2.2 直流稳压电源的前面板

（注：1～26 的具体含义见下文介绍。）

与图 2.2 对应的直流稳压电源功能表如表 2.1 所示。

表 2.1 与图 2.2 对应的直流稳压电源功能表

标号	功能	标号	功能	标号	功能
1	指示主动路输出电压值	8	从动路稳流输出电流调节旋钮	15	双路电源独立、串联、并联控制开关
2	指示主动路输出电流值	9	固定 5V 输出报警指示灯	16	主动路输出正端
3	指示从动路输出电压值	10	主动路稳压状态指示灯	17	机壳接地端
4	指示从动路输出电流值	11	主动路稳流状态指示灯	18	主动路输出负端
5	主动路输出电压调节旋钮	12	从动路稳压状态指示灯	19	从动路输出正端
6	主动路稳流输出电流调节旋钮	13	从动路稳流状态或双路电源并联状态指示灯	20	机壳接地端
7	从动路输出电压调节旋钮	14	双路电源独立、串联、并联控制开关	21	从动路输出负端

续表

标号	功能	标号	功能	标号	功能
22	电源开关	24	第三路输出负端	26	output 键（SS3323 有，MPS-3000L 无）
23	第三路输出正端	25	第三路选择键（SS3323 有，MPS-3000L 无）		

2.2.4 使用方法

1. 双路可调电源独立使用

将开关14、15分别置于弹起位置。

作为稳压源使用时，先将旋钮6、8顺时针调至最大；开机后，分别调节旋钮5、7，使主、从动路的输出电压至需求值。

作为恒流源使用时，开机后先将旋钮5、7顺时针调至最大，同时将旋钮6、8逆时针调至最小，接上所需负载，调节旋钮6、8，使主、从动路的输出电流分别至所需的稳流值。

2. 双路可调电源串联使用

将开关15按下，保证开关14未按下，将旋钮6、8顺时针调至最大，此时调节旋钮5，从动路的输出电压将跟踪主动路的输出电压，输出电压为两路电压相加，最高可达两路电压的额定值之和。

在两路电源串联时，两路的电流调节仍然是独立的，如旋钮8不处于最大挡位，而是在某个限流点，则当负载电流到达该限流点时，从动路的输出电压将不再跟踪主动路调节。

在两路电源串联时，如负载较大，且有功率输出，则应用粗导线将端子19、18可靠接地，以免损坏内部开关。

在两路电源串联时，如主动路和从动路输出的负载与接地端之间接有连接片，应将其断开，否则将引起从动路的短路。

3. 双路可调电源并联使用

将开关15、14分别按下，两路处于并联状态。调节旋钮5，使两路输出电压变化情况一致，同时指示灯13亮。

并联状态时，从动路的电流调节不起作用（即旋钮8不可用），调节旋钮6即能使两路电流同时受控，其输出电流为两路电流相加，最大输出电流可达两路额定值之和。

在两路电源并联使用时，如负载较大，且有功率输出，则应用粗导线将端子16与19、端子18与21分别短接，以免损坏机内切换开关。

注意：SS3323在调节完电源电压和电流之后，必须按电源开关上方的output键，以保证电源有输出。

4. 第三路电源的使用方法

MPS-3000L可调式直流稳压电源的第三路为固定5V，3A输出，而SS3323第三路为0～6V，3A可调输出。要调节SS3323的第三路输出，需按键25，再调节第三路输出中间的旋钮，即可在屏幕上看到调节后的输出电压。

函数信号发生器

2.3.1 TFG2030 DDS 函数信号发生器

TFG2030 DDS 函数信号发生器采用了直接数字合成技术，具有快速完成测量所需性能指标和多路输出、多种波形、精度高、可靠性高等特点。其简单而功能明晰的前面板（图 2.3）及液晶汉字和荧光字符显示功能更加便于用户操作和观察。

图 2.3 TFG2030 DDS 函数信号发生器前面板

1. 主要技术指标

1）输出波形：A 路为正弦波、方波、直流，B 路为正弦波、方波、三角波、锯齿波、阶梯波等 32 种波形。

2）输出频率：A 路为 40mHz～30MHz；B 路为正弦波 10mHz～1MHz，其他波形 10mHz～50kHz。

3）输出阻抗：50Ω。

4）输出幅度：A 路为 2mV～20V，B 路为 100mV～20V。

2. 面板说明

函数信号发生器的前面板上除电源开关外，还有 20 个按键。具体介绍如下：

“频率”“幅度”键：用于频率和幅度的选择。

“0”～“9”键：用于数字输入。

“MHz”“kHz”“Hz”“mHz”键：均为双功能键，在数字输入之后执行单位键功能，同时作为数字输入的结束键。直接按“MHz”键执行“Shift”键的功能，按“kHz”键执行“选项”键的功能，直接按“Hz”键执行“触发”键的功能。

“./−”键：双功能键，在数字输入之后输入小数点，“偏移”功能时输入负号。

“<”“>”键：用于使游标左右移动。

“功能”键：主菜单控制键，循环选择 5 种功能。

“选项”键：子菜单控制键，在每种功能下循环选择不同的项目。

“触发”键：在“扫描”“调制”“触发”“键控”“外测”功能时作为触发启动键。

“Shift”键：上挡键（屏幕上显示“S”标志），按“Shift”键后再按其他键，分别执行该键的上挡功能。

3. 常用的操作方法

1）初始化状态：开机或复位后，仪器的工作状态如表 2.2 所示。

表 2.2 仪器的工作状态

A 路/B 路	状态					
A 路	波形	正弦波	频率	1kHz	幅度	1V
	衰减	AUTO	偏移	0V	方波占空比	50%
	时间间隔	10ms	扫描方式	往返	触发计数	3 个
	调制载波	50kHz	调频频偏	15%	调幅深度	100%
	相移	0°				
B 路	波形	正弦波	频率	1kHz	幅度	1V

2）开机后，仪器进行自检初始化，进入正常工作状态，自动选择“连续”功能，A 路输出。下面介绍 A 路功能的设定。

① A 路波形选择：在输出路径为 A 路时，选择正弦波或方波的步骤为按“Shift”→“0”键或按“Shift”→“1”键。

② A 路方波占空比设定：在 A 路选择为方波时，设定方波占空比为 65%的步骤为按“Shift”→“占空比”→“6”→“5”→“Hz”键。

③ A 路频率设定：设定频率值为 3.5kHz 的步骤为按“频率”→“3”→“.”→“5”→“kHz”键。

A 路频率调节：按“＜”或“＞”键使游标指向需要调节的数字位，左右转动手轮可使数字增大或减小，并能连续进位或借位，由此可任意粗调或细调频率。

④ A 路周期设定：设定周期值 25ms 的步骤为按“Shift”→“周期”→“2”→“5”→“ms”键。

⑤ A 路幅度设定：设定幅度值 3.2V 的步骤为按“幅度”→“3”→“.”→“2”→“V”键。

⑥ A 路幅度格式选择：有效值或峰峰值选择的步骤为按“Shift”→“有效值”键或按“Shift”→“峰峰值”键。

⑦ A 路衰减选择：选择固定衰减 0dB 的步骤为按“Shift”→“衰减”→“0”→“Hz”键。

⑧ A 路偏移设定：在衰减选择 0dB 时，设定直流偏移值-1V 的步骤为按“选项”键，选中“A 路偏移”，按“-”→“1”→“V”键。

⑨ 恢复初始化状态的步骤为按“Shift”→“复位”键。

3）通道设置选择：反复按“Shift”→“A/B”键可循环选择为 A 路或 B 路。

4）B 路功能设定。

① B 路波形选择：在输出路径为 B 路时，选择正弦波、方波、三角波、锯齿波的步骤

分别为按“Shift”→“0”键，按“Shift”→“1”键，按“Shift”→“2”键，按“Shift”→“3”键。

② B 路多种波形选择：B 路可选择 32 种波形，步骤为按“选项”键，选中“B 路波形”，按“＜”或“＞”键使游标指向个位数，使用旋钮可从 0～31 选择 32 种波形。

2.3.2 F40 型数字合成函数信号发生器

F40 型数字合成函数信号发生器是一台精密的测量仪器，具有输出函数信号、调频、调幅、频移键控（frequency shift keying，FSK）、相移键控（phase shift keying，PSK）、猝发、频率扫描等功能。此外，本仪器还具有测频和计数功能。

1. 主要技术指标

1）输出波形：正弦波、方波、TTL 波、三角波、锯齿波、阶梯波等 27 种波形。

2）输出频率：正弦波、方波、三角波为100μHz ～40MHz，其他波形为1μHz ～100kHz。

3）输出阻抗：50Ω。

4）输出幅度：1mV～20V（高阻），0.5mV～10V（50Ω）。

2. 键盘说明

F40 型数字合成函数信号发生器前面板（图 2.4）上除电源开关键外，还有 24 个按键，按下某键后，该信号发生器用响声“嘀”来提示。

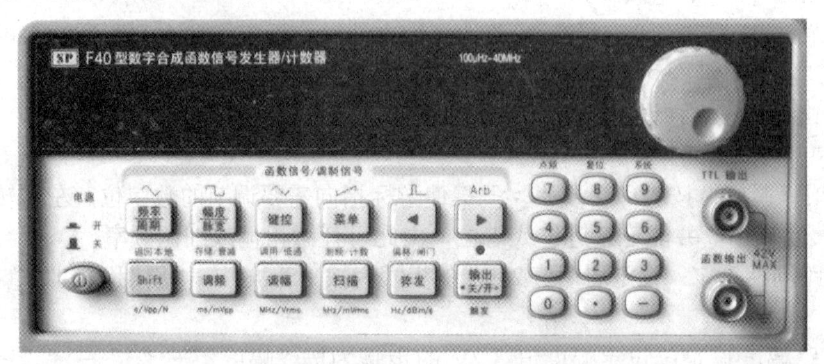

图 2.4　F40 型数字合成函数信号发生器前面板

每个按键的基本功能直接在按键上标示，要实现某个基本功能，只需按下相应的按键即可。大多数按键有第二功能，用蓝色字体标在按键的上方，要实现按键的第二功能，只需先按下“Shift”键再按下该按键即可。少数按键还可作为单位键使用，单位标在这些按键的下方，要实现按键的单位功能，只需先按下数字键，再按下该按键即可。

“Shift”键：按下该键后，“Shift”标志亮，此时按其他键会实现其第二功能；再按一次该键“Shift”标志灭，此时按其他键实现其基本功能。另外，“Shift”键还可以作为“s/Vp-p/N”单位键使用，分别表示时间的单位 s、幅度峰峰值的单位 V 和其他不确定的单位。

“0”～“9”、“.”、“-”键：数据输入键。其中，“7”～“9”具有第二功能。

“◀”“▶”键：基本功能是使数字闪烁位左右移动。第二功能是选择“脉冲”波形和

“任意”波形。在计数功能下还具有“计数停止”和“计数清零”功能。

“频率/周期”键：基本功能是频率选择。如果当前显示的是频率，再按一次该键，表示输入和显示改为周期。第二功能是选择“正弦”波形。

“幅度/脉宽”键：基本功能是幅度选择。如果当前显示的是幅度且波形为“脉冲”波形，再按一次该键表示输入和显示改为脉冲波的脉宽。第二功能是选择“方波”波形。

“键控”键：基本功能是 FSK 功能模式选择。如果当前是 FSK 功能模式，再按一次该键，则进入 PSK 功能模式；如果当前不是 FSK 功能模式，按一次该键，则进入 FSK 功能模式。第二功能是选择“三角波”波形。

“菜单”键：基本功能是显示菜单，进入 FSK、PSK、调频、调幅、扫描、猝发和系统功能模式时，可通过“菜单”键选择各功能的不同选项，并改变相应选项的参数。在“点频”功能状态且当前处于“幅度”时，可用“菜单”键进行峰峰值、有效值和 dBm 数值的转换。第二功能是选择“升锯齿”波形。

“调频”键：基本功能是调频功能选择，第二功能是存储选择。它还用作“ms/mVp-p”单位键，分别表示时间的单位 ms、幅度峰峰值的单位 mV。在“测频”功能下其还作为“衰减”选择键。

“调幅”键：基本功能是调幅功能选择，第二功能是调用选择。它还用作“MHz/Vrms”单位，分别表示频率的单位 MHz、幅度有效值的单位 V。在“测频”功能下作为“低通”选择键。

“扫描”键：基本功能是扫描功能选择，第二功能是“测频”和“计数”功能选择。它还用作“kHz/mVrms”单位键，分别表示频率的单位 kHz、幅度有效值的单位 mV。在“测频计数器”功能下和“Shift”键一起用于“计数”和“测频”功能选择。如果当前是“测频”功能，按“Shift”键和“扫描”键后，可选择“计数”功能；如果当前是“计数”功能，按“Shift”键和“扫描”键后，可选择“测频”功能。

“猝发”键：基本功能是猝发功能选择，第二功能是直流偏移选择。它还用作“Hz/dBm”单位，分别表示频率的单位 Hz、幅度的单位 dBm。在“测频”功能下其还可作为“闸门选择”键。

各键功能定义如表 2.3～表 2.5 所示。

表 2.3　数字输入键功能定义

键名	基本功能	第二功能	键名	基本功能	第二功能
0	输入数字 0	无	7	输入数字 7	进入点频
1	输入数字 1	无	8	输入数字 8	退出程控
2	输入数字 2	无	9	输入数字 9	进入系统
3	输入数字 3	无	.	输入小数点	无
4	输入数字 4	无	-	输入负号	无
5	输入数字 5	无	◀	闪烁数字左移	选择脉冲波
6	输入数字 6	无	▶	闪烁数字右移	选择 TTL 波

表 2.4　功能键功能定义

键名	基本功能	第二功能	计数功能	单位功能
频率/周期	频率选择	正弦波选择	无	无
幅度/脉宽	幅度选择	方波选择	无	无
键控	FSK 功能模式选择	三角波选择	无	无
菜单	显示菜单	升锯齿波选择	无	无
调频	调频功能选择	存储功能选择	衰减选择	ms/mVp-p
调幅	调幅功能选择	调用功能选择	低通选择	MHz/Vrms
扫描	扫描功能选择	测频功能选择	测频/计数选择	kHz/mVrms
猝发	猝发功能选择	直流偏移选择	闸门选择	Hz/dBm

表 2.5　其他键功能定义

键名	主功能	其他
输出	信号输出与关闭切换	扫描功能和猝发功能的单次触发
Shift	和其他键一起实现第二功能	单位 s/Vp-p

3. 常用的操作方法

1）仪器启动：按下面板上的电源开关键，电源接通。显示区先闪烁显示“WELCOME” 2s，再闪烁显示仪器型号（如“F05A-DDS”）1s。之后根据系统功能中开机状态设置，进入“点频”功能状态，波形显示区显示当前波形“～”，频率为 10.00000000kHz，或进入上次关机前的状态。

2）开机后，仪器进行自检初始化，进入正常工作状态，可以输入数据。数据输入有以下两种方式。

数据键输入：10 个数字键用来向显示区写入数据。写入方式为从左到右顺序写入，用“.”键输入小数点，如果显示区中已经有小数点，则按此键不起作用。用“-”键来输入负号，如果显示区中已经有负号，再按此键则取消负号。使用数据键只是把数据写入显示区，这时数据并没有生效。所以，如果有写入错误，则可以按当前功能键，然后重新写入，对仪器输出信号没有影响。确认输入数据完全正确之后，按一次单位键，这时数据开始生效，仪器将根据显示区数据输出信号。数据的输入可以使用小数点和单位键任意搭配，仪器会按照统一的形式将数据显示出来。

注意： 用数字键输入数据时必须输入单位，否则输入数值不起作用。

调节旋钮输入：调节旋钮可以对信号进行连续调节。按“◀”“▶”键，使当前闪烁的数字左移或右移，这时顺时针转动调节旋钮可使正在闪烁的数字连续加 1，并向高位进位；逆时针转动调节旋钮可使正在闪烁的数字连续减 1，并向高位借位。使用调节旋钮输入数据时，数字改变后立即生效，不再需要按单位键。当闪烁的数字向左移动时，可以对数字进行粗调；当闪烁的数字向右移动时，可以对数字进行细调。当不需要使用调节旋钮时，可以用“◀”“▶”键使闪烁的数字消失，此时调节旋钮的转动将不再有效。

3）功能选择：仪器开机后为“点频”功能模式，输出单一频率的波形，按“调频”“调幅”“扫描”“猝发”“点频”“FSK”“PSK”可以分别实现 7 种功能模式。

4）“点频”功能模式。“点频”功能模式可以输出一些基本波形，如正弦波、方波、三角波、升锯齿波、降锯齿波、脉冲波、TTL 波等。大多数波形可以设定频率、幅度和直流偏移。在其他功能模式时，可先按“Shift”键，再按“点频”键来进入“点频”功能模式。

从“点频”功能模式转到其他功能模式时，“点频”功能模式下设置的参数就作为载波的参数；同样，从其他功能模式转到“点频”功能模式时，在其他功能模式中设置的载波参数就作为点频的参数。例如，从“点频”功能模式转到“调频”功能模式，在“点频”功能模式中设置的参数就作为“调频”功能模式中载波的参数；从“调频”功能模式转到“点频”功能模式，在“调频”功能模式中设置的载波参数就作为“点频”功能模式中的参数。除“点频”功能模式外，其他功能模式中基本信号或载波的波形只能选择正弦波。

5）常用操作设定。

① 频率设定：按“频率”键，显示当前频率值。可用数据键或调节旋钮输入频率值，这时仪器输出端口即有该频率的信号输出。

② 周期设定：信号的频率可以用周期值的形式进行显示和输入。如果当前显示为频率，再按一次“频率/周期”键，显示当前周期值，可用数据键或调节旋钮输入周期值。

③ 幅度设定：按“幅度”键，显示当前幅度值。可用数据键或调节旋钮输入幅度值，这时仪器输出端口即有该幅度的信号输出。

④ 直流偏移设定：按“Shift”键后再按“猝发”键，显示当前直流偏移值，如果当前输出波形直流偏移不为 0，此时状态显示区显示直流偏移标志“Offset”。可用数据键或调节旋钮输入直流偏移值，这时仪器输出端口即有该直流偏移的信号输出。

⑤ 输出波形选择：按“Shift”键后再按相应波形键，可以选择正弦波、方波、三角波、升锯齿波、脉冲波、TTL 波 6 种常用波形。同时，波形显示区显示相应的波形符号。

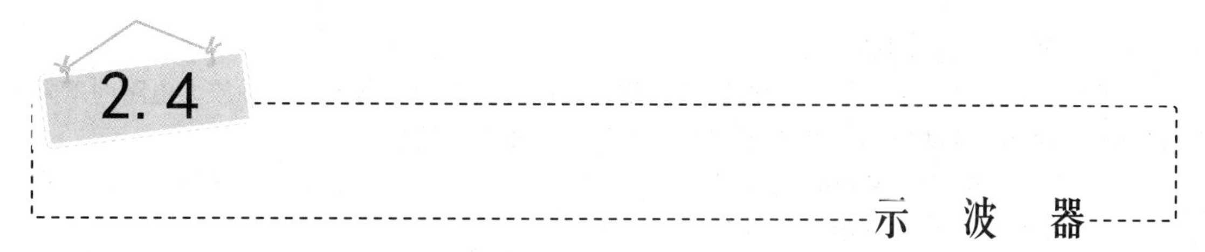

2.4.1　示波器简介

示波器是一种应用十分广泛的电子测量仪器。它能把人眼看不见的电信号变换成看得见的图像，便于人们研究各种电现象的变化过程。人们通过对电信号波形的观察，便可以分析电信号随时间变化的规律。利用示波器能观察各种不同信号幅度随时间变化的波形曲线，还可以用它测量各种不同的电量，如电压、电流、频率、相位差等。

1. 示波器的类型

示波器大致可分为模拟示波器、数字示波器和混合信号示波器 3 类。

模拟示波器采用的是模拟电路，电子枪向屏幕发射电子，发射的电子经聚焦形成电子束，并打到屏幕上，屏幕的内表面涂有荧光物质，这样电子束打中的点就会发光。

数字示波器是采用数据采集、A/D 转换、软件编程等一系列技术制造出来的高性能示波器。数字示波器一般支持多级菜单，能提供给用户多种选择、多种分析功能，还有一些数字示波器提供存储功能，以实现对波形的保存和处理。

混合信号示波器是把数字示波器对信号细节的分析能力和逻辑分析仪多通道定时测量能力组合在一起的仪器。

2. 示波器和电压表的区别

示波器和电压表的主要区别如下：

1）电压表可以给出被测信号的数值，通常是有效值，即 RMS 值，但是电压表不能给出有关信号形状的信息。有的电压表能测量信号的峰值电压和频率，而示波器能以图形的方式显示信号随时间变化的历史情况。

2）电压表通常只能对一个信号进行测量，而示波器能同时显示两个或多个信号。

3）示波器和电压表测量信号的频率范围不一样，一般电压表测量电压的频率范围最高达到 kHz 量级，而示波器至少可以达到 MHz 量级，具体使用要参照仪器的具体参数。

2.4.2 使用示波器测量电压、相位、时间与频率

本节介绍使用示波器测量电压、相位、时间与频率的一般方法。需要强调的是，在使用示波器进行测量时，示波器的有关调节旋钮必须处于校准状态。例如，测量电压时，Y 通道的衰减器调节旋钮必须处于校准状态。在测量时间时，扫描时间调节旋钮必须处于校准状态，只有这样测得的值才是准确的。

1. 电压的测量

（1）直流电压的测量

要进行直流电压的测量，示波器 Y 通道必须处于直流耦合状态（Y 轴放大电路的下限截止频率为 0），同时示波器的灵敏度调节旋钮必须处于校准状态。

1）使 Y 输入端对地短路，在屏幕上找出零电压所对应的位置，即扫描基线，并将该基线调至合适位置，作为零电压基准位置，如图 2.5 所示。

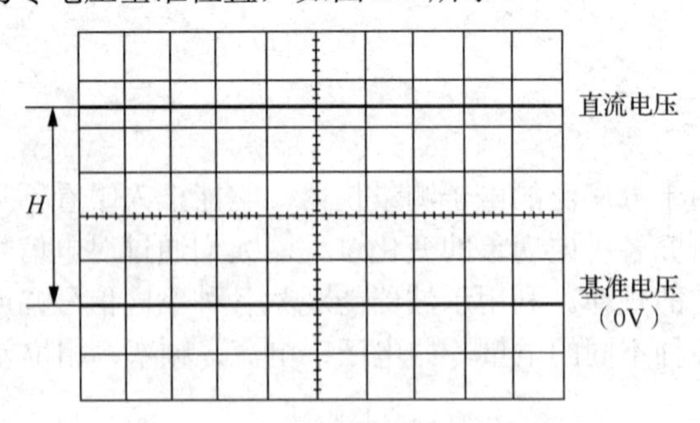

图 2.5 直流电压的测量方法

2）将被测电压通过探头（或直接）接至示波器的 Y 输入端，调节 Y 轴灵敏度（旋钮），使扫描线有合适的偏移量，如图 2.5 所示。如果显示直流电压的坐标刻度（波形与基线之间的距离）为 H（div），Y 轴灵敏度调节旋钮的位置为 S_Y（V/div），探头的衰减系数为 k，则所测的直流电压值 $U_X = S_Y Hk$ 。

（2）交流电压的测量

1）将 Y 轴输入耦合方式选择开关置于交流耦合（AC）位置。

2）根据被测信号的幅度和频率，调整 Y 轴灵敏度调节旋钮和 X 轴的扫描时间调节旋钮，使其处于合适的位置。

3）将被测信号通过探头（或直接）输入示波器的 Y 轴输入端。

4）选择合适的触发源和触发耦合方式，调整触发电平调节旋钮，使示波器屏幕显示稳定的波形，如图 2.6 所示。

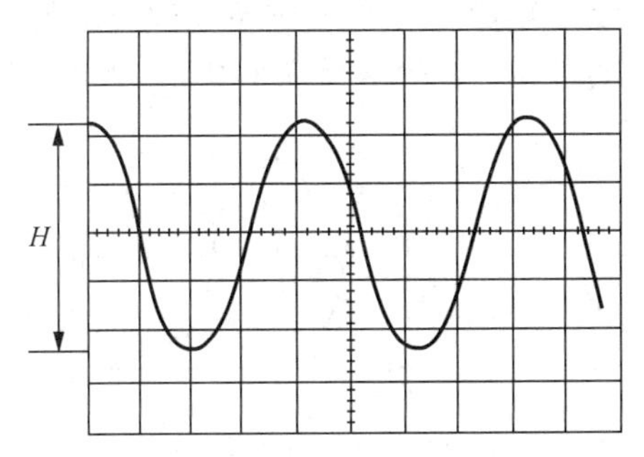

图 2.6　交流电压的测量电压

设被测电压的峰峰值为 $U_{\text{Xp-p}}$，则 $U_{\text{Xp-p}}=S_Y Hk$。有效值为 $U_{\text{X}}=U_{\text{Xp-p}}/2\sqrt{2}$。利用上述方法可以测量波形中特定点的瞬时值。

上述被测信号是不含直流成分的正弦信号，一般选用交流耦合方式。如果被测信号虽是正弦信号，但频率很低，则应选用直流耦合方式。如果输入信号是含有直流分量的交流信号或脉冲信号，通常选用直流耦合方式，以便观察输入信号的全部内容。

2. 相位的测量

相位的测量通常是指测量两个同频率信号之间的相位差，如测量 RC 电路的相移特性、放大电路的输出信号相对于输入信号的相移特性等。

用双踪示波器测量两个信号之间的相位差是很方便的。测量时，要选定其中一个输入通道的信号作为触发源，调整触发电平，显示两个稳定的波形，如图 2.7 所示。测量中应调整 Y 轴灵敏度和 X 轴扫描速度，使波形的高度和宽度合适。

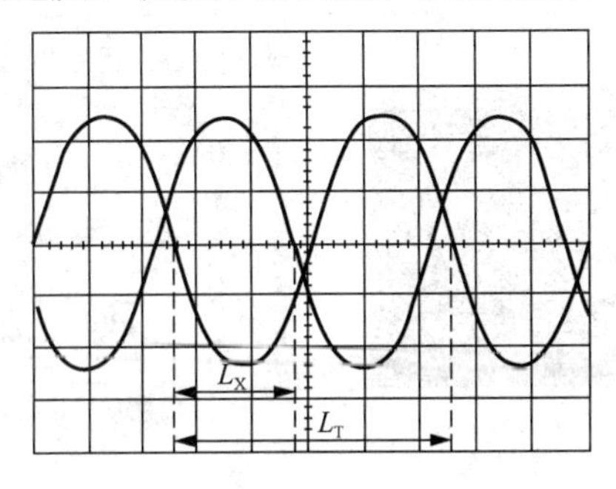

图 2.7　测量两信号的相位差

由图 2.7 可知，两波形的相位差为

$$\varphi = 360^{\circ} \times \frac{L_X}{L_T} \tag{2-1}$$

3. 时间的测量

时间的测量通常是测量信号的周期、脉冲宽度、上升时间、下降时间等。测量这些时间间隔的方法与测量相位差的方法类似，具体操作不再赘述。

注意：①若所测时间间隔对应的长度为 L_X (div)，扫描速度为 W(ms/div)，X 轴的扩展系数为 k，则所测时间间隔 $T_X = WL_Xk$；②在测量信号的周期时，可以测量信号一个周期的时间，也可以测量 n 个周期的时间，再除以周期个数 n，如图 2.8 所示。相对而言，后一种方法产生的误差会小一些。

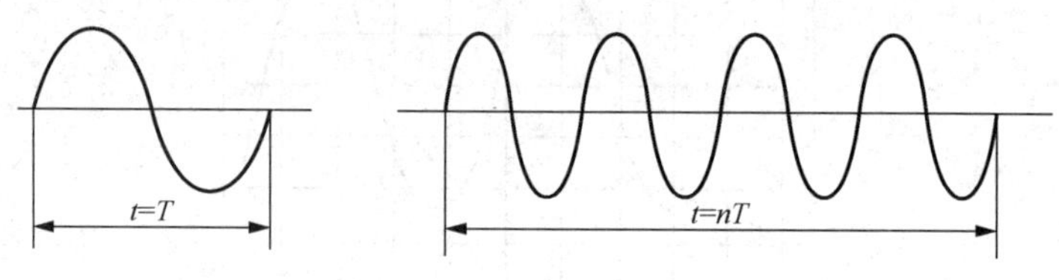

图 2.8　信号周期的测量

测量脉冲信号的脉冲宽度 t_W、上升时间 t_r、下降时间 t_f 等参数时，只要按其定义测量出相应的时间间隔即可，它们的测量方法是一样的。

4. 频率的测量

频率是周期的倒数，因此测量信号的频率一般先测量信号的周期再换算成频率。此外，有些示波器附带频率测量功能（数字频率计），利用此功能可以直接显示被测信号的频率。

2.4.3　常用示波器的使用

1. TDS1002 示波器

TDS1002 示波器为 2 通道双时基数字存储示波器，其带宽为 60MHz，采样速率为 1GS/s，每通道的记录长度为 2500 点。TDS1002 示波器具有自动设置功能，以及 11 种自动测量功能，并且支持对采集到的信号进行各种基本运算和快速傅里叶变换（fast Fourier transformation，FFT）。TDS1002 示波器采用黑白液晶显示器，其前面板如图 2.9 所示。

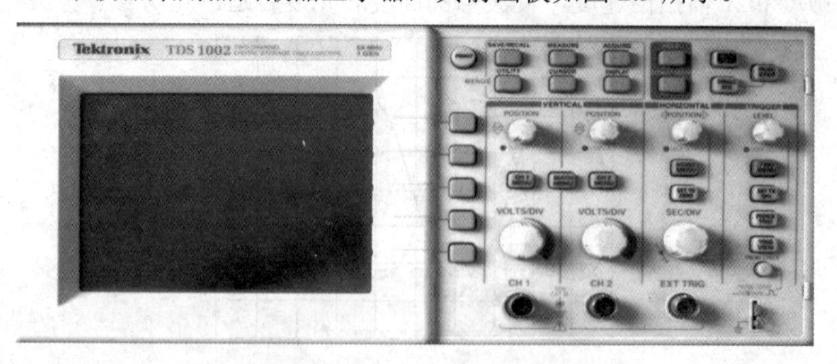

图 2.9　TDS1002 示波器前面板

（1）显示区域

示波器的屏幕为显示区域。除显示波形外，还会显示菜单，以及波形和示波器控制设置等详细信息，如图 2.10 所示。

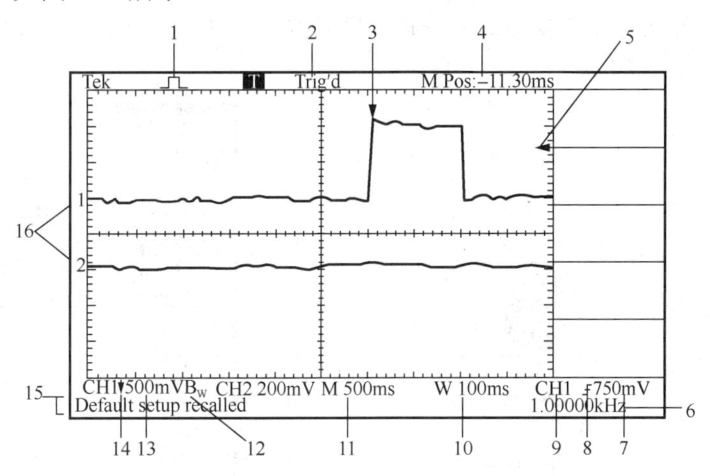

图 2.10 TDS1002 示波器显示区域

（注：1～16 表示具体含义见下文介绍。）

1）显示图标表示采集模式，包含采样、峰值检测和均值模式。

2）显示触发状态。

3）显示水平触发位置，可以旋转“水平位置”旋钮调整标记位置。

4）利用读数显示中心刻度线的时间，触发时间为时间零点。

5）使用标记显示边沿脉冲宽度触发电平，或选定的视频行和场。

6）显示触发频率读数。

7）显示边沿脉冲宽度触发电平。

8）显示触发类型图标。

9）显示触发使用的触发源。

10）显示窗口时基设置。

11）显示主时基设置。

12）利用 B_W 图标显示带宽限制。

13）显示垂直刻度系数读数。

14）表示波形是否反相。

15）显示有用信息。

16）显示波形的接地参考点。若没有标记，则不会显示通道。

TDS1002 示波器可以使用菜单系统访问各种特殊功能，按下前面板上的菜单键，示波器将在显示屏的右侧显示相应菜单，通过屏幕右侧的 5 个选定键可以选中相关的选项进行操作。图 2.11 为 TDS1002 示波器菜单示例。

（2）垂直控制

TDS1002 示波器的垂直控制系统如图 2.12 所示。利用“CH1 菜单”键、“CH2 菜单”键、游标 1 位置旋钮及游标 2 位置旋钮可以垂直定位波形。显示和使用游标时，LED 指示灯会变亮，指示此时对游标进行垂直移动；反之，LED 指示灯不亮时，表示对对应通道的波形进行垂直移动。

1）“CH1 菜单”和“CH2 菜单”键用于显示垂直菜单选项或打开/关闭对相应通道波形

的显示。“数学菜单”键控制显示波形的数学运算并可用于打开和关闭数学波形。

2）“伏/格”旋钮可以改变标定的垂直刻度系数，通过转动该旋钮，屏幕上显示的垂直刻度系数会随之发生变化。

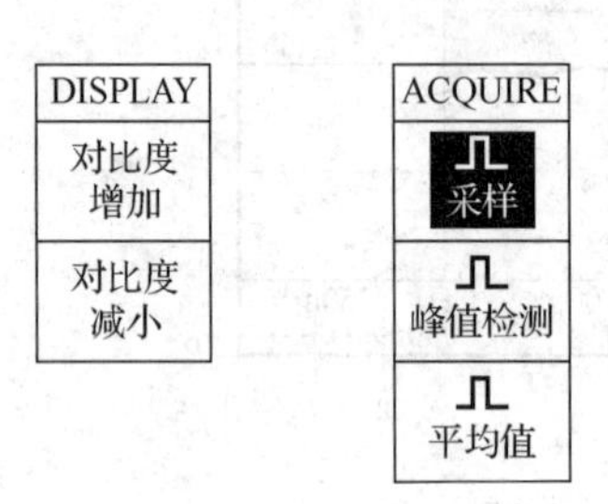

图 2.11　TDS1002 示波器菜单示例

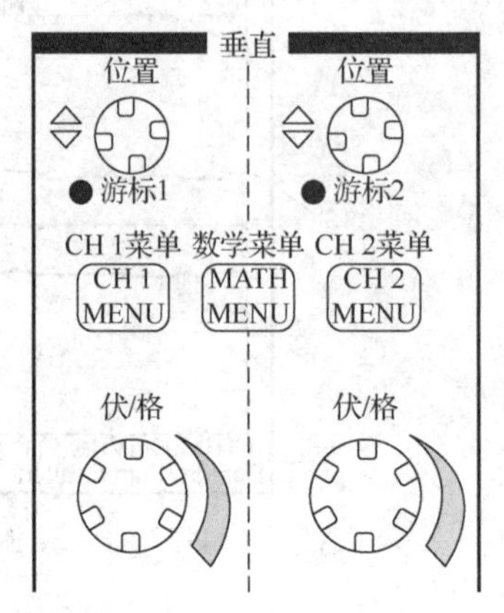

图 2.12　TDS1002 示波器的垂直控制系统

（3）水平控制

TDS1002 示波器的水平控制系统如图 2.13 所示。

1）“位置”旋钮可以调整所有通道和数学波形的水平位置。

2）“水平菜单”键可以控制显示和关闭水平菜单。

3）“设置为零”键表示将水平位置设为零。

4）“秒/格”旋钮可以改变主时基或窗口的水平时间刻度，通过转动该旋钮，屏幕上显示的水平刻度系数会随之发生变化。

（4）触发控制

TDS1002 示波器的触发控制系统如图 2.14 所示。

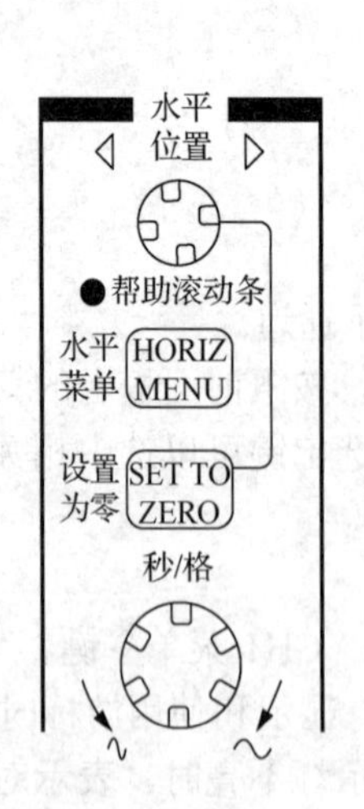

图 2.13　TDS1002 示波器的水平控制系统

图 2.14　TDS1002 示波器的触发控制系统

1）“电平”和“用户选择”：使用边沿触发方式时，“电平”旋钮的基本功能是设置触发电平幅度，信号必须高于此电平才能进行采集。当“电平”旋钮下的LED指示灯亮时，表示执行的是“用户选择”功能，利用该旋钮可以选择扫描线同步触发的线数和脉冲宽度触发的脉宽，以及触发释抑的时间长度。

2）“触发菜单”：按下“触发菜单”键，将会在示波器屏幕上显示触发菜单选项。

3）“设置为50%”：按下该键表示将触发电平设置为触发信号峰值的垂直中点。

4）“强制触发”：按下该键表示无论触发信号是否合适，都完成采集。若采集已停止，按下该键不会产生影响。

5）“触发视图”：按下该键时，屏幕上不显示通道波形，而显示触发波形。可用此键显示如触发耦合等触发设置选项对触发信号的影响。

（5）菜单和控制键

TDS1002示波器的菜单和控制键如图2.15所示。

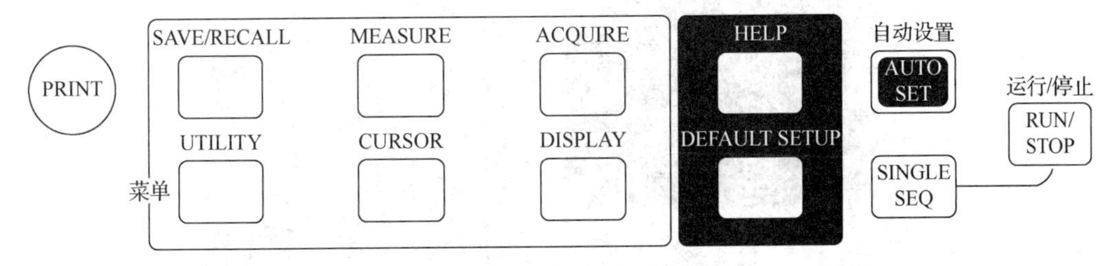

图2.15　TDS1002示波器的菜单和控制键

1）“保存/调出”（SAVE/RECALL）：按下该键可显示设置和波形的保存和调出菜单。

2）“测量”（MEASURE）：按下该键可显示自动测量菜单。

3）“采集”（ACQUIRE）：按下该键可显示采集菜单。

4）“显示”（DISPLAY）：按下该键可显示与示波器显示相关的显示菜单。

5）“游标”（CURSOR）：按下该键可显示游标菜单。当显示游标菜单并且游标被激活时，垂直位置控制方式可以调整游标的位置。离开游标菜单后，游标保持显示，但不可调整。

6）“辅助显示”（UTILITY）：按下该键可显示辅助功能菜单。

7）“帮助”（HELP）：按下该键可显示示波器的帮助菜单。

8）“默认设置”（DEFAULT SETUP）：按下该键可以调出示波器的出厂默认设置。

9）“自动设置”（AUTO SET）：按下该键可以自动设置示波器控制状态，以产生适用于输出信号的显示图形。

10）“单次序列”（SINGLE SEQ）：按下该键表示采集单个波形，然后停止。

11）“运行/停止”（RUN/STOP）：按下该键表示连续采集波形或停止采集。

12）“打印”（PRINT）：按下该键开始打印操作。

2. DS 5000系列数字存储示波器

DS 5000系列数字存储示波器具有操作简单、技术指标优异及众多功能特性完美结合的特点。此外，其还具有快速完成测量任务所需要的高性能指标和强大功能。通过1GS/s的实时采样和50GS/s的等效采样，可在DS 5000系列数字存储示波器上观察高频率的信号。

强大的触发和分析能力使其易于捕获和分析波形。清晰的液晶显示和数学运算功能，便于使用者更快、更清晰地观察和分析信号问题。

DS 5000 系列数字存储示波器向使用者提供了简单而功能明晰的前面板，以方便使用者进行基本操作。各通道的标度和位置旋钮提供了直观的功能说明，完全符合传统仪器的使用习惯，使用者不必花费大量时间去学习和熟悉示波器的操作，即可熟练使用。为加速调整，便于测量，使用者可直接按“AUTO”键，获得适合的波形显现和挡位设置。

DS 5000 系列数字存储示波器的前面板包括旋钮和功能键，旋钮的功能与其他示波器相似。显示屏右侧一列的 5 个灰色键为菜单键（自上而下定义为 1～5 号）。通过它们，使用者可以设置当前菜单的不同选项。其他键（包括彩色键）为功能键，通过它们使用者可以进入不同的功能菜单或直接获得特定的功能应用（图 2.16～图 2.18）。

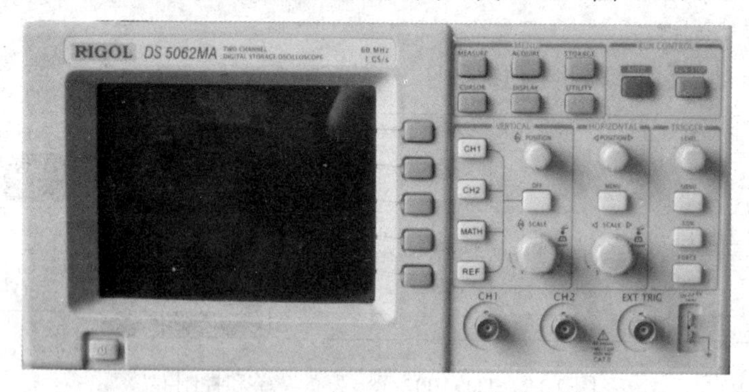

图 2.16　DS 5000 系列数字存储示波器前面板

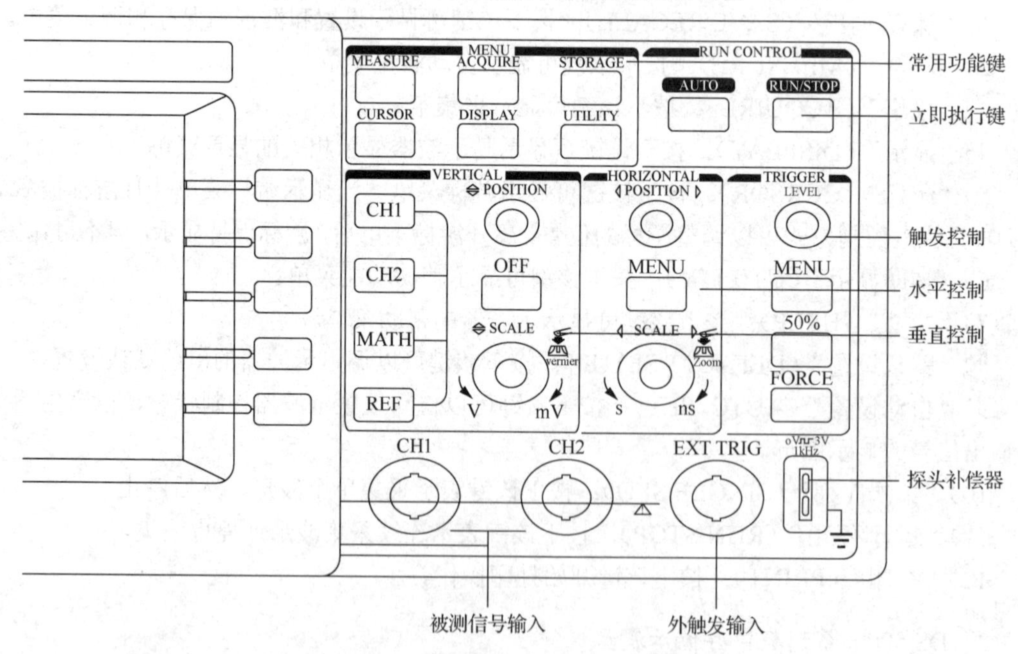

图 2.17　DS 5000 系列数字存储示波器面板操作说明

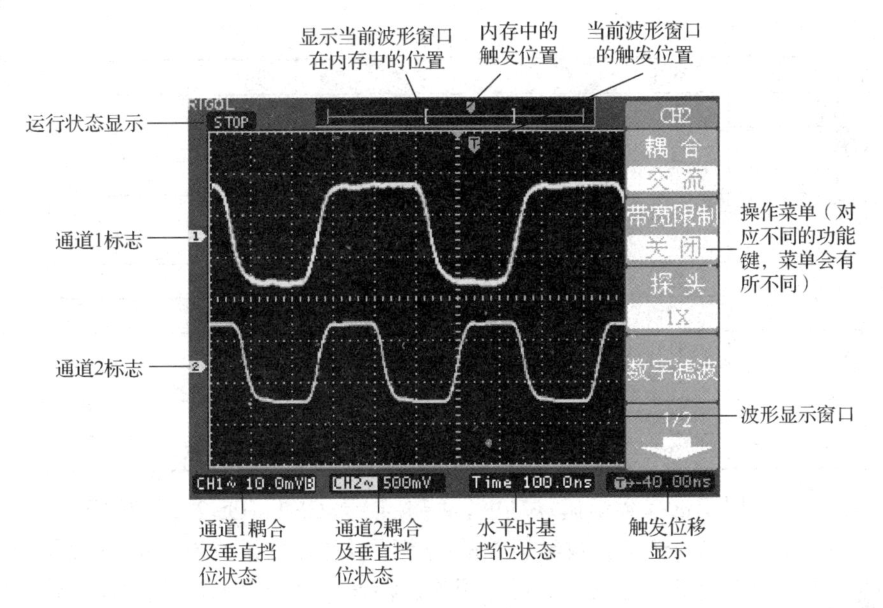

图 2.18　DS 5000 系列数字存储示波器显示界面说明

（1）垂直系统

在垂直（VERTICAL）控制区有一系列的按键、旋钮，如图 2.19 所示。

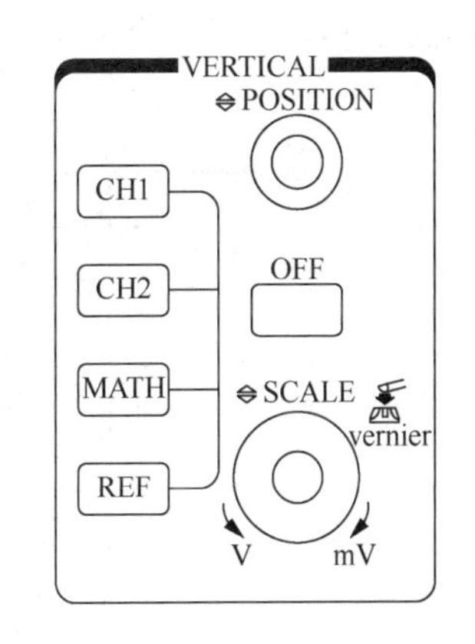

图 2.19　DS 5000 系列数字存储示波器垂直系统

1）“POSITION”：控制信号的垂直显示位置。当转动“POSITION”旋钮时，指示通道地（GROUND）的标志跟随波形上下移动。

如果通道耦合方式为 DC，使用者可以通过观察波形与信号地之间的差距来快速测量信号的直流分量。如果耦合方式为 AC，信号中的直流分量被滤除，这种方式可以使使用者以更高的灵敏度测量信号的交流分量。

2）“SCALE”：改变“Volt/div”（伏/格）垂直挡位，此时可以发现状态栏对应通道的挡位显示发生了相应的变化。

3）“CH1”和“CH2”：按下“CH1”或“CH2”键，系统显示该通道的操作菜单，如表 2.6 所示。

表 2.6　“CH1”和“CH2”键功能菜单

功能菜单	设定	说明
耦合	交流	阻挡输入信号的直流成分
	直流	通过输入信号的交流和直流成分
	接地	断开输入信号
带宽限制	打开	限制带宽至 20MHz，以减少显示噪声
	关闭	满带宽
探头	1× 10× 100× 1000×	根据探头衰减因数选取其中一个值，以保持垂直标尺读数准确

续表

功能菜单	设定	说明
数字滤波	—	设置数字滤波
⬇（下一页）	1/2	进入下一页菜单（以下均同，不再说明）
⬆（上一页）	2/2	返回上一页菜单（以下均同，不再说明）
挡位调节	粗调	粗调按 1—2—5 进制设定垂直灵敏度
	微调	在粗调设置范围之间进一步细分，以改善分辨率
反相	打开	打开波形反向功能
	关闭	波形正常显示
输入	1MΩ	设置通道输入阻抗为 1MΩ
	50Ω	设置通道输入阻抗为 50Ω

4）“MATH”：用于选择数学运算功能，能够显示 CH1、CH2 通道波形相加、相减、相乘、相除及 FFT 运算的结果。数学运算的结果可以通过栅格或游标进行测量。运算波形的幅度可以通过“SCALE”旋钮（垂直）调整，幅度以百分比的形式显示。幅度的范围为 0.1%～1000%，以 1—2—5 的方式步进，即 0.1%、0.2%、0.5%、…、1000%。“MATH”键功能菜单如表 2.7 所示。

表 2.7 “MATH”键功能菜单

功能菜单	设定	说明
操作	A+B	信源 A 与信源 B 波形相加
	A−B	信源 A 波形减去信源 B 波形
	A×B	信源 A 与信源 B 波形相乘
	A÷B	信源 A 波形除以信源 B 波形
	FFT	FFT 数学运算
信源 A	CH1	设定信源 A 为 CH1 通道波形
	CH2	设定信源 A 为 CH2 通道波形
信源 B	CH1	设定信源 B 为 CH1 通道波形
	CH2	设定信源 B 为 CH2 通道波形
反相	打开	打开数学运算波形反相功能
	关闭	关闭反相功能

5）“REF”键：在实际测量过程中，使用 DS 5000 系列数字存储示波器测量、观察有关组件的波形，可以把波形和参考波形样板进行比较，从而判断故障原因。按下“REF”键显示参考波形菜单，如表 2.8 所示。

表 2.8 “REF”键功能菜单

功能菜单	设定	说明
信源选择	CH1	选择 CH1 作为参考通道
	CH2	选择 CH2 作为参考通道
保存	—	选择一个已保存的波形作为参考通道的数据源
反向	打开	设置参考波形反向状态
	关闭	关闭反向状态

6）“OFF”：DS 5000 系列数字存储示波器的 CH1、CH2 为信号输入通道。此外，数学运算和参考波形的显示与操作也是按通道的等同观念进行处理的。因此，在处理数学运算和参考波形时，可以理解为在处理相对独立的通道，期望打开或选择某一通道时，只需按其对应的通道按键。若希望关闭一个通道，则首先此通道当前必须处于选中状态，然后按下“OFF”键即可将其关闭。“OFF”键功能状态如表 2.9 所示。

表 2.9　“OFF”键功能状态

通道类型	通道状态	状态标志	
		DS 5000 单色系列	DS 5000 彩色系列
通道 1（CH1）	打开	CH1（白地黑字）	CH1（黄地黑字）
	当前选中	CH1（黑地白字）	CH1（黑地黄字）
	关闭	无状态标志	无状态标志
通道 2（CH2）	打开	CH2（白地黑字）	CH2（蓝地黑字）
	当前选中	CH2（黑地白字）	CH2（黑地蓝字）
	关闭	无状态标志	无状态标志
数学运算（MATH）	打开	Math（白地黑字）	Math（绿地黑字）
	当前选中	Math（黑地白字）	Math（黑地绿字）
	关闭	无状态标志	无状态标志

（2）水平系统

在水平（HORIZONTAL）控制区有 1 个按键、2 个旋钮，如图 2.20 所示。

1）“POSITION”：可以调整信号在波形窗口的水平位置、控制信号的触发位移及其他用途。当用于触发位移时，转动“POSITION”旋钮时，可以观察到波形随旋钮水平移动。

2）“SCALE”：可以改变水平挡位设置，使用者能够观察因此导致的状态信息变化。转动水平“SCALE”旋钮来改变“s/div”（秒/格）水平挡位，可以发现状态栏对应通道的挡位显示发生了相应的变化。水平扫描速度为 1ns～50s，以 1—2—5 的形式步进，在延迟扫描状态可达到 10ps/div（示波器型号不同，其水平扫描和延迟扫描速度也有差别）。

3）“MENU”：显示水平菜单，如表 2.10 所示。

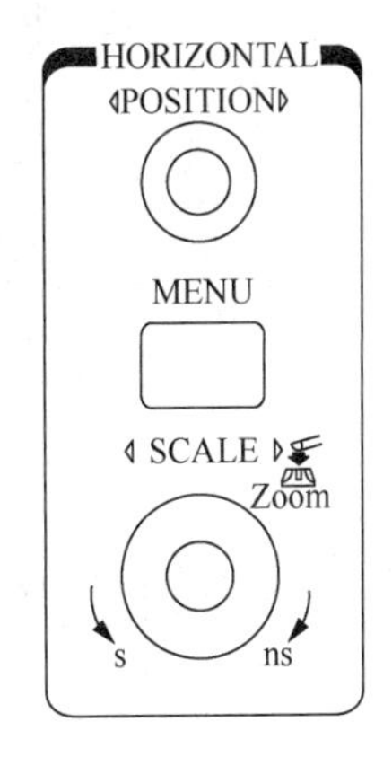

图 2.20　DS 5000 系列数字存储示波器水平系统

表 2.10　“MENU”键功能菜单

功能菜单	设定	说明
延迟扫描	打开	进入 Delayed 波形延迟扫描
	关闭	关闭延迟扫描
格式	Y-T	Y-T 方式显示垂直电压与水平时间的相对关系
	X-Y	X-Y 方式在水平轴上显示通道 1 幅值，在垂直轴上显示通道 2 幅值
◀ ▶	触发位移	调整触发位置在内存中的水平位移
	触发释抑	设置可以接收另一触发事件之前的时间量
触发位移复位	—	调整触发位置到中心零点
触发释抑复位	—	设置触发释抑时间为 100ns

（3）触发系统

如图 2.21 所示，在触发（TRIGGER）控制区有 1 个旋钮、3 个按键。

1）“LEVEL”：用来改变触发电平的设置。转动“LEVEL”旋钮时，可以发现屏幕上出现一条橘红色（单色液晶系列为黑色）的触发线及触发标志，其随旋钮转动而上下移动。停止转动该旋钮，此触发线和触发标志会在约 5s 后消失。在移动触发线的同时，可以观察到在屏幕上触发电平的数值或百分比显示发生了变化。在触发耦合方式为交流或低频抑制时，触发电平以百分比显示。

2）“MENU”：是触发设置菜单键，触发有 3 种方式，即边沿触发、视频触发和脉宽触发。每类触发使用不同的功能菜单。

3）“50%”：用来设定触发电平在触发信号幅值的垂直中点。

4）“FORCE”键。“FORCE”键可以强制产生一个触发信号，主要用于触发方式中的普通和单次模式。

（4）常用功能

在这个区域内，一共有 6 个按键，分别可以进行自动测量、采样、存储和调出、游标测量、显示及执行的一些操作设置，如图 2.22 所示。

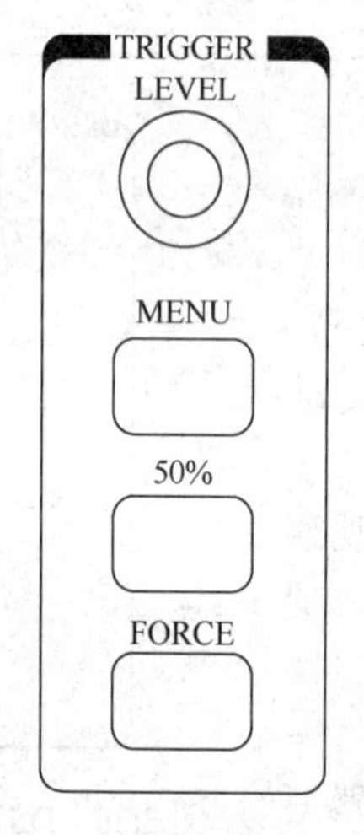

图 2.21　DS 5000 系列数字存储示波器的触发控制区

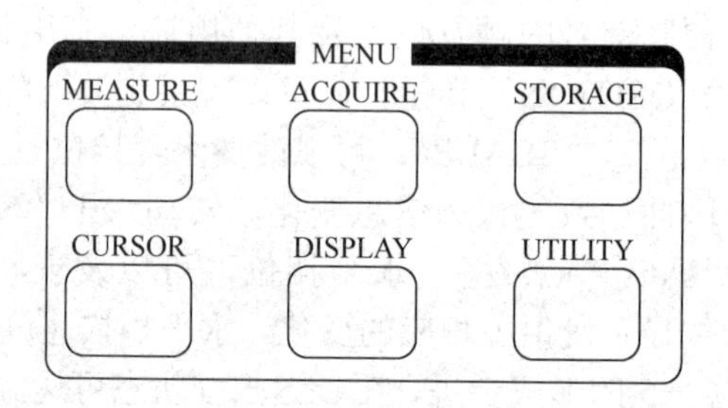

图 2.22　DS 5000 系列数字存储器的常用功能

1）自动测量。按“MEASURE”键，系统显示自动测量操作菜单，可测量峰峰值、最大值、最小值、顶端值、底端值、幅值、平均值、均方根值、过冲、预冲、频率、周期、上升时间、下降时间、正占空比、负占空比、延迟 1→2 ⬆、延迟 1→2 ⬇、正脉宽、负脉宽，共 10 种电压测量和 10 种时间测量。

2）采样。按下“ACQUIRE”键弹出采样设置菜单。通过菜单控制键调整采样方式。其中，观察单次信号应选用实时采样方式，观察高频周期性信号选用等效采样方式。若希望观察信号的包络避免混淆，可以选用峰值检测方式。若希望减少所显示信号中的随机噪声，选用平均采样方式，平均值的次数可以选择。若要观察低频信号，选择滚动模式方式。若希望显示波形接近模拟示波器效果，选用模拟获取方式。若希望避免波形混淆，启用混淆抑制功能。

3）存储和调出。按下“STORAGE”键，弹出存储设置菜单。通过菜单控制键设置存储/调出波形或设置。

4）游标测量。按“CURSOR”键，可以选择游标模式。游标模式通过移动游标进行测量。游标测量分为3种，即手动模式、追踪模式和自动测量模式。

5）显示。按“DISPLAY”键，弹出显示设置菜单。通过菜单控制键调整显示方式。

6）系统功能设置。按“UTILITY”键，弹出辅助系统功能设置菜单。

3 单元 Multisim 14.0 基本功能与操作

>>>>

◎ **单元导读**

Multisim 14.0 是一个优秀的电子技术训练仿真工具，可以很好地解决理论教学和实际动手能力培养脱节的问题。本单元介绍了 Multisim 14.0 的相关知识，包括基本功能及新特性、基本操作界面、菜单栏及虚拟仪器仪表；同时介绍了直流激励下 RC 一阶电路电容电压、电阻电压的 Multisim 14.0 仿真波形，以及单管共射极放大电路的直流工作点分析、交流分析和瞬态分析，不仅使学生学会 Multisim 14.0 的基本使用方法，还能提高其工程应用的能力及电路设计的思维能力。

◎ **能力目标**

1. 了解 Multisim 14.0 的基本功能及特点。
2. 掌握 Multisim 14.0 的菜单栏的使用方法。
3. 掌握虚拟万用表、虚拟信号源、虚拟示波器等基本电子测量仪器的使用方法。
4. 掌握直流工作点分析、交流分析、瞬态分析基本操作及设置方法。

◎ **思政目标**

1. 树立正确的学习观、价值观，自觉践行行业道德规范。
2. 遵规守纪，安全实验，爱护设备，钻研技术。
3. 培养一丝不苟、精益求精的工作作风。

3.1 Multisim 14.0 概述

Multisim 是 National Instruments（即美国国家仪器有限公司）推出的以 Windows 系统为基础的仿真工具，可用于板级的模拟及数字电路板的设计工作，包含电路原理图的图形输入、电路硬件描述语言输入方式，具有非常丰富的仿真分析功能。当改变电路参数或电路结构仿真时，可以清楚地观察到各种电路变化对性能的影响。用 Multisim 进行电路的仿真，实验成本低、速度快、效率高。

Multisim 14.0 于 2015 年问世，较之前版本进一步增强了仿真技术，可以帮助工程师分析模拟数字的电力电子场景，新增了很多功能，包括全新的参数分析模式、新嵌入式硬件的集成及用户可定义的模块简化设计。

Multisim 14.0 的新特性有全新的主动分析模式可以更快速地获得仿真结果和进行运行分析，全新的电压、电流、功率和数字探针可视化交互仿真结果，探索原始 VHDL 格式的数字逻辑原理图，方便在各种 FPGA 教学平台上运行，全新的 MPLAB 教学应用程序可用于实现微控制器和外部设备的仿真，全新的 iPad 版可随时随地进行电路仿真，全新的 MOSFET 和 IGBT 可搭建先进的电源电路。

3.2 Multisim 14.0 的基本操作界面及菜单栏

在完成 Multisim 14.0 的安装汉化之后，启动 Multisim 14.0，弹出图 3.1 所示的初始化界面。初始化完成后，便可进入 Multisim 14.0 的基本操作界面，如图 3.2 所示。该界面主要由标题栏、电路工作区、菜单栏、工具栏、电子表格视图（信息窗口）、状态栏及项目管理器 7 部分组成。这个界面相当于一个虚拟电子实验平台。

1. 菜单栏

Multisim 14.0 在菜单栏中提供了文件操作、文本编辑、放置元器件等选项。

（1）文件菜单

文件菜单中提供了各种文件操作命令，主要用于管理所创建的电路文件，如图 3.3 所示。

（2）编辑菜单

编辑菜单中提供了剪切、粘贴、对齐等操作命令，主要用于在电路绘制过程中对电路和元器件进行各种技术性处理，如图 3.4 所示。

（3）视图菜单

视图菜单中的命令用于控制仿真界面上显示的内容、电路原理图的缩放等，如图 3.5 所示。

图 3.1　NI Multisim 14.0 初始化界面

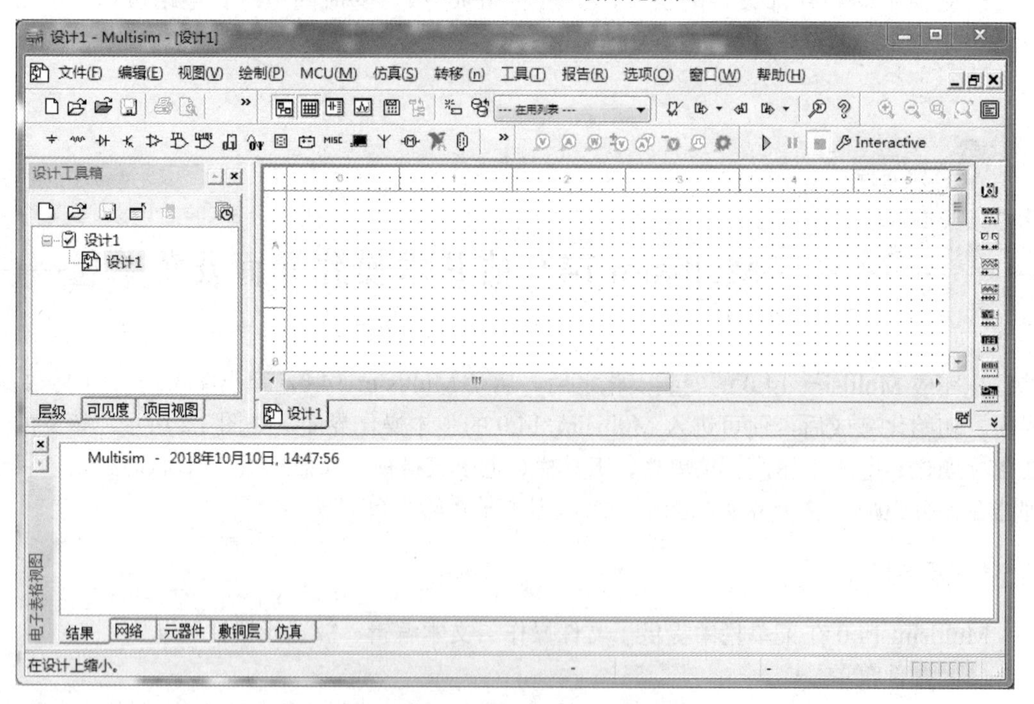

图 3.2　Multisim 14.0 基本操作界面

图 3.3　文件菜单

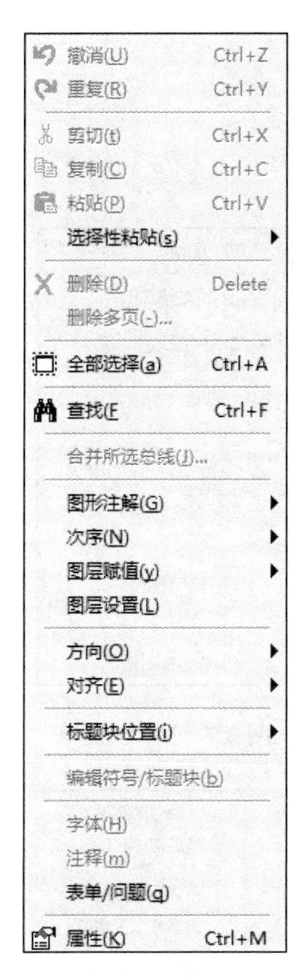

图 3.4　编辑菜单

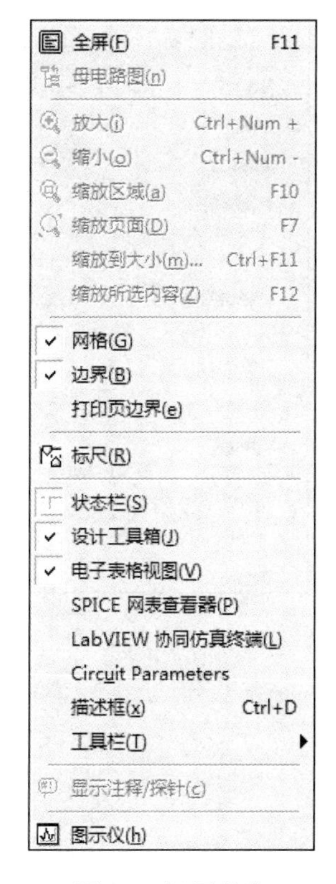

图 3.5　视图菜单

（4）绘制菜单

绘制菜单中提供了用于绘制仿真电路所需的元器件、节点、导线、各种连接接口的操作命令，如图 3.6 所示。

（5）MCU 菜单

MCU 菜单中提供了用于嵌入式电路仿真的操作命令，如图 3.7 所示。

（6）仿真菜单

仿真菜单中提供了常用的仿真设置与操作命令，如图 3.8 所示。

（7）转移菜单

转移菜单中提供了 6 个传输命令，如图 3.9 所示。

（8）工具菜单

工具菜单中提供了常用电路创建向导和电路管理命令，主要用于编辑或管理元器件和元件库，如图 3.10 所示。

（9）报告菜单

报告菜单中各命令用于产生指定元器件存储在数据库中的所有信息和当前电路窗口中所有元器件的详细参数报告，如图 3.11 所示。

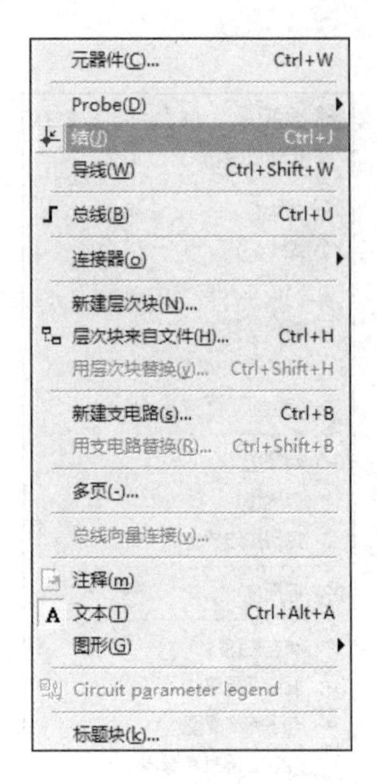

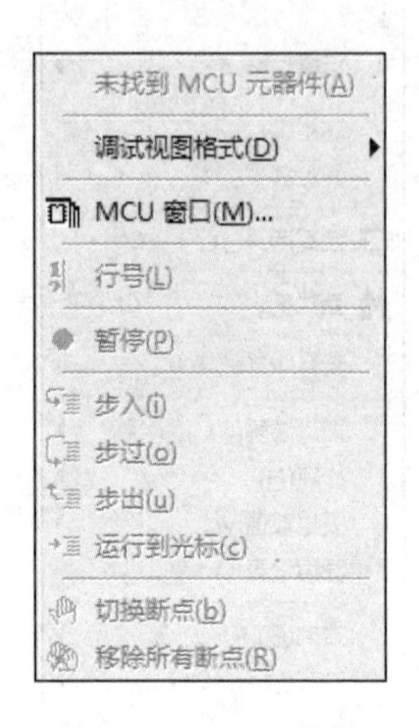

图 3.6　绘制菜单　　图 3.7　MCU 菜单　　图 3.8　仿真菜单

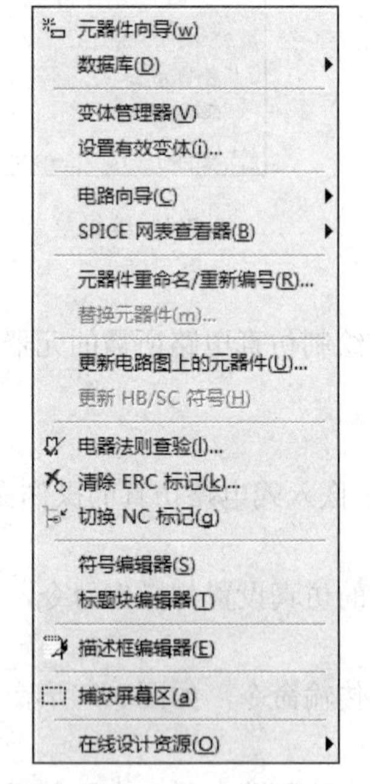

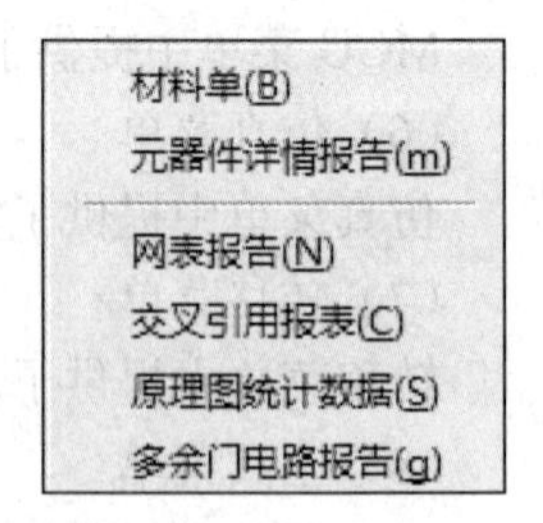

图 3.9　转移菜单　　图 3.10　工具菜单　　图 3.11　报告菜单

（10）选项菜单

选项菜单中各命令用于根据用户需要设置电路功能、存储模式及工作界面功能，如图 3.12 所示。

（11）窗口菜单

窗口菜单中提供了层叠、横向平铺、纵向平铺、上一个窗口、下一个窗口等操作命令，用于对仿真电路进行浏览，如图 3.13 所示。

（12）帮助菜单

帮助菜单中的命令用于打开各种帮助信息，如图 3.14 所示。

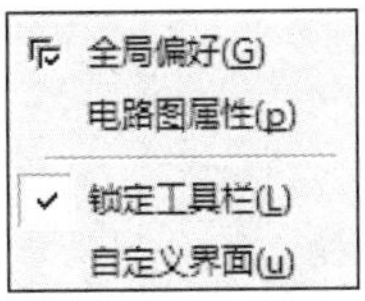

图 3.12　选项菜单

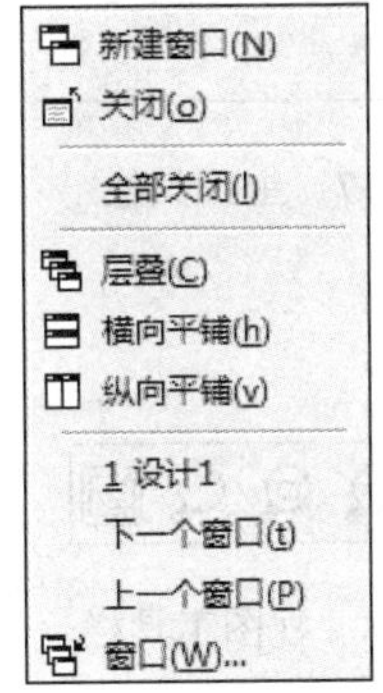

图 3.13　窗口菜单

图 3.14　帮助菜单

2. 工具栏

Multisim 14.0 的工具栏主要包括标准工具栏、视图工具栏、主工具栏、元器件工具栏、仿真工具栏、放置探针（place probe）工具栏、虚拟工具栏、仪器工具栏、图形注解工具栏、调用工具栏等。若需打开相应的工具栏，可选择“选项”→“自定义界面”命令，在弹出的“自定义”对话框中选择“工具栏”选项卡，在“工具栏”列表框中选中相应复选框即可，如图 3.15 所示。

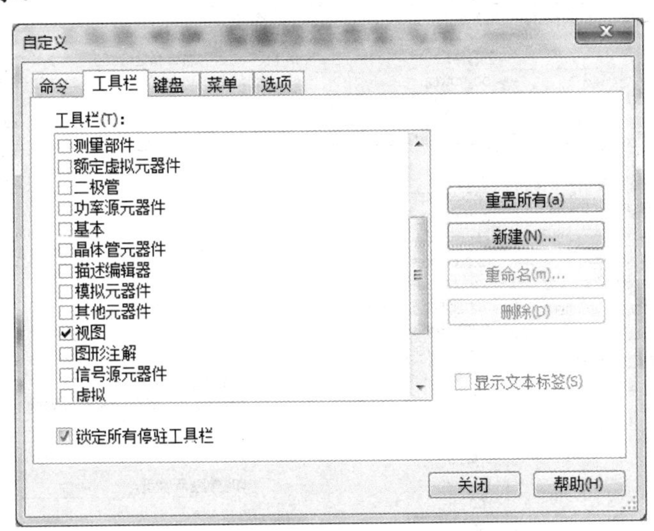

图 3.15　“自定义”对话框

（1）标准工具栏

标准工具栏如图 3.16 所示。

图 3.16　标准工具栏

（2）主工具栏

主工具栏如图 3.17 所示。

图 3.17　主工具栏

（3）视图工具栏

视图工具栏如图 3.18 所示。

图 3.18　视图工具栏

（4）元器件工具栏

元器件工具栏如图 3.19 所示。

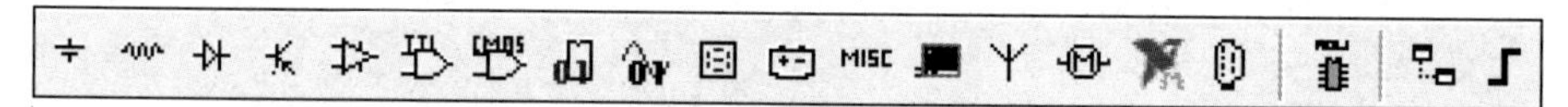

图 3.19　元器件工具栏

该工具栏的部分按钮介绍如下：

是电源库按钮，用来放置各种电源、信号源。单击此按钮将打开图 3.20 所示的界面，在其中可以选择需要的电源。

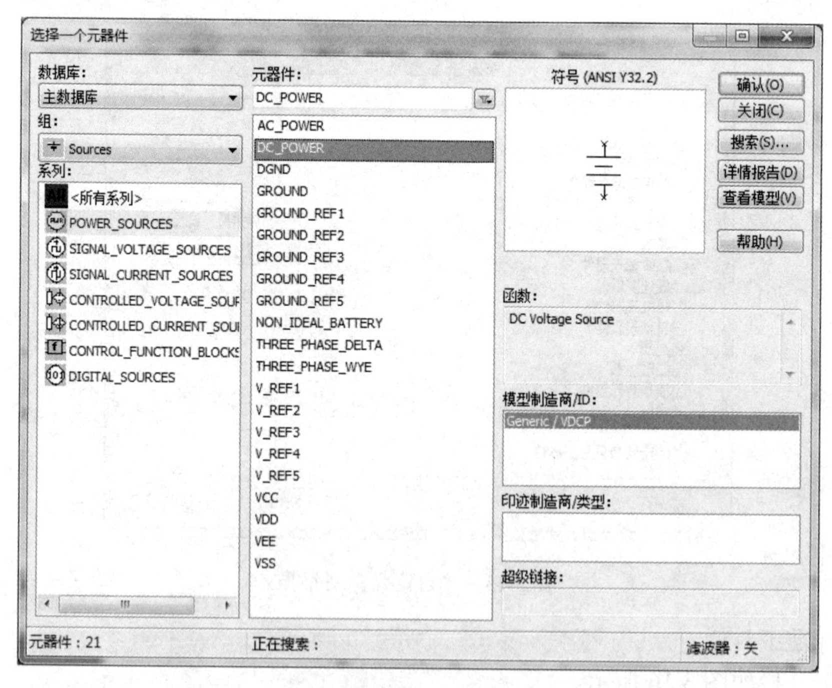

图 3.20　电源库界面

是基本元件库按钮，用来放置电阻、电容、电感等基本元件。单击此按钮将打开图 3.21 所示的界面，在其中可以选择需要的基本元件。

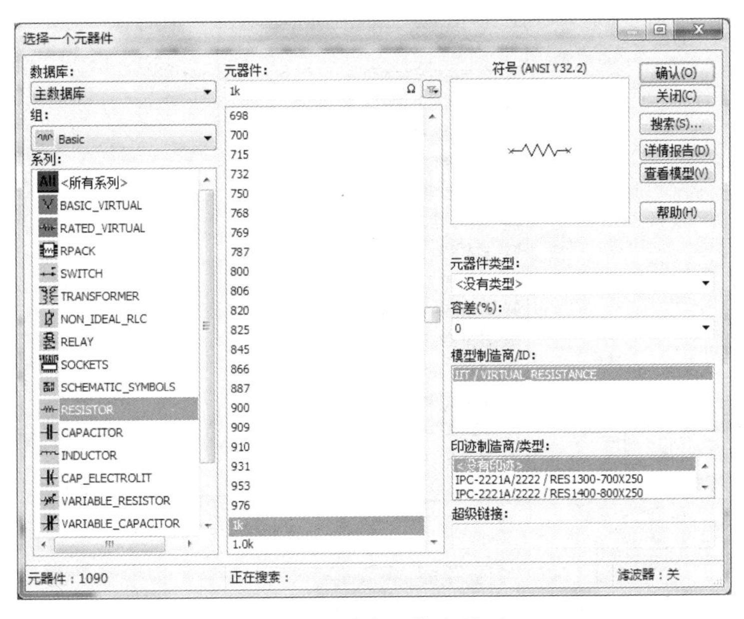

图 3.21　基本元件库界面

是二极管库按钮，用来放置各种二极管。

是晶体管库按钮，用来放置各种晶体管和场效应管。

是模拟元件库按钮，用来放置各种模拟元件。

是 TTL 元件库按钮，用来放置各种 TTL 元件。

是 CMOS 元件库按钮，用来放置各种 CMOS 元件。

是其他数字元件库按钮，用来放置各种数字元件。

是混合元件库按钮，用来放置各种数模混合元件。

是指示元件库按钮，用来放置各种指示元件。

是电力元件库按钮，用来放置各种电力元件。

是杂项元件库按钮，用来放置各种杂项元件。

是先进外部设备库按钮，用来放置各种先进外部设备。

是射频元件库按钮，用来放置各种射频元件。

是机电类元件库按钮，用来放置各种机电类元件。

是微控制器元件库按钮，用来放置微控制器元件。

是放置层次模块按钮，用来放置层次电路的模块。

是放置总线按钮，用来放置总线。

（5）虚拟元器件工具栏

虚拟元器件工具栏由 9 个按钮系列组成，如图 3.22 所示。图 3.22 中从左向右各按钮系列分别为模拟系列 [图 3.23（a）]、基本系列 [图 3.23（b）]、二极管系列 [图 3.23（c）]、晶体管系列 [图 3.23（d）]、测量系列 [图 3.23（e）]、其他系列 [图 3.23（f）]、功率源系列 [图 3.23（g）]、额定系列 [图 3.23（h）]、信号源系列 [图 3.23（i）]。

图 3.22　虚拟元器件工具栏

- 放置虚拟比较器
- 放置虚拟3端运算放大器
- 放置虚拟5端运算放大器

（a）模拟系列

- 放置虚拟电容器
- 放置虚拟无芯线圈
- 放置虚拟电感器
- 放置虚拟磁芯
- 放置虚拟NLT
- 放置虚拟线性电位器
- 放置虚拟正常断开的继电器
- 放置虚拟正常闭合的继电器
- 放置虚拟组合继电器
- 放置虚拟电阻器
- 放置虚拟变压器
- Place Virtual Variable Resistor
- 放置虚拟可变电容器
- 放置虚拟可变电感器
- 放置虚拟Pullup电阻器
- 放置虚拟压控电阻器

（b）基本系列

- 放置虚拟二极管
- 放置虚拟稳压二极管

（c）二极管系列

- 放置虚拟BJT NPN 4T
- 放置虚拟BJT NPN
- 放置虚拟BJT PNP 4T
- 放置虚拟BJT PNP
- 放置虚拟GaAsFET N
- 放置虚拟GaAsFET P
- 放置虚拟JFET N
- 放置虚拟JFET P
- 放置虚拟耗尽型N沟道金氧半导体器件
- 放置虚拟耗尽型P沟道金氧半导体
- 放置虚拟增强模式N沟道金氧半导体器件
- 放置虚拟增强模式P沟道金氧半导体
- 放置虚拟耗尽型N沟道金氧半导体器件
- 放置虚拟耗尽型P沟道金氧半导体
- 放置虚拟增强模式N沟道金氧半导体器件
- 放置虚拟增强模式P沟道金氧半导体

（d）晶体管系列

- 放置电流表(水平的)
- 放置电流表(水平旋转)
- 放置电流表(垂直的)
- 放置电流表(垂直旋转)
- 放置探针
- 放置蓝色探针
- 放置绿色探针
- 放置红色探针
- 放置黄色探针
- 放置伏特计(水平)
- 放置伏特计(水平旋转)
- 放置伏特计(垂直的)
- 放置伏特计(垂直旋转)

（e）测量系列

- 放置虚拟理想555计时器
- 放置虚拟模拟开关
- 放置虚拟石英
- 放置虚拟直流D Hex
- 放置虚拟电流额定保险丝
- 放置虚拟灯泡
- 放置虚拟单稳
- 放置虚拟发动机
- 放置虚拟光耦
- 放置虚拟锁相环
- 放置虚拟7段显示器(共阳极)
- 放置虚拟7段显示器(共阴极)

（f）其他系列

- 放置交流电源
- 放置直流电压源
- 放置数字接地
- 放置接地
- 放置3相三角接线电压源
- 放置3相Y形接线电压源
- 放置TTL电源(VCC)
- 放置CMOS电源(VDD)
- 放置数字电源(VEE)
- 放置CMOS电源(VSS)

（g）功率源系列

- 放置虚拟BJT NPN
- 放置虚拟BJT PNP
- 放置虚拟电容器
- 放置虚拟二极管
- 放置虚拟电感器
- 放置虚拟电动动机
- 放置虚拟NC继电器
- 放置虚拟没有继电器
- 放置虚拟NONC继电器
- 放置虚拟电阻器

（h）额定系列

- 放置交流电源
- 放置交流电压源
- 放置调幅信号源
- 放置时钟电流源
- 放置时钟电压源
- 放置直流电流源
- 放置指数电流源
- 放置指数电压源
- 放置调频电流源
- 放置调频电压源
- 放置PWL线性电流源
- 放置PWL线性电压源
- 放置脉冲电流源
- 放置脉冲电压源
- 放置热噪声源

（i）信号源系列

图 3.23　按钮系列

（6）图形注解工具栏

图形注解工具栏用于在原理图中绘制所需要的标注信息，不代表电气连接方式，如图 3.24 所示。

图 3.24　图形注解工具栏

（7）仪表工具栏

仪表工具栏（图 3.25）从左到右依次为万用表按钮、函数信号发生器按钮、瓦特计按钮、示波器按钮、4 通道示波器按钮、波特测试仪按钮、频率计数器按钮、字发生器按钮、逻辑变换器按钮、逻辑分析仪按钮、IV 分析仪按钮、失真分析仪按钮、光谱分析仪按钮、网络分析仪按钮、Agilent 函数发生器按钮、Agilent 万用表按钮、Agilent 示波器按钮、Tektronix 示波器按钮、LabVIEW 仪器按钮、NI ELVISmx 仪器按钮和电流探针按钮。

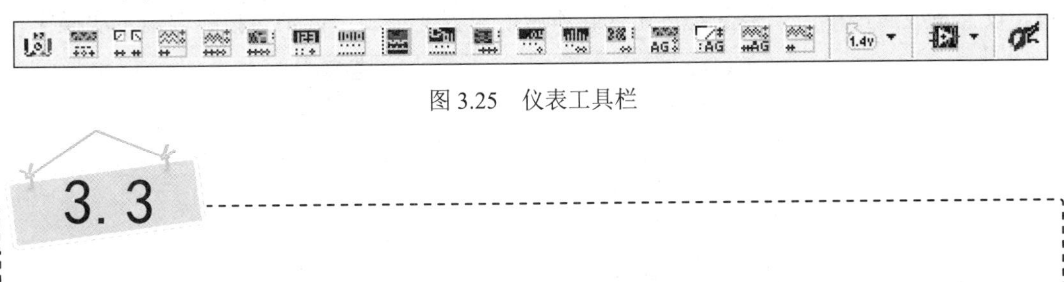

图 3.25　仪表工具栏

3.3 虚拟仪器仪表

Multisim 14.0 中提供了 21 种电子线路分析中常用的仪器仪表。其参数设置、使用方法和外观设计与实验室中的真实仪器仪表基本一致。

3.3.1　数字万用表

Multisim 14.0 中提供的数字万用表（mulitimeter）与实际的数字万用表相似，可以测量交流电压（电流）、直流电压（电流）、电阻及分贝损耗。

选择“仿真”→“仪器”→“万用表”命令，或单击按钮，即可在电路工作区单击绘制图 3.26（a）所示的虚拟数字万用表。双击数字万用表图标，弹出图 3.26（b）所示的对话框，以显示测量数据和进行参数设置。图 3.26（b）中，上面的黑色条形框用于显示测量数值，下方为测量类型的选取栏。

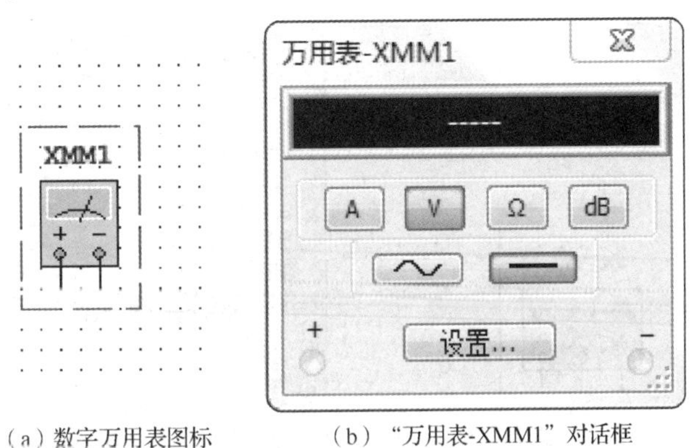

（a）数字万用表图标　　（b）“万用表-XMM1”对话框

图 3.26　虚拟数字万用表

下面说明图3.26（b）中各按钮的含义。

1）A：测量对象为电流。

2）V：测量对象为电压。

3）Ω：测量对象为电阻。

4）dB：将万用表切换到分贝显示。

5）～：表示万用表的测量对象为交流参数。

6）**—**：表示万用表的测量对象为直流参数。

7）+：对应万用表的正极。-：对应万用表的负极。

8）设置：单击该按钮，将弹出图3.27所示的对话框，可以设置数字万用表的各个参数。设置完成后，单击“接受”按钮保存所做的设置，单击“取消”按钮取消本次操作。

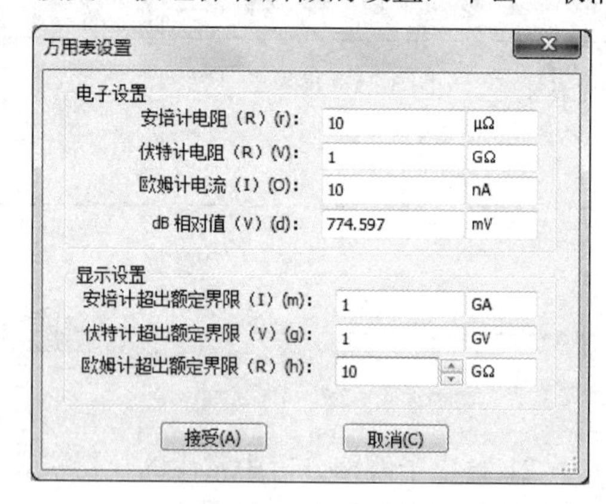

图3.27　“万用表设置”对话框

3.3.2　函数信号发生器

Multisim 14.0中提供的函数信号发生器（function generator）是用来产生正弦波、三角波和方波信号的电压源。其频率范围为1Hz～999MHz，它有3个引线端口，即正极、负极和公共端。

选择“仿真”→“仪器”→“函数发生器”命令，或单击按钮，即可在电路工作区绘制图3.28（a）所示的函数信号发生器图标。双击该图标，弹出图3.28（b）所示的对话框。

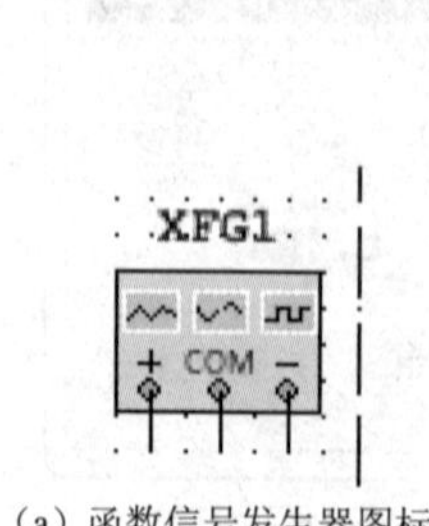

（a）函数信号发生器图标

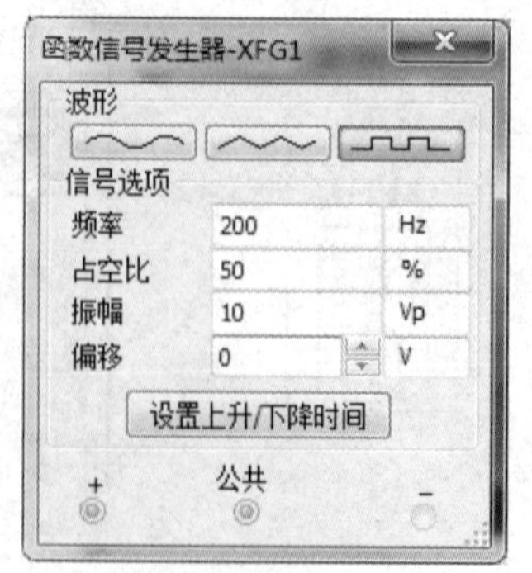

（b）“函数信号发生器-XFG1”对话框

图3.28　函数发生器

图 3.28（b）中上方的 3 个按钮用于选择输出波形，分别为正弦波、三角波和方波。下面说明信号选项及端口的含义。

1）频率：设置输出信号的频率，范围为 1*f*～1000*T*Hz。

2）占空比：设置输出的方波和三角波电压信号的占空比，范围为 1%～99%。

3）振幅：设置输出信号幅度的峰值，范围为 1*f*～1000*T*V。

4）偏移：设置输出信号中直流成分的大小，范围为-1000*T*～1000*T*V，默认值为 0。

5）设置上升/下降时间：设置上升沿与下降沿的时间，仅对方波有效。

6）+：表示波形电压信号的正极性输出端。

7）-：表示波形电压信号的负极性输出端。

8）公共：表示公共接地端。

3.3.3 瓦特计

Multisim 14.0 中提供的瓦特计（wattmeter）用于测量电路交流或直流功率，常用于测量较大的有功功率。它不仅可以显示功率大小，还可以显示功率因数。

选择“仿真”→“仪器”→“瓦特计”命令，或单击按钮，在电路工作区绘制图 3.29（a）所示的瓦特计图标。双击该图标，弹出图 3.29（b）所示的对话框。

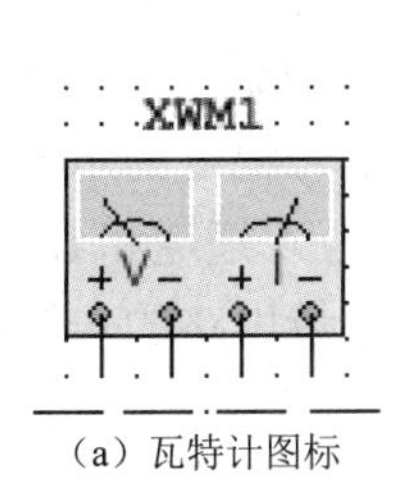

（a）瓦特计图标

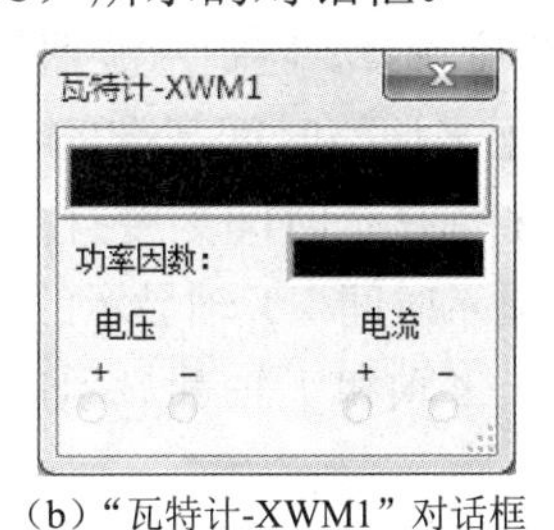

（b）“瓦特计-XWM1”对话框

图 3.29 瓦特计

下面说明“瓦特计-XWM1”对话框中各选项的含义。

1）黑色条形框：用于显示测量电路的平均功率。

2）功率因数（短黑色条形框）：功率因数显示栏。

3）电压：电压的输入端点，从“+”“-”极接入。

4）电流：电流的接入端点，从“+”“-”极接入。

3.3.4 示波器

示波器是用来显示信号形状、大小、频率等参数的仪器。选择“仿真”→“仪器”→“示波器”命令，或单击按钮后，在电路工作区绘制图 3.30（a）所示的示波器图标。双击该图标，弹出图 3.30（b）所示的对话框。

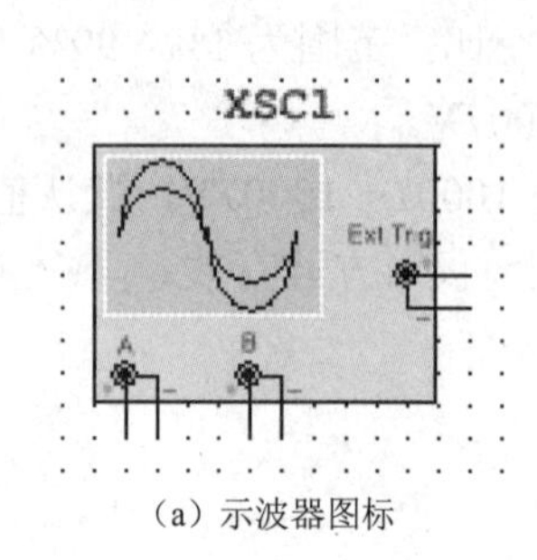

(a) 示波器图标

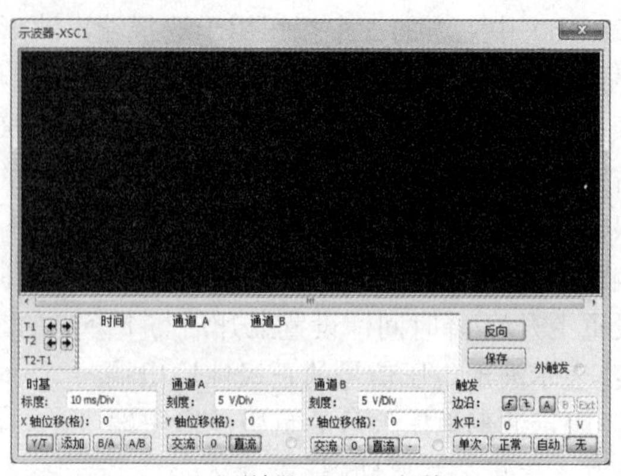
(b) “示波器-XSC1”对话框

图 3.30 示波器

示波器对话框中的参数设置与真实示波器的参数设置基本一致。

1. 时基区

该区域主要用来进行时基信号的控制调整。

1）标度：*X* 轴刻度选择。控制示波器横轴每一格所代表的时间，范围为 1～1000*T*s/div。

2）*X* 轴位移：用来调整时间基准的起始点位置，即控制信号在 *X* 轴的偏移位置。

3）Y/T 按钮：*X* 轴显示时间刻度且 *Y* 轴显示电压信号幅度的示波器显示方法。

4）添加：*X* 轴显示时间，*Y* 轴显示的电压信号幅度为 A 通道和 B 通道的输入电压之和。

5）B/A 和 A/B：*X* 轴和 *Y* 轴都显示电压值，用于测量电路的传输特性和李萨如图形。

2. 通道 A 区和通道 B 区

这两个区域用于双通道示波器输入通道的设置。以通道 A 区中的选项为例进行介绍，通道 B 区中的内容同通道 A 区。

1）刻度：*Y* 轴的刻度选择。用于在示波器显示信号时，调整 *Y* 轴每一格所代表的电压刻度，范围为 10pV/div～1000TV/div。

2）*Y* 轴位移：用来调整示波器 *Y* 轴方向的原点。

3）触发耦合方式：交流指滤除显示信号的直流部分，仅显示信号的交流部分；0 是接地耦合；直流是将信号的直流部分和交流部分叠加显示。

3. 触发区

该区域用于设置示波器的触发方式，主要用来设置 *X* 轴的触发信号、触发电平及边沿等。

1）边沿：设置被测信号开始的边沿，有上边沿或下边沿。

2）水平：设置触发信号电平的大小，使触发信号在某一电平值触发时示波器进行采样。

3）设置触发方式：自动触发、单脉冲触发、一般脉冲触发。示波器通常采用自动触发方式。

示波器应用举例：在 Multisim 14.0 的电路工作区中建立图 3.31 所示的仿真电路。将函数发生器设置为三角波发生器，振幅幅值为 20V，频率为 1kHz。选择“仿真”→“运行”

命令，开始仿真。仿真结果如图 3.32 所示。

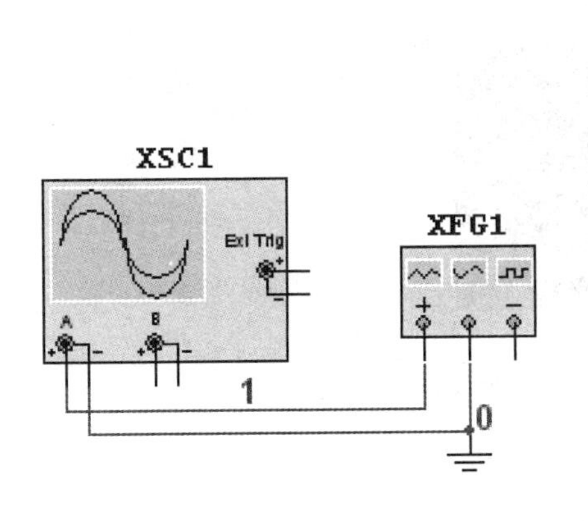

图 3.31　示波器应用举例

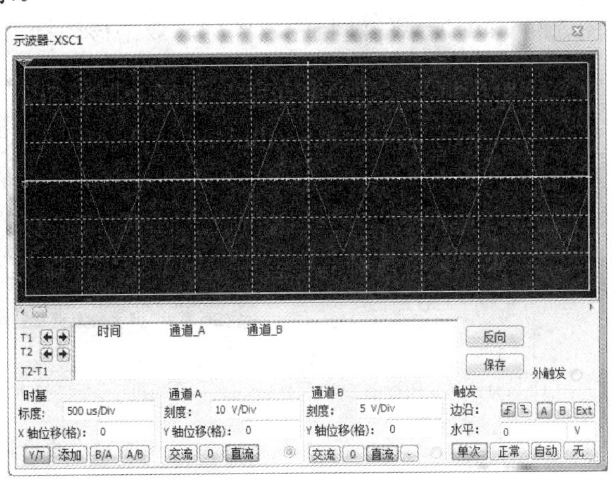

图 3.32　仿真结果

3.3.5　4 通道示波器

4 通道示波器（four-channel oscilloscope）与双踪示波器的使用方法和内部参数的调整方式基本一致。选择“仿真”→“仪器”→“4 通道示波器”命令，或单击按钮，在电路工作区绘制图 3.33（a）所示的 4 通道示波器图标。双击该图标，弹出图 3.33（b）所示的对话框。具体使用方法和设置参考示波器的使用，在此不再赘述。

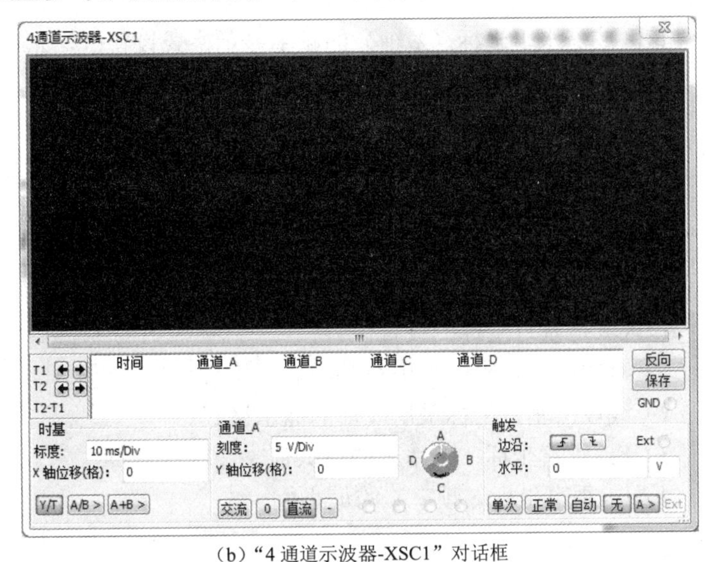

（a）4 通道示波器图标　　（b）“4 通道示波器-XSC1”对话框

图 3.33　4 通道示波器

3.3.6　波特测试仪

波特测试仪主要用于测量电路的频率特性，如测量电路的幅频特性和相频特性，类似于扫频仪。

选择“仿真”→“仪器”→“波特测试仪”命令，或单击按钮，在电路工作区绘制图 3.34（a）所示的波特图仪图标。双击该图标，弹出图 3.34（b）所示的对话框。

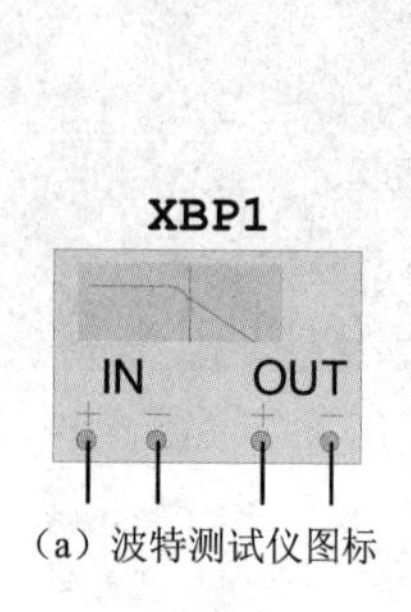

（a）波特测试仪图标

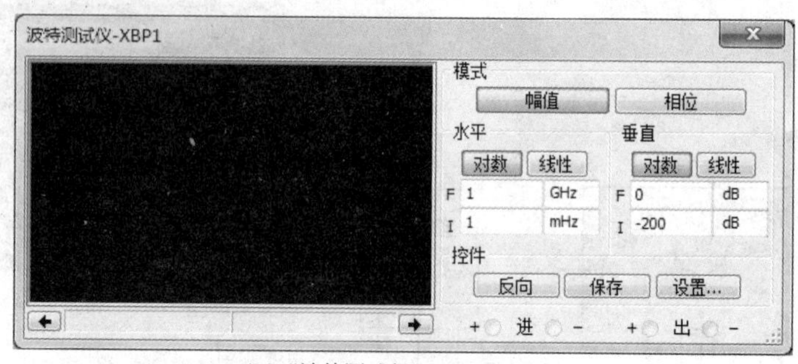

（b）“波特测试仪-XBP1”对话框

图 3.34　波特测试仪

下面介绍“波特测试仪-XBP1”对话框中各区域的含义。

1. 模式区

该区域是输出方式选择区。

1）幅值：用于显示被测电路的幅频特性曲线。

2）相位：用于显示被测电路的相频特性曲线。

2. 水平区

该区域是水平坐标（X轴）的频率显示格式设置区，水平轴总是显示频率的数值。

1）对数：水平坐标采用对数的显示格式。

2）线性：水平坐标采用线性的显示格式。

3）F：水平坐标（频率）的最大值。

4）I：水平坐标（频率）的最小值。

3. 垂直区

该区域是垂直坐标的设置区。

1）对数：垂直坐标采用对数的显示格式。

2）线性：垂直坐标采用线性的显示格式。

3）F：垂直坐标（频率）的最大值。

4）I：垂直坐标（频率）的最小值。

4. 控件区

该区域是输出控制区。

1）反向：将显示屏的背景色由黑色变为白色，或由白色变为黑色。

2）保存：保存当前所显示的频率特性曲线及相关的参数设置。

3）设置：设置扫描的分辨率。

3.3.7　频率计数器

频率计数器（frequency counter）可以用来测量数字信号的频率、周期、相位及脉冲信号的上升沿和下降沿。

选择“仿真”→“仪器”→“频率计数器”命令，或单击按钮，在电路工作区绘制图 3.35（a）所示的频率计数器图标。双击该图标，弹出图 3.35（b）所示的对话框。

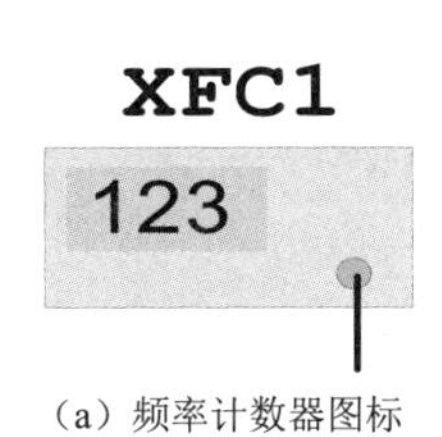

（a）频率计数器图标

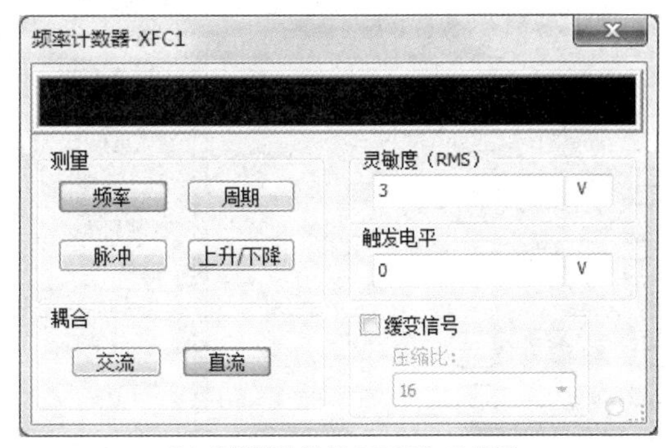

（b）“频率计数器-XFC1”对话框

图 3.35　频率计数器

下面说明“频率计数器-XFC1”对话框中各选项的含义。

1）测量区：参数测量区，可测量频率、周期、正/负脉冲的持续时间、上升沿/下降沿的时间。

2）耦合区：用于选择电流耦合方式。

3）灵敏度区：主要用于灵敏度的设置。

4）触发电平区：主要用于触发电平的设置。

5）缓变信号区：用于动态显示被测的频率值。

以用频率计数器测量函数发生器的输出频率为例，由图 3.36 可以看出，测量结果和函数发生器的输出是一致的。

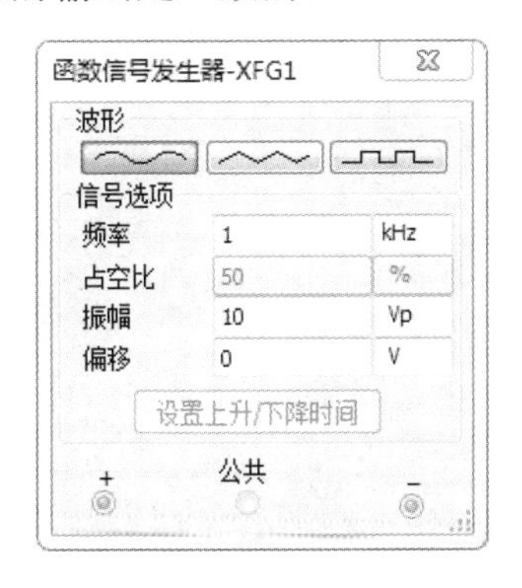

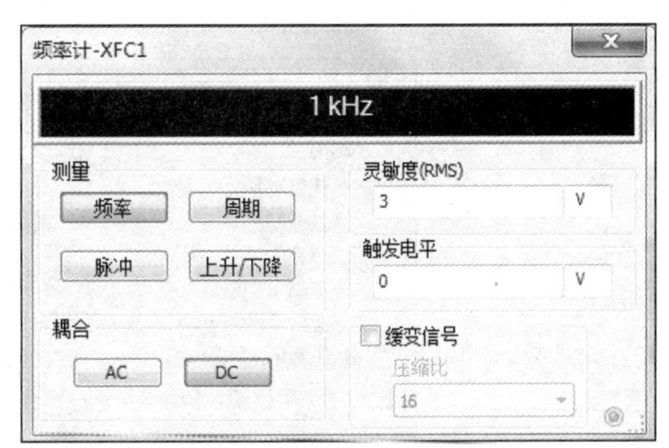

图 3.36　测量结果

3.3.8　字发生器

字发生器（word generator）是一个通用的数字激励源编辑器。字发生器可以采用多种方式产生 32 位同步数字逻辑信号，用于对数字电路进行测量。

选择“仿真”→“仪器”→“字发生器”命令，或单击按钮，在电路工作区绘制图 3.37（a）所示的字发生器图标。在字发生器的左右两侧各有 16 个端口，分别为 0～15 和 16～31 的数字信号输出端，下面的 R 表示输出端，用以输出与字信号同步的时钟脉冲；T 为外触发信号的输入端。双击该图标，弹出图 3.37（b）所示的对话框。

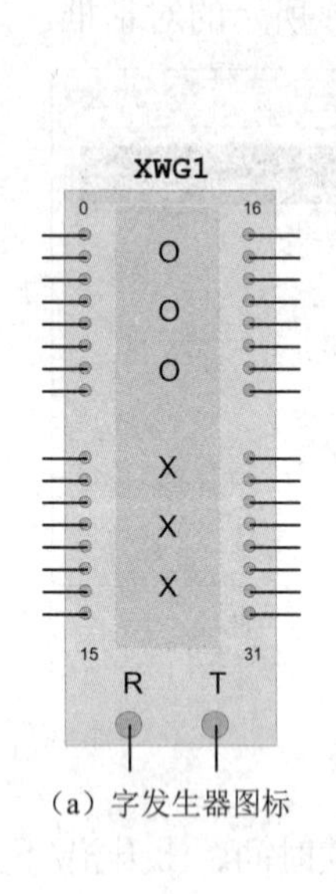

（a）字发生器图标

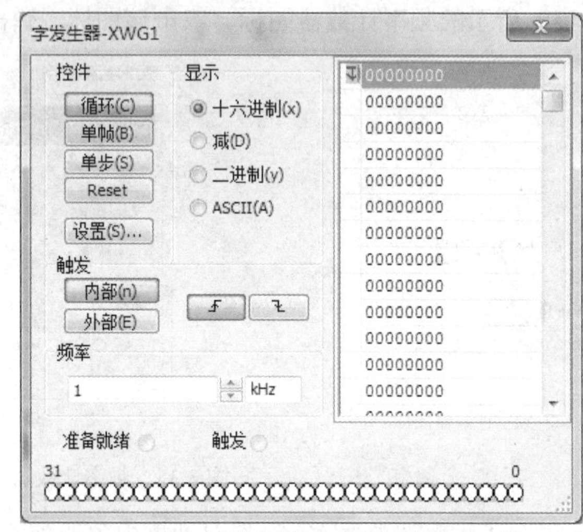

（b）“字发生器-XWG1”对话框

图 3.37　字发生器

该对话框可分为以下 5 个部分。

1）控件区：用来设置字发生器输出信号的格式，有下列 3 种模式。

① 循环：表示在已经设置好的初始值和终止值之间周而复始地循环输出字符。

② 单帧：表示每单击一次，字发生器将从初始值开始，逐条输出直至终止值。

③ 单步：表示每单击一次，输出一条字信号。

单击“设置”按钮，弹出图 3.38 所示的对话框。该对话框用于设置和保存字信号的变化规律，或调用以前字信号变化规律的文件。各选项的具体功能如下所述。

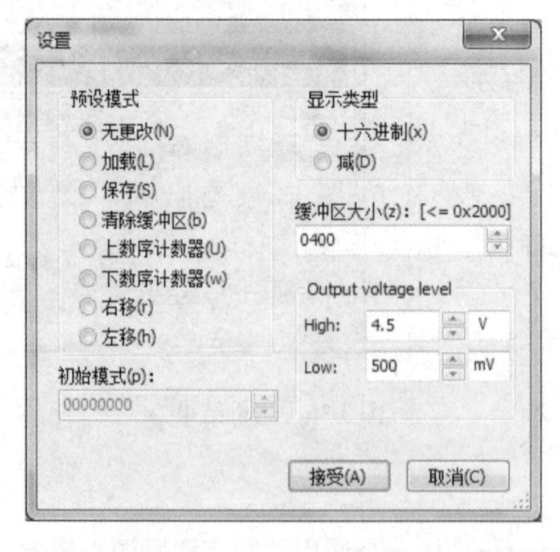

图 3.38　“设置”对话框

a．无更改：保持原有的设置。

b．加载：装载以前字符信号变化规律的文件。

c．保存：保存当前字符信号变化规律的文件。

d．清除缓冲区：将字发生器的字符编辑显示区中的字信号清零。

e．上数序计数器：字符编辑显示区的字信号以加 1 的形式计数。

f．下数序计数器：字符编辑显示区的字信号以减 1 的形式计数。

g．右移：字符编辑显示区的字信号右移。

h．左移：字符编辑显示区的字信号左移。

i．显示类型：用来设置字符编辑显示区的字信号的显示格式，有十六进制和十进制两种格式。

j．缓冲区大小：字符编辑显示区的缓冲区长度。

2）显示区：用于设置字发生器字符编辑显示区的字符显示格式，包括十六进制显示、十进制显示、二进制显示、ASCII 码显示 4 种显示格式。

3）触发区：用于选择触发方式，包括内部触发和外部触发，右侧的两个按钮用于外部触发脉冲的上升沿或下降沿的选择。

4）频率区：用于设置输出字信号的时钟频率。

5）字符编辑显示区：字发生器最右侧的空白显示区，用来显示字符。

3.3.9　逻辑分析仪

Multisim 14.0 提供的逻辑分析仪（logic analyzer）可以同时记录和显示 16 路逻辑信号，常用于数字电路的时序分析和大型数字系统的故障分析。

选择“仿真”→“仪器”→“逻辑分析仪”命令，或单击按钮，在电路工作区绘制图 3.39（a）所示的逻辑分析仪图标。双击该图标，弹出图 3.39 所示的对话框。

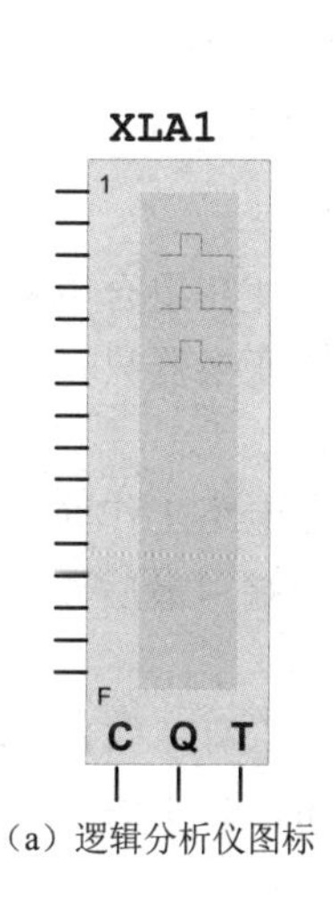

（a）逻辑分析仪图标

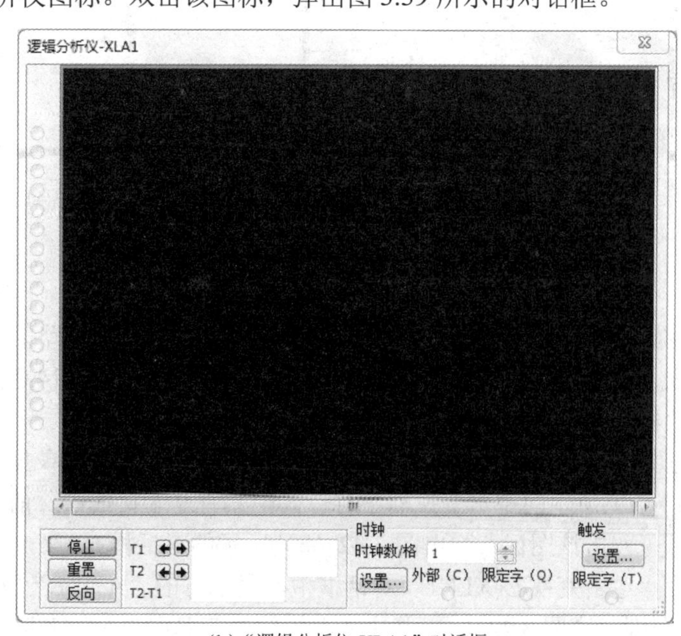

（b）“逻辑分析仪-XLA1”对话框

图 3.39　逻辑分析仪

该对话框中最上方的黑色区域为逻辑信号波形显示区。其他选项介绍如下。

1）停止：停止逻辑信号波形的显示。

2）重置：清除显示区的波形，重新仿真。

3）反向：将逻辑信号波形显示区由黑色变为白色。

4）T1：游标 1 的时间位置。左侧的文本框中显示游标 1 所在位置的时间值，右侧的文本框中显示该时间处所对应的数据值。

5）T2：游标 2 的时间位置。

6）T2-T1：显示游标 T2 与 T1 的时间差。

7）时钟区：时钟脉冲设置区。其中，时钟数/格用于设置每格所显示的时钟脉冲个数。

单击时钟区中的“设置”按钮，将弹出图 3.40 所示的对话框。其中，时钟源区用于设置触发模式，有内部触发和外部触发两种模式；时钟频率区用于设置时钟频率，仅对内部触发模式有效；采样设置区用于设置采样方式，有预触发样本和后触发后样本两种方式；阈值电压用于设置门限电平。

8）触发区：触发方式控制区。单击“设置”按钮，将弹出图 3.41 所示的对话框。其中，触发器时钟脉冲边沿区用于设置触发边沿，有正、负及两者 3 种方式。触发限定字用于触发限制字设置，其中，X 表示只要有信号逻辑分析仪就采样，0 表示输入为 0 时开始采样，1 表示输入为 1 时开始采样。触发模式区用于设置触发样本，可以通过文本框和触发组合下拉列表框设置触发条件。

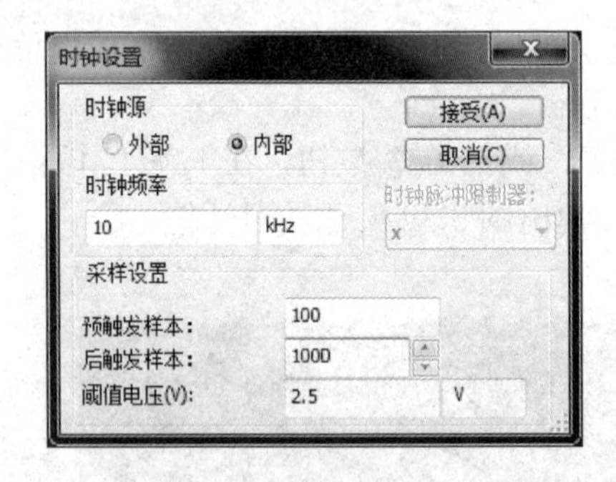

图 3.40 “时钟设置”对话框

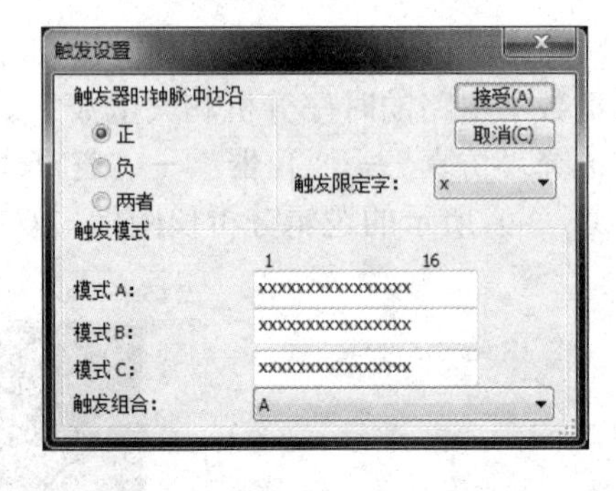

图 3.41 “触发设置”对话框

3.3.10 逻辑变换器

逻辑变换器（logic converter）用于数字电路的组合电路的分析，可以使在组合电路的真值表、逻辑表达式、逻辑电路之间任意转换。Multisim 14.0 提供的逻辑变换器只是一种虚拟仪器，并没有实际仪器与之对应。

选择“仿真”→“仪器”→“逻辑变换器”命令，或单击按钮，在电路工作区绘制图 3.42（a）所示的逻辑变换器图标。其中共有 9 个接线端，前 8 个为接线端，最后一个为输出端。双击该图标，弹出图 3.42（b）所示的对话框。

在“逻辑变换器-XLC1”对话框中，最上方的“A”“B”“C”“D”“E”“F”“G”“H”“出”分别对应图 3.42（a）中的 9 个接线端。单击“A”“B”“C”等按钮，在下方的显示区中将显示所输入数字逻辑信号的所有组合及其所对应的输出。

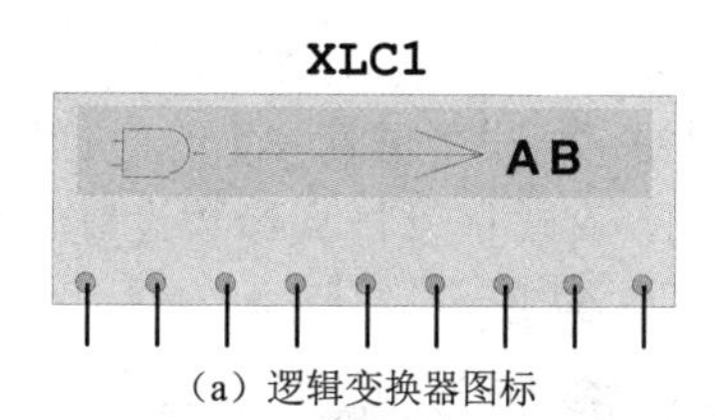

（a）逻辑变换器图标

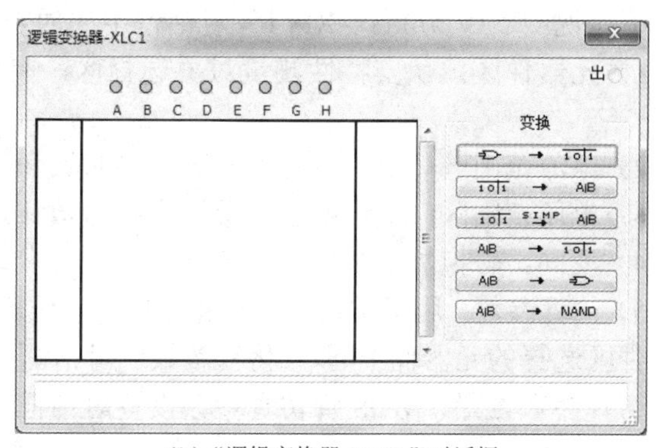

（b）“逻辑变换器-XLC1”对话框

图 3.42　逻辑变换器

1）→ 1 0|1 按钮：用于将逻辑电路转换成真值表。首先在电路工作区建立仿真电路，然后将仿真电路的输入端、输出端分别与逻辑变换器的输入端、输出端连接起来，最后单击此按钮，即可将逻辑电路转换成真值表。

2）1 0|1 → A|B 按钮：用于将真值表转换成逻辑表达式。单击“A”“B”“C”等按钮，再单击此按钮，即可以将真值表转换成逻辑表达式。

3）1 0|1 SIMP A|B 按钮：用于将真值表转换成最简表达式。

4）A|B → 1 0|1 按钮：用于将逻辑表达式转换成真值表。

5）A|B → 按钮：用于将逻辑表达式转换成组合逻辑电路。

6）A|B → NAND 按钮：用于将逻辑表达式转换成由与非门组成的组合逻辑电路。

3.3.11　IV 分析仪

Multisim 14.0 提供的 IV 分析仪（IV analyzer）专门用于测量二极管、晶体管和 MOS 管的伏安特性曲线。选择“仿真”→“仪器”→“IV 分析仪”命令，或单击按钮，在电路工作区绘制图 3.43（a）所示的 IV 分析仪图标。其中共有 3 个接线端，从左到右分别接晶体管的 3 个电极。双击该图标，弹出图 3.43（b）所示的对话框。

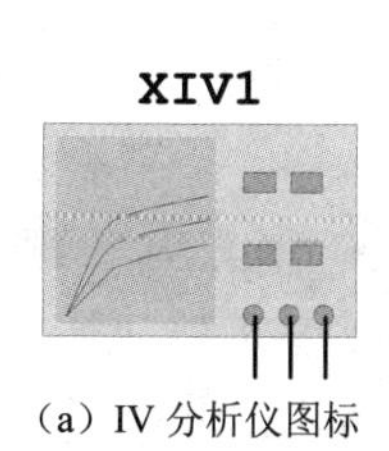

（a）IV 分析仪图标

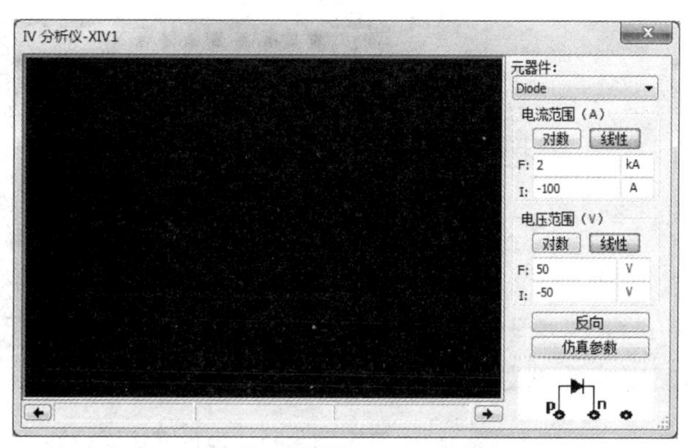

（b）“IV 分析仪-XIV1”对话框

图 3.43　IV 分析仪

下面说明“IV 分析仪-XIV1”对话框中的内容。

1）元器件区：伏安特性测量对象选择区，有 Diode（二极管）、晶体管、MOS 管等选项。

2）电流范围区：电流范围设置区，有对数和线性两种选择。

3）电压范围区：电压范围设置区，有对数和线性两种选择。

4）反向：转换显示区背景颜色。

5）仿真参数：用于仿真参数设置。单击“仿真参数”按钮，弹出“仿真参数”对话框。元器件区选择的元器件不同，“仿真参数”对话框的内容不同，有二极管仿真参数设置、晶体管仿真参数设置、MOS 管仿真参数设置对话框 3 种，如图 3.44 所示。

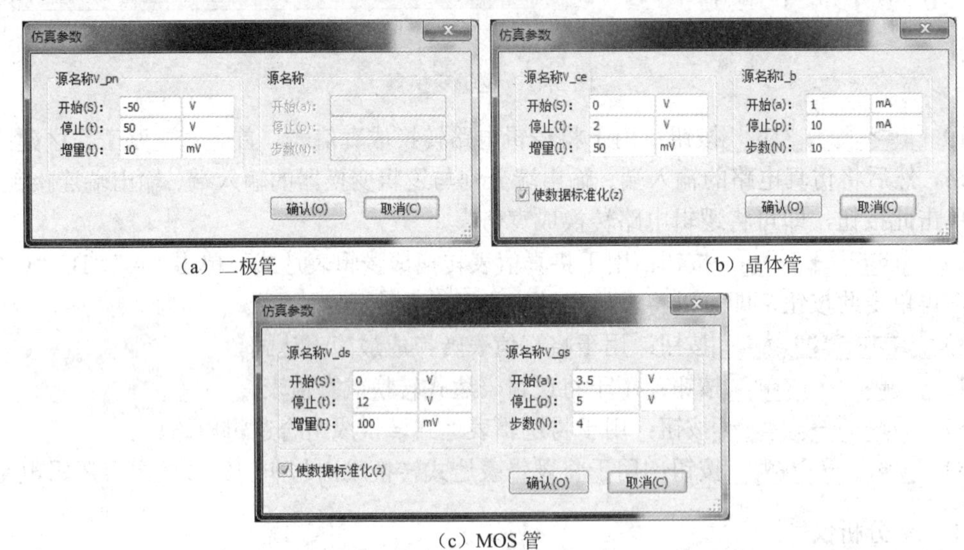

（a）二极管　　（b）晶体管

（c）MOS 管

图 3.44　二极管、晶体管、MOS 管仿真参数设置对话框

例如，用 IV 分析仪来测量二极管 PN 结的伏安特性曲线，在该例中保持默认设置，单击“确认”按钮，得到图 3.45 所示的二极管伏安特性曲线。

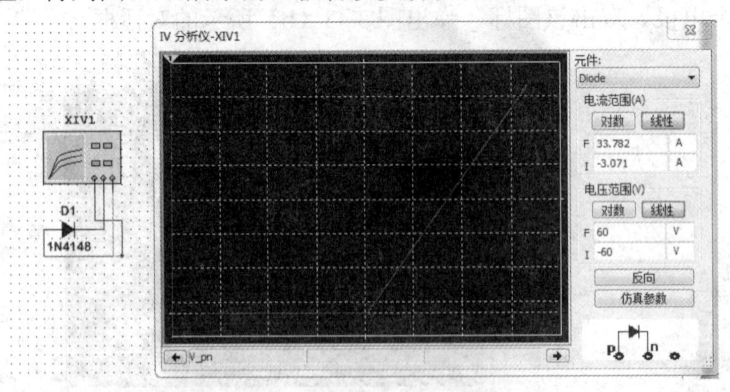

图 3.45　二极管伏安特性曲线

3.3.12　失真分析仪

失真分析仪（distortion analyzer）是专门用于测量信号总谐波失真和信噪比等参数的仪

器。其经常用于测量存在较小失真度的低频信号，频率范围是 20Hz～100kHz。

选择“仿真”→“仪器”→“失真分析仪”命令，或单击按钮，在电路工作区绘制图 3.46（a）所示的失真分析仪图标。双击该图标，弹出图 3.46（b）所示的对话框。

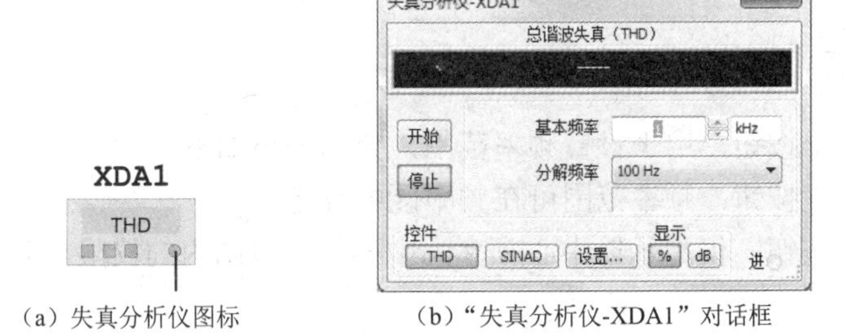

（a）失真分析仪图标　　（b）“失真分析仪-XDA1”对话框

图 3.46　失真分析仪

下面说明“失真分析仪-XDA1”对话框中的内容。

1）总谐波失真（THD）区：总的谐波失真显示区。

2）开始：启动失真分析。

3）停止：停止失真分析。

4）基本频率：设置失真分析的基频。

5）分解频率：设置失真分析的频率。

6）THD：显示总的谐波失真。

7）SINAD：显示信噪比。

8）设置：进行测量参数设置。

9）显示区：用于设置显示模式，有%（百分比）和 dB（分贝）两种显示模式。

10）进：用于连接被测电路的输出端。

3.3.13　光谱分析仪

光谱分析仪（spectrum analyzer）是一种用来分析高频电路的仪器。选择“仿真”→“仪器”→“光谱分析仪”命令，或单击按钮，在电路工作区绘制图 3.47（a）所示的光谱分析仪图标。双击该图标，弹出图 3.47（b）所示的对话框。

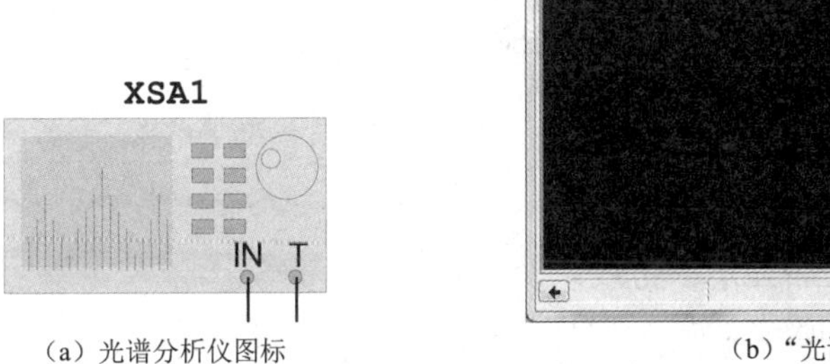

（a）光谱分析仪图标　　（b）“光谱分析仪-XSA1”对话框

图 3.47　光谱分析仪

下面说明“光谱分析仪-XSA1”对话框中的内容。

1. 频谱显示区

该区域内横坐标表示频率值，纵坐标表示某频率处信号的幅值（在截止区中可以选择dB、dBm、线性 3 种显示形式）。用游标可显示所对应波形的精确值。

2. 档距控制区

该区域包括 3 个按钮，用于设置频率范围，分别介绍如下。

1）“设定档距”按钮：频率范围可在频率区中设定。

2）“零档距”按钮：仅显示以中心频率为中心的小范围内的权限，此时在频率区仅可设置中心频率值。

3）“全档距”按钮：频率范围自动设为 0～4GHz。

3. 频率区

该区域包括 4 个文本框，其中，“档距”文本框用于设置频率范围，“开始”文本框用于设置起始频率，“中心”文本框用于设置中心频率，“末端”文本框用于设置终止频率。设置完成后，按 Enter 键确定。

4. 截止区

该区域用于选择幅值 U 的显示形式和刻度，其中 3 个按钮的作用：“dB”按钮，设定幅值用波特图的形式显示，即纵坐标刻度的单位为 dB。“dBm”按钮，当前刻度可由 $10\lg(U/0.775)$计算得到，刻度单位为 dBm。该显示形式主要应用于终端电阻为 600Ω的情况，以方便读数。“线性”按钮，设定幅值坐标为线性坐标。“量程”文本框用于设置显示区纵坐标每格的刻度值。“参考”文本框用于设置纵坐标的参考线，参考线的显示与隐藏可以通过控制按钮区的“显示参考”按钮控制。参考线的设置不适用于线性坐标的曲线。

5. 分解频率区

该区域用于设置频率分辨率，数值越小，分辨率越高，但计算时间也会相应延长。

6. 控制按钮区

该区域包含 5 个按钮，下面分别介绍各按钮的功能。

“开始”按钮：启动分析。

“停止”按钮：停止分析。

“反向”按钮：使显示区的背景反色。

“显示参考”按钮：用来控制是否显示参考线。

“设置”按钮：用于进行参数的设置。

3.3.14 网络分析仪

网络分析仪（network analyzer）是一种用来测量双端口高频电路 S 参数的仪器，还可

以测量电路的 H 参数、Y 参数和 Z 参数等。

选择“仿真”→“仪器”→“网络分析仪”命令，或单击按钮，在电路工作区绘制图 3.48（a）所示的网络分析仪图标。其中共有两个接线端，用于连接被测端点和外部触发器。双击该图标，弹出图 3.48（b）所示的对话框。

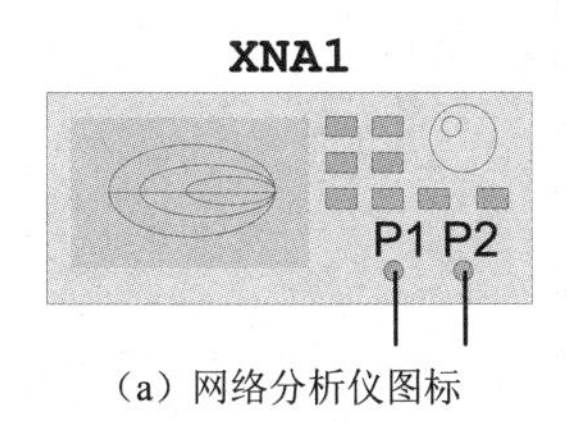

（a）网络分析仪图标

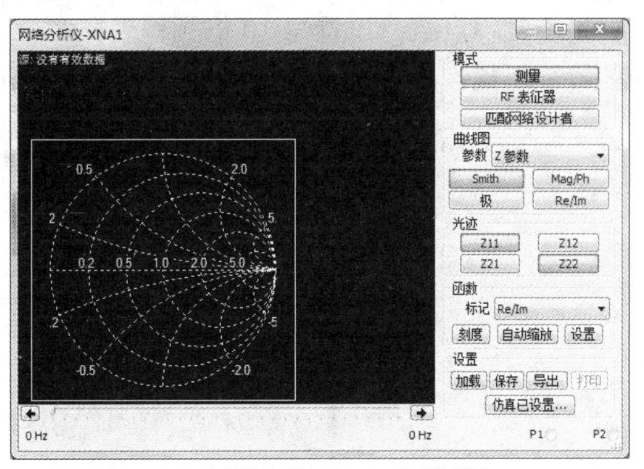

（b）“网络分析仪-XNA1”对话框

图 3.48　网络分析仪

下面说明“网络分析仪-XNA1”对话框中的内容。

1）模式区：设置自分析模式。

测量：设置网络分析仪为测量模式。

RF 表征器：设置网络分析仪为射频分析模式。

匹配网络设计者：设置网络分析仪为高频分析模式。

2）曲线图区：设置分析参数及其结果显示模式。

参数：用于选择参数，有 S 参数、H 参数、Y 参数、Z 参数、稳定度等选项。

Smith（史密斯模式）、Mag/Ph（波特图方式）、极（极化图）、Re/Im（虚数/实数方式显示）：用于设置显示方式。

3）光迹区：用于显示所要显示的某个参数。

4）函数区：函数功能控制区。

标记：用于设置仿真结果显示方式，有 Re/Im（虚部/实部）、Polar（极坐标）和 dB Mag/Ph（分贝极坐标）3 种。

刻度：纵轴刻度调整。

自动缩放：自动纵轴刻度调整。

设置：用于设置频谱仪数据显示窗口的显示方式。

5）设置区：用于数据的管理与设置。

加载：装载专用格式的数据文件。

保存：存储专用格式的数据文件。

导出：将数据输出到其他文件。

打印：打印仿真结果数据。

仿真已设置：单击此按钮，将弹出图 3.49 所示的“测量设置”对话框，包括以下几个部分。

① 开始频率：用于设置激励信号源的开始频率。

② 终止频率：用于设置激励信号源的终止频率。

③ 扫描类型：用于设置扫描模式，有十进位和线性两种模式。

④ 每十频程点数：设置每 10 倍频程采样多少点数。

⑤ 特征阻抗：用于设置特征阻抗，默认值为 50Ω。

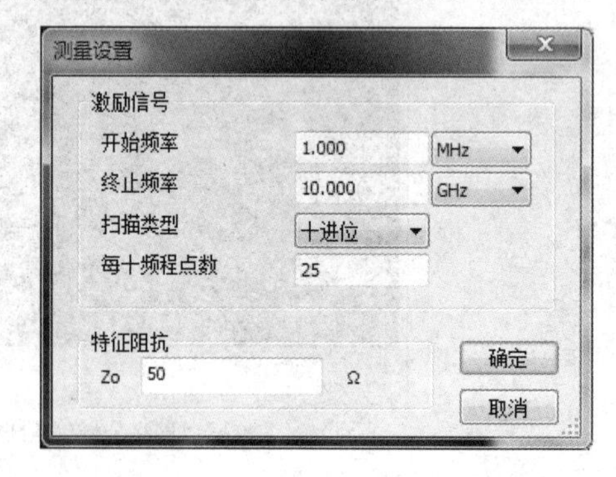

图 3.49 “测量设置”对话框

3.3.15 Agilent 仪器

Agilent 仪器是 Multisim 14.0 根据 Agilent 公司生产的实际仪器而设计的仿真仪器。在 Multisim 14.0 中有 Agilent 函数发生器（Agilent function generator）、Agilent 万用表（Agilent multimeter）、Agilent 示波器（Agilent oscilloscope）。这些仪器的使用方法请参考厂家说明书。

3.3.16 Texktronix 示波器

Multisim 14.0 提供的 Tektronix TDS 2024 是一个 4 通道的 200MHz 的示波器。具体使用方法参考其说明书。

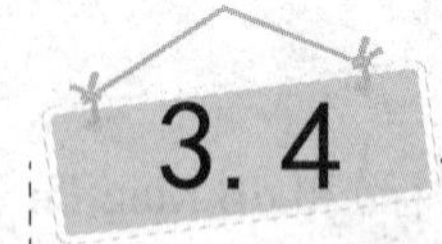

3.4 Multisim 14.0 的仿真分析

在利用 Multisim 14.0 进行电路分析与设计的时候，可以调用仪表工具栏所提供的各种仪器仪表对电路进行电压、电流、波形的检测。选择“仿真”→“Analyses and simulation”命令，弹出“Analyses and Simulation”对话框。其中显示了直流静态工作点分析、交流分析、瞬态分析、蒙特卡罗分析等 19 种仿真分析方法，且允许用户自定义分析，如图 3.50 所示。

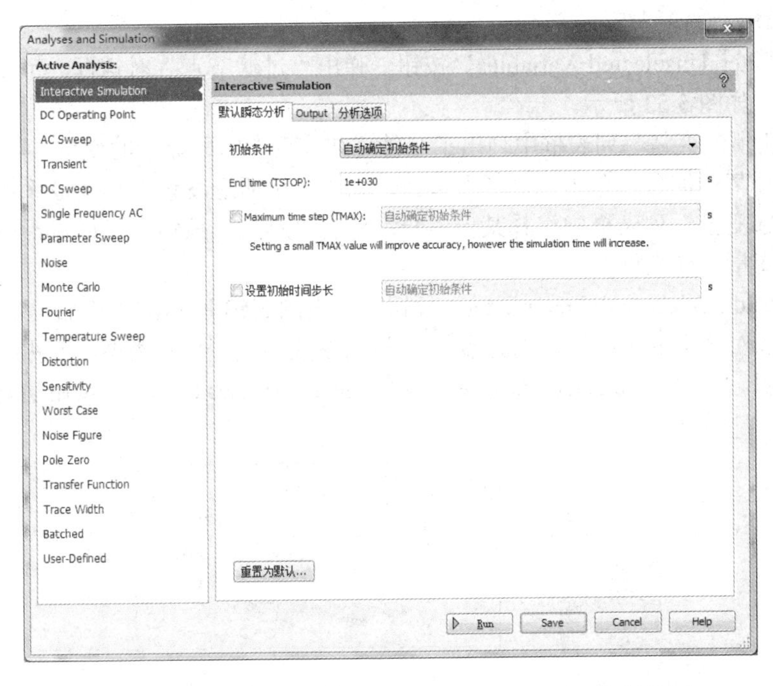

图 3.50　Multisim 14.0 的“Analyses and Simulation”对话框

1. 直流工作点分析

在进行直流工作点分析时，电路中电容开路，电感短路，交流源置零，数字器件被视为高阻接地。直流分析结果为以后的分析做准备。选择“DC Operating Point”选项，显示图 3.51 所示的界面。该界面包含“输出”“分析选项”“摘要”3 个选项卡。

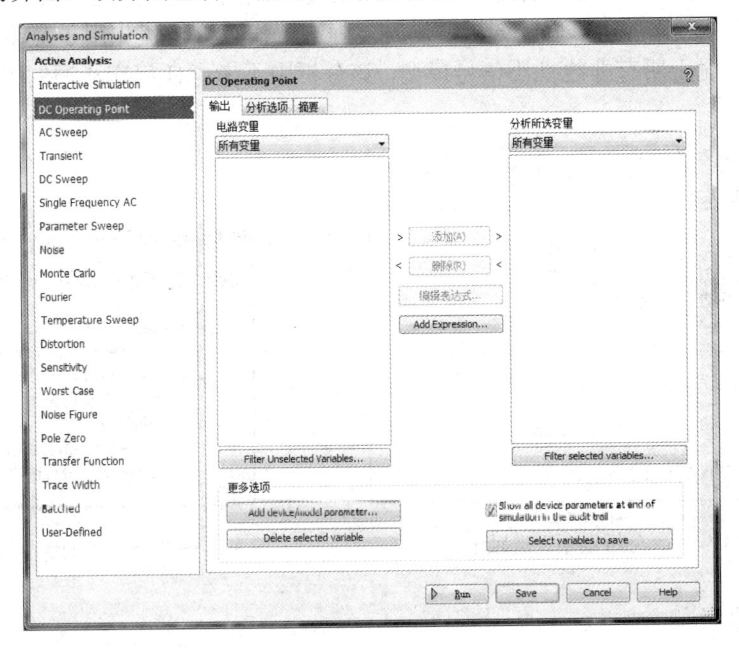

图 3.51　直流静态工作点参数设置界面

(1)“输出”选项卡

单击“Filter Unselected Variables”按钮，弹出“过滤节点”对话框，可以对选择的变量进行筛选，如图 3.52 所示。

在“分析所选变量”列表框中列出了在仿真结束后能立即显示的变量。在“电路变量”列表框中选择某一信号，单击“添加”按钮，为“分析所选变量”列表框添加显示变量；在“分析所选变量”列表框中选择某一信号，单击“删除”按钮，可以将不用显示的变量移回“电路变量”列表框。

单击“Add device/model parameter”按钮，弹出图 3.53 所示的“添加设备/模型参数”对话框，可以对分析变量中增加的元器件/模型的参数类型、设备类型、名称、参数和描述进行编辑说明。“Delete selected variable”和“Select variables to save”按钮功能类似，这里不再介绍。

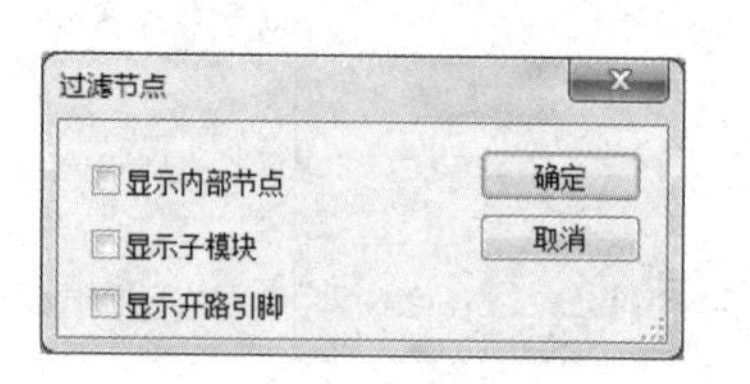

图 3.52 “过滤节点”对话框

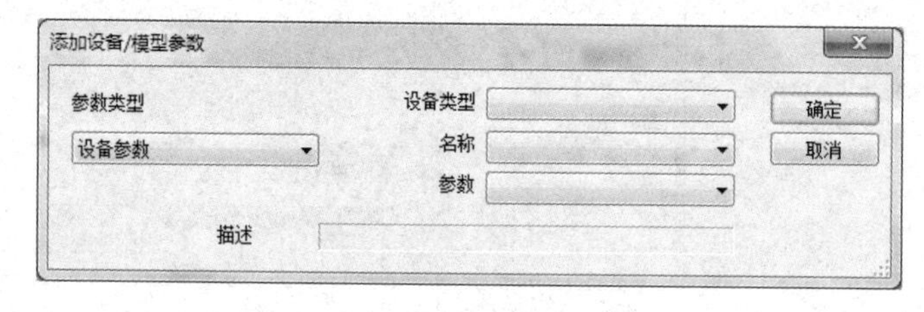

图 3.53 “添加设备/模型参数”对话框

(2)“分析选项”选项卡

选择“分析选项”选项卡，得到图 3.54 所示的界面。该界面显示了直流工作点分析的分析标题。

(3)“摘要”选项卡

如图 3.55 所示，该界面显示了所有设置和参数、所有设置是否正确等。直流工作点分析将优先用于瞬态分析和傅里叶分析，同时，静态工作点分析优先用于交流小信号、噪声及零-极分析。对于所有非线性小信号模型，该分析中不考虑任何交流源的干扰，即保证测量的线性化。

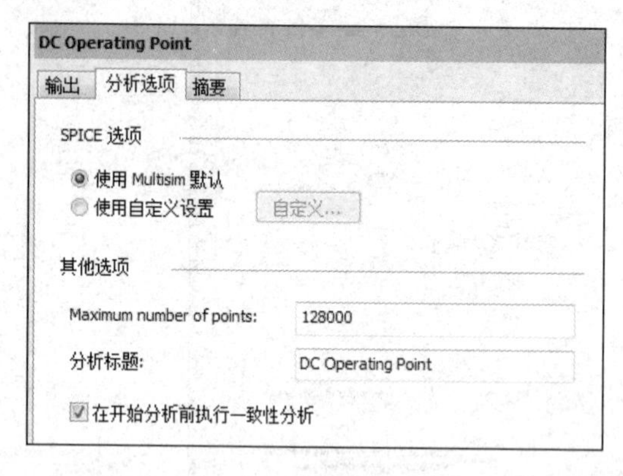

图 3.54 “分析选项”选项卡

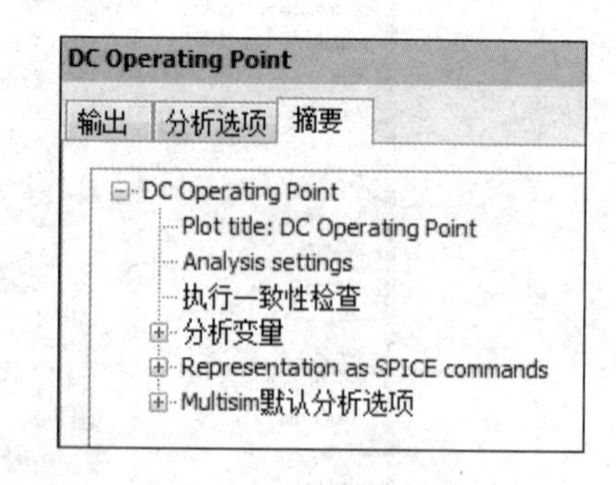

图 3.55 “摘要”选项卡

2. 交流分析

交流分析是在一定频率范围内计算电路的频率响应，是在正弦小信号工作条件下的一种频域分析。它计算电路的幅频特性和相频特性，是一种线性分析方法。在分析时，需先选定要分析的电路节点，电路中的直流源将自动置零，交流信号源、电容、电感等均呈现交流模式，输入信号自动设定为正弦波形式，分析电路随正弦信号频率变化的频率响应曲线。选择“AC Sweep”选项卡，显示图 3.56 所示的界面。

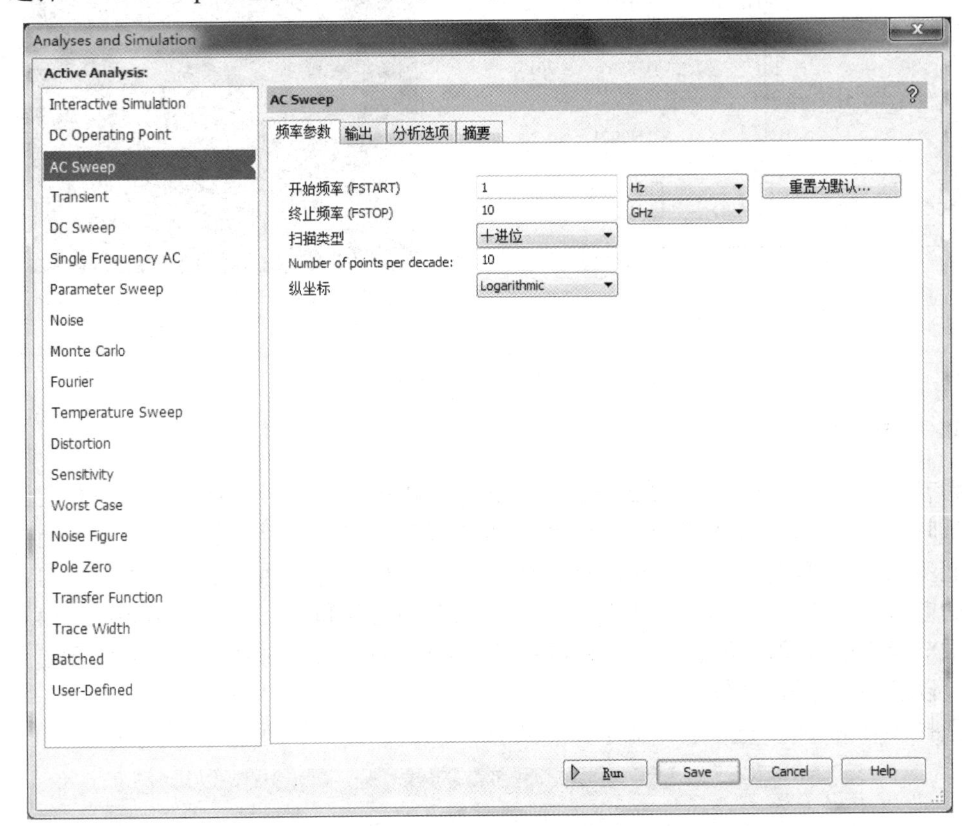

图 3.56　交流分析界面

交流分析界面中有“频率参数”“输出”“分析选项”“摘要”4 个选项卡，其中，除了“频率参数”选项卡外，其余与直流工作点分析界面中的选项卡相同。下面仅介绍“频率参数”选项卡的内容，如表 3.1 所示。

表 3.1　“频率参数”选项卡的内容

选项	默认值	说明
开始频率	1	交流分析的开始频率，单位有 Hz、kHz、MHz、GHz
终止频率	10	交流分析的终止频率，单位有 Hz、kHz、MHz、GHz
扫描类型	十进位	交流分析曲线的频率变化方式，可选项为十进位、倍频程、线性
Number of points per decade	10	在扫描范围内，交流分析的测量点数目设置
纵坐标	Logarithmic	扫描时的垂直刻度，可选项有线性、Logarithmic、Decibel、倍频程

以图 3.57（a）所示电路为例，对该电路进行简单的交流分析，结果如图 3.57（b）所示。

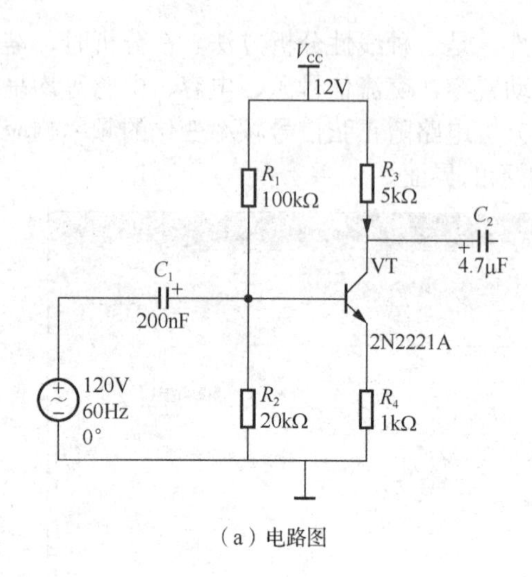

（a）电路图

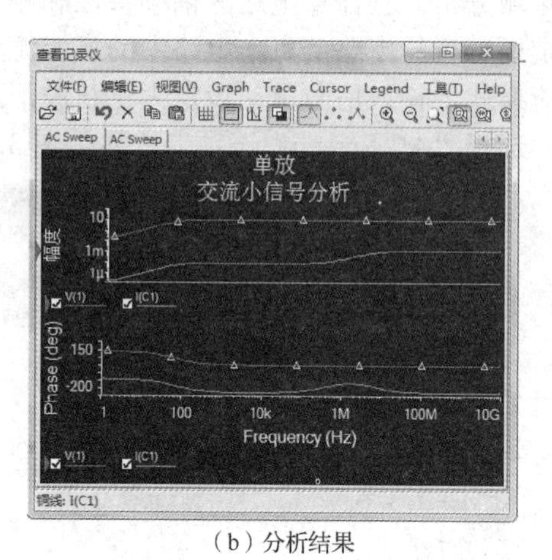

（b）分析结果

图 3.57　交流分析图

3. 瞬态分析

瞬态分析就是电路响应激励的作用下在时间域内的函数波形。Multisim 14.0 在进行瞬态分析时，首先计算电路的初始状态，然后从初始时刻到某个给定的时间范围内选择合理的时间步长，计算输出端在每个时间点的输出电压。输出电压由一个完整周期中的各个时间点的电压来决定。启动瞬态分析时，只要定义开始时间和终止时间，Multisim 14.0 即可自动调节合理的时间步长值，以兼顾分析精度和计算时需要的时间；也可以自行定义时间步长，以满足一些特殊要求。

选择“Transient”选项卡，显示图 3.58 所示的瞬态分析界面。

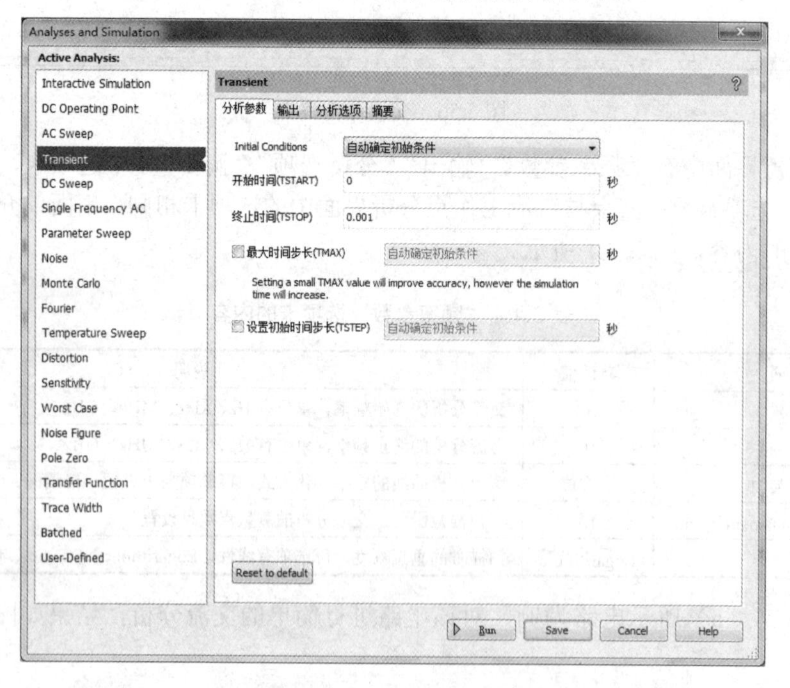

图 3.58　瞬态分析界面

该界面中除了“分析参数”选项卡外，其余与直流工作点分析界面中的选项卡相同。下面仅介绍“分析参数”选项卡，如表 3.2 所示。

表 3.2　瞬态分析“分析参数”选项卡的内容

选项	默认值	说明
开始时间	0s	瞬态分析的开始时间大于或等于零，小于终止时间
终止时间	0.001s	瞬态分析的终止时间大于开始时间
最大时间步长	选中 1e-005s	模拟时的最大步进时间
设置初始时间步长	选中 1e-005s	Multisim 14.0 将自动产生合理的最大步进时间

以图 3.59（a）所示单级放大电路为例，瞬态分析曲线如图 3.59（b）所示。

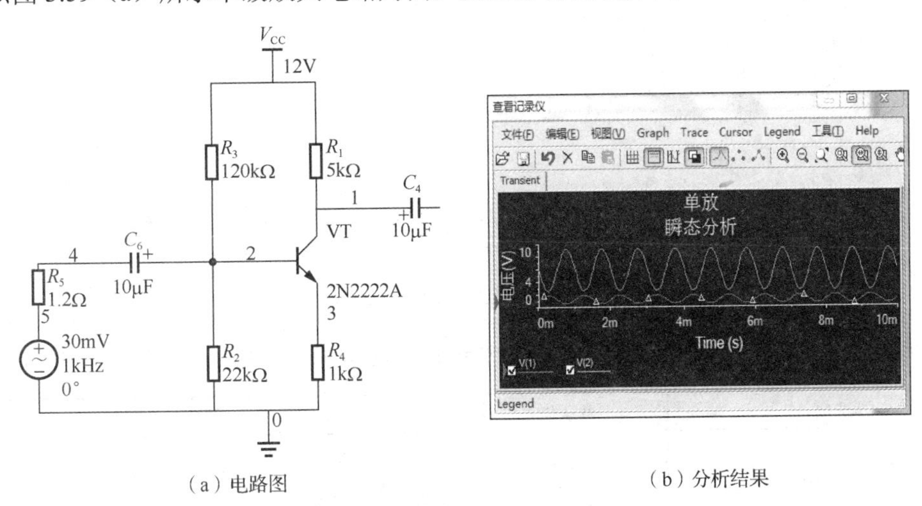

（a）电路图　　（b）分析结果

图 3.59　瞬态分析图

瞬态分析的结果同样可以用示波器观察到。对于瞬态分析，如果分析结果与预期结果不一致，甚至相差很大，在电路没有错误的情况下，可以通过适当设置仿真时间达到预期结果。

4. 直流扫描分析

直流扫描分析就是分析电路中的某个节点电压或电流随电路中的一个或两个直流电源变化的情况。在进行直流扫描分析时，先计算电路的静态工作点，然后随着直流电源的变化将重新计算电路中的静态工作点。

选择“DC Sweep”选项卡，显示图 3.60 所示的界面。

该界面中除了“分析参数”选项卡外，其余选项卡和直流工作点分析界面中的选项卡相同。下面仅介绍“分析参数”选项卡，如表 3.3 所示。

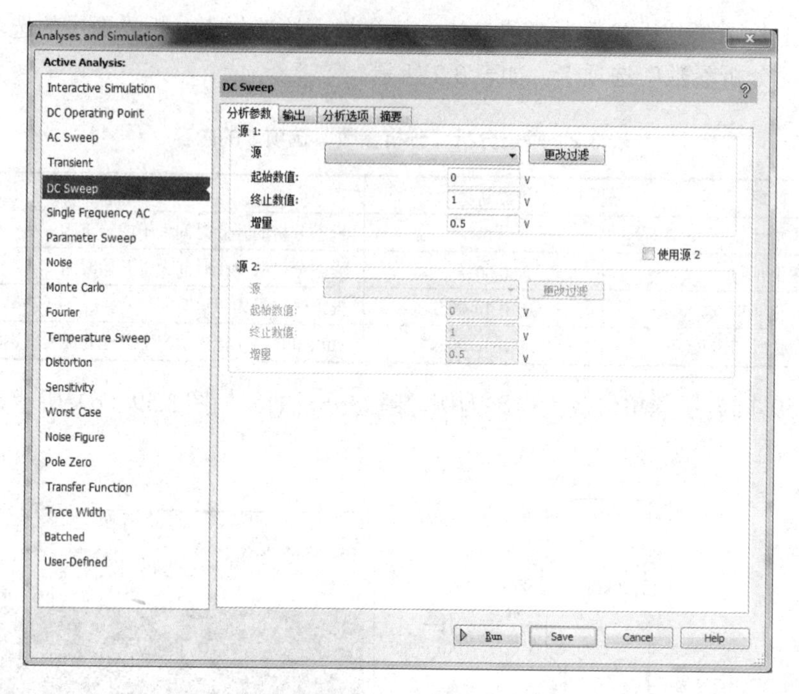

图 3.60　直流扫描分析界面

表 3.3　直流扫描“分析参数”选项卡的内容

选项	默认值	说明
源		选择要扫描的直流电源
起始数值	0V	设置扫描开始值
终止数值	1V	设置扫描终止值
增量	0.5V	设置扫描增量
使用源 2		若要选择扫描两个电源，则选中该选项

5. 单频交流分析

单频交流分析指 Multisim 14.0 中包含的虚拟仪表的仿真分析。选择“Single Frequency AC”选项卡，显示图 3.61 所示的单频交流分析界面。

6. 参数扫描分析

参数扫描分析（parameter sweep analysis）是指在仿真时改变电路中某个元器件的参数值，观察其在一定范围内变化对电路直流工作点等性能的影响。参数扫描分析的效果相当于对电路中某个元器件的每一个固定的参数值进行一次仿真分析，然后改变该参数值继续分析的效果。

选择“Parameter Sweep”选项卡，显示图 3.62 所示的界面。该界面中除了“分析参数”选项卡外，其余选项卡和直流工作点分析界面中的选项卡相同。下面仅介绍“分析参数”选项卡，内容如表 3.4 所示。

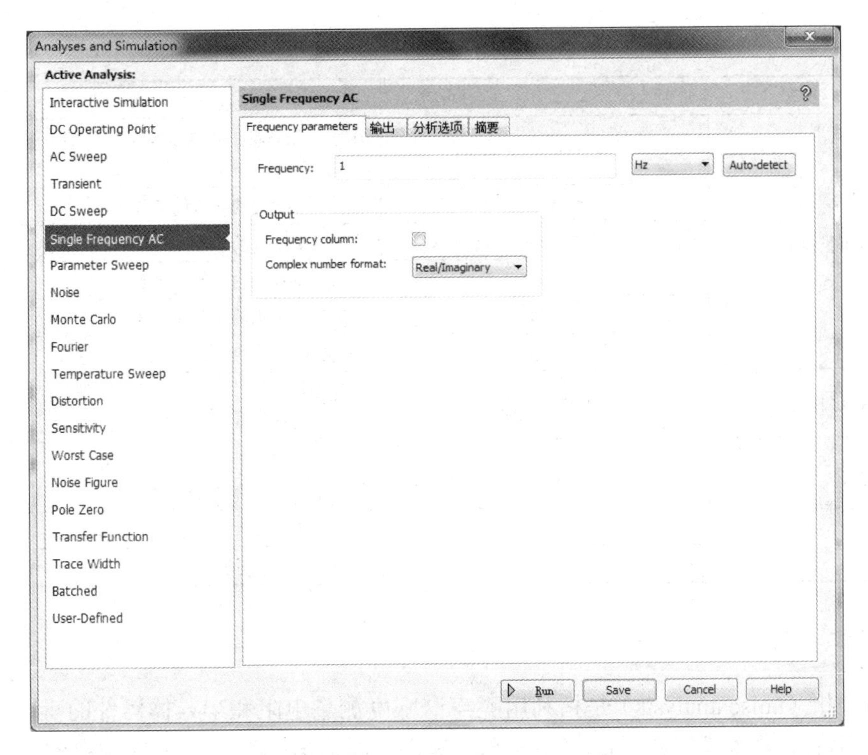

图 3.61　单频交流分析界面

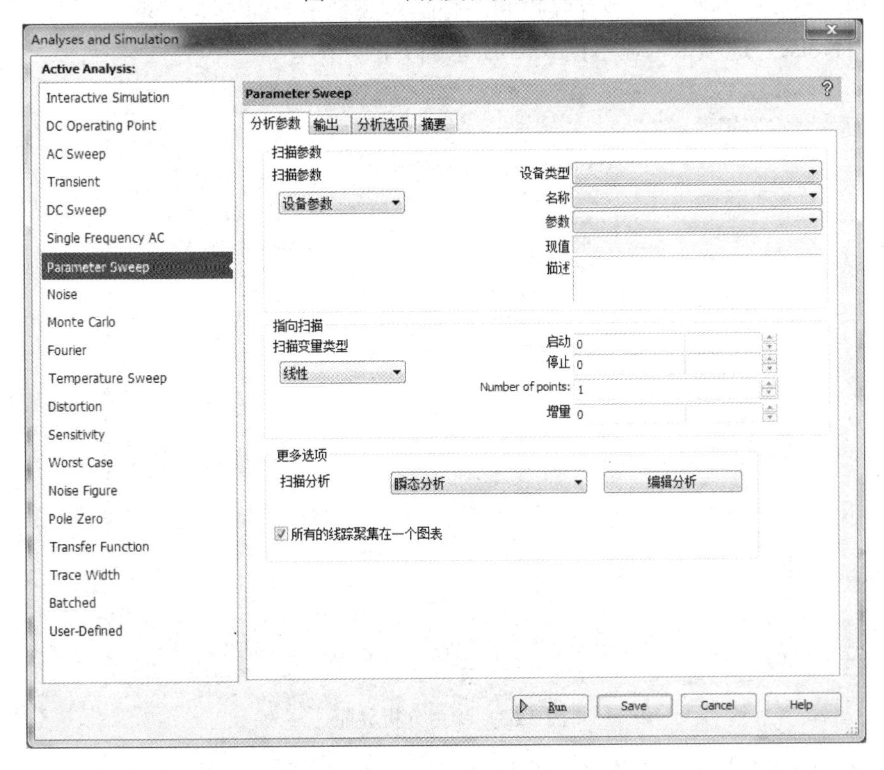

图 3.62　参数扫描分析界面

表 3.4　参数扫描分析“分析参数”选项卡的内容

选项		说明
扫描参数	扫描参数	在下拉列表框中可选设备参数、模型参数和 Circuit Parameter
	设备类型	设置需要扫描的元器件类型
	名称	设置需要扫描的元器件名称
	参数	设置需要扫描的元器件参数
	现值	设置需要扫描的元器件当前值
	描述	设置需要扫描的元器件的相关信息
指向扫描	扫描变量类型	选择扫描类型：十进位、线性、倍频程、指令列表，在后面的文本框中填入相应值
更多选项	扫描分析	直流工作点分析、交流小信号分析、Single Frequency AC、瞬态分析和嵌套扫描
	编辑分析	对该分析进行进一步设置和编辑
	所有的线踪聚集在一个图表	选中后表示将分析的曲线放置在同一个分析图中显示

7. 噪声分析

噪声分析（noise analysis）是指利用噪声谱密度测量电阻和半导体器件的噪声影响。电路中的电阻和半导体器件在工作时都会产生噪声，噪声电平取决于工作频率和工作温度。Multisim 14.0 提供了热噪声、散弹噪声和闪烁噪声 3 种不同的噪声模型。

选择“Noise”选项卡，显示图 3.63 所示的界面。

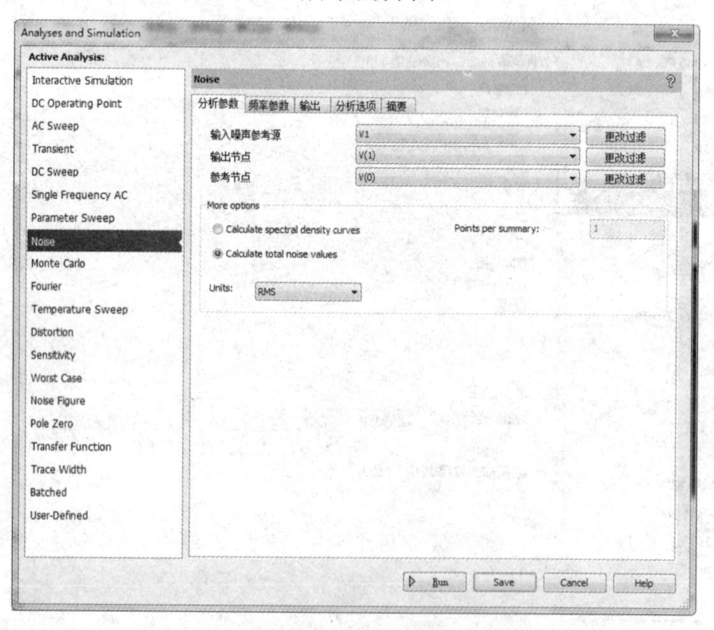

图 3.63　噪声分析界面

下面仅介绍“分析参数”选项卡的设置，如表 3.5 所示。

表 3.5　噪声分析“分析参数”选项卡的内容

选项	默认值	说明
输入噪声参考源	V1	选择交流信号源输入
输出节点	V（1）	选择输出噪声的节点位置，在该节点计算电路所有元器件产生的噪声电压均方根之和
参考节点	V（0）	默认接地
More options	1	计算功率谱密度曲线（每次求和点数）、计算总噪声值
Units	RMS	输出图表上的数据单位

8. 蒙特卡罗分析

蒙特卡罗分析利用一种统计模拟方法，分析电路元件的参数在一定数值范围内按照指定的误差分布变化时对电路性能的影响。该分析方法可以预测电路在批量生产时的合格率和生产成本，可以进行最坏情况分析。

选择“Monte Carlo”选项卡，显示图 3.64 所示的界面。选择“模型容差列表”及“分析参数”选项卡即可进行仿真参数设置。

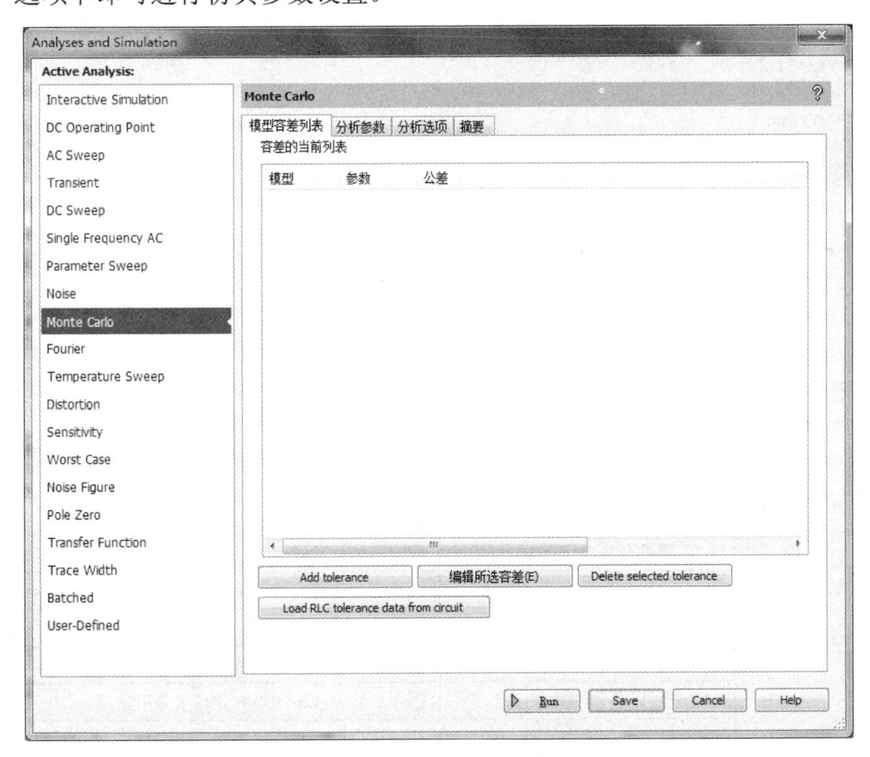

图 3.64　蒙特卡罗分析界面

9. 傅里叶分析

傅里叶分析（Fourier analysis）是工程中常用的电路分析方法之一。傅里叶分析用于分析复杂的周期性信号，它将非周期信号分解为一系列正弦波、余弦波和直流分量之和。其

数学表达式为 $f(t)=A_0+A_1\cos\omega t+A_2\cos 2\omega t+B_1\cos\omega t+B_2\cos 2\omega t\cdots$（$A_0$、$A_1$、$A_2$及$B_1$、$B_2$为分量幅度，$\omega$为角频率，$t$为时间）。在傅里叶分析后，表达式将会以图形、线条及归一化等形式表现出来。

选择“Fourier”选项卡，显示图 3.65 所示的界面。

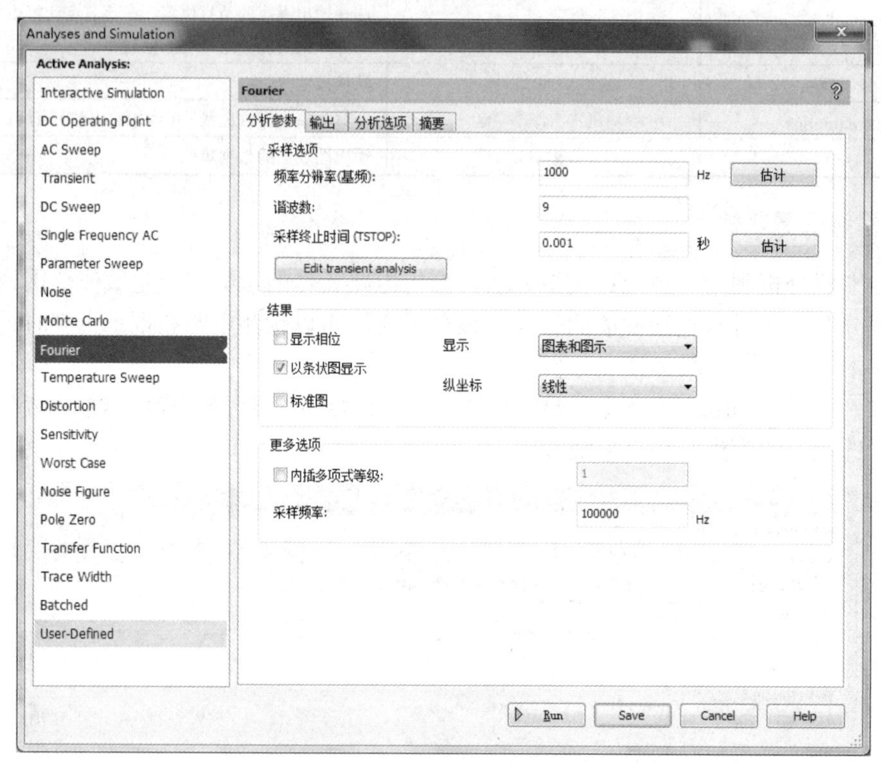

图 3.65　傅里叶分析界面

下面仅介绍“分析参数”选项卡的内容，如表 3.6 所示。

表 3.6　傅里叶分析“分析参数”选项卡的内容

选项		说明
采样选项	频率分辨率（基频）	取交流信号源频率，若有多个信号源，则取其最小公因数
	谐波数	设置需要计算的谐波个数
	采样终止时间（TSTOP）	设置停止采样时间
结果	显示相位	选中后将会显示相频特性分析结果
	以条状图显示	选中后将以线条图形方式显示分析结果
	标准图	选中后分析结果将绘制归一化图形
	显示	显示形式的 3 种选择：图表、图示、图表和图示
	纵坐标	纵轴刻度的 3 种选择：线性、Logrithmic（对数）、Decibel（分贝）或倍频程
更多选项	内插多项式等级	选中该选项，可输入内插的多项式次数
	采样频率	可输入分析测试的采样次数

10. 温度扫描分析

温度扫描分析（temperature sweep analysis）是指分析温度的变化对电路性能的影响。温度对电子器件的影响很大，尤其是对于半导体器件，温度的影响更是不容忽视的。

选择“Temperature Sweep”选项卡，显示图 3.66 所示的界面。选择“分析参数”选项卡即可设置温度扫描参数。

图 3.66　温度扫描分析界面

11. 失真分析

失真分析用于分析电子电路中的谐波失真和内部调制失真。若电路中有一个交流信号源，则该分析能确定电路中每一个节点的二次谐波和三次谐波失真的复值；若电路中有两个交流信号源，则该分析能确定电路变量在 3 个不同频率下的复值：两个频率之和的值、两个频率之差的值及二倍频与另一个频率的差值。失真分析通常用于分析那些采用瞬态分析不易察觉的微小失真。

选择“Distortion”选项卡，显示图 3.67 所示的界面。

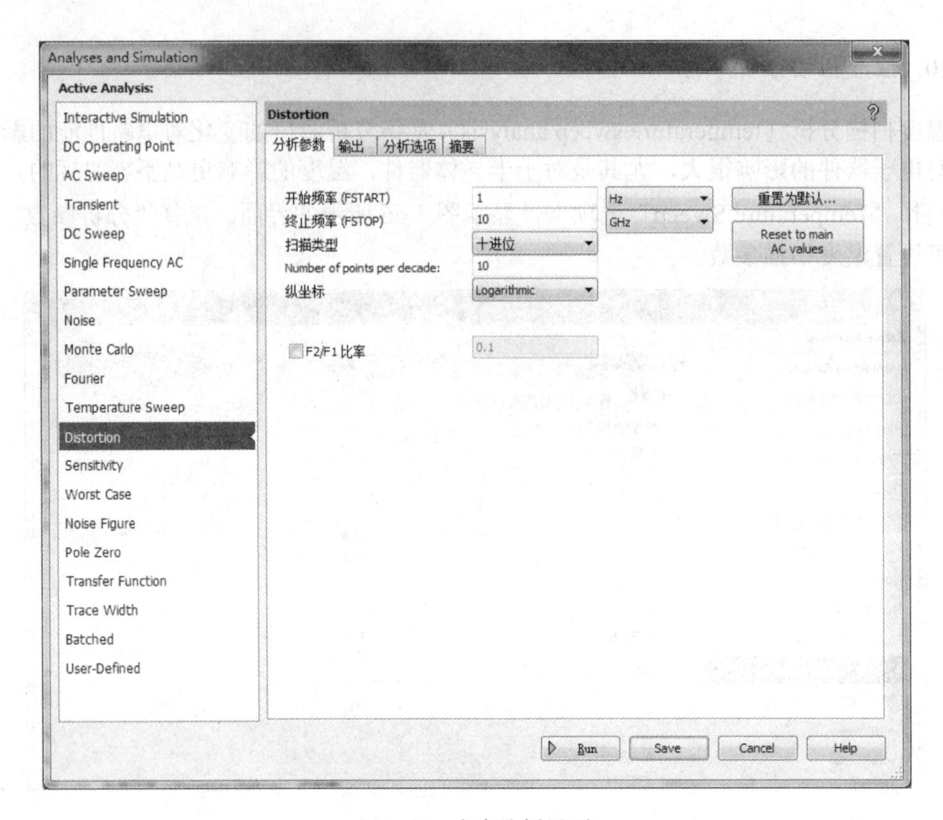

图 3.67　失真分析界面

下面仅介绍“分析参数”选项卡的内容，如表 3.7 所示。

表 3.7　失真分析“分析参数”选项卡的内容

选项	默认值	说明
开始频率（FSTART）	1Hz	设置开始频率
终止频率（FSTOP）	10GHz	设置终止频率
扫描类型	十进位	3 种扫描类型十进位、线性、倍频程（8 倍刻度扫描）
Number of points per decade	10	设置每 10 倍频的采样点数
纵坐标	Logarithmic	垂直刻度可选线性、Lograrithmic、Decibel、倍频程
F2/F1 比率	0.1	选中时，在 F1 扫描期间，F2 设定为该比率乘以开始频率，值应大于 0 小于 1
重置为默认		单击该按钮，将所有设置恢复为默认值
Reset to main AC values		单击该按钮，将所有设置恢复为与交流分析相同的设置值

12. 灵敏度分析

灵敏度分析（sensitivity analysis）是指当电路中某个元器件的参数改变时，分析该元器件的变化对电路节点电压和支路电流的影响。灵敏度分析包括直流灵敏度分析和交流灵敏度分析。直流灵敏度分析的结果是以数值的形式显示的，而交流灵敏度分析的结果是以曲线的形式显示的。

选择“Sensitivity”选项卡，显示图 3.68 所示的界面。

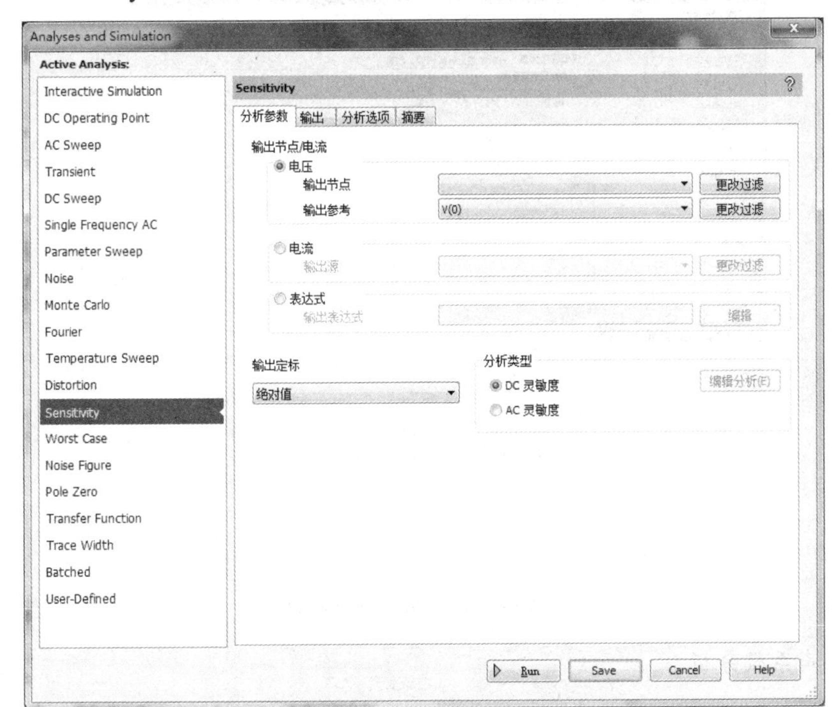

图 3.68　灵敏度分析界面

下面仅介绍“分析参数”选项卡的内容，如表 3.8 所示。

表 3.8　灵敏度分析“分析参数”选项卡的内容

选项		说明
输出节点/电流	电压	选中该单选按钮，进行电压灵敏度分析，在“输出节点”下拉列表框中选择要分析的输出节点的编号，在“输出参考”下拉列表框中选择参考节点，通常为地
	电流	选中该单选按钮，进行电流灵敏度分析，在“输出源”下拉列表框中选择信号源
	表达式	选中该单选按钮，进行表达式灵敏度分析
输出定标		可选绝对值和相对值
分析类型	DC 灵敏度	直流灵敏度分析，分析结果将会产生一个表格
	AC 灵敏度	交流灵敏度分析，分析结果将会产生一个分析图，选中该项后单击“编辑分析”按钮，即可弹出灵敏度分析对话框，其参数设置与交流分析相同

13. 最坏情况分析

最坏情况分析（worst case analysis）是一种统计方法，指元件参数在容差域边界点上引起电路性能的最大偏差。不同器件的数值变化方向不同，对于电路的影响可能相互抵消，因此无法从元器件的变化程度来确定最大偏差，需要进行最坏情况分析。在已知元器件参数容差的情况下，电路的元器件参数取容差允许的边界值，分析噪声的电路输出最大值。

选择“Worst Case”选项卡，显示图 3.69 所示的界面，即可设置最坏情况仿真参数。

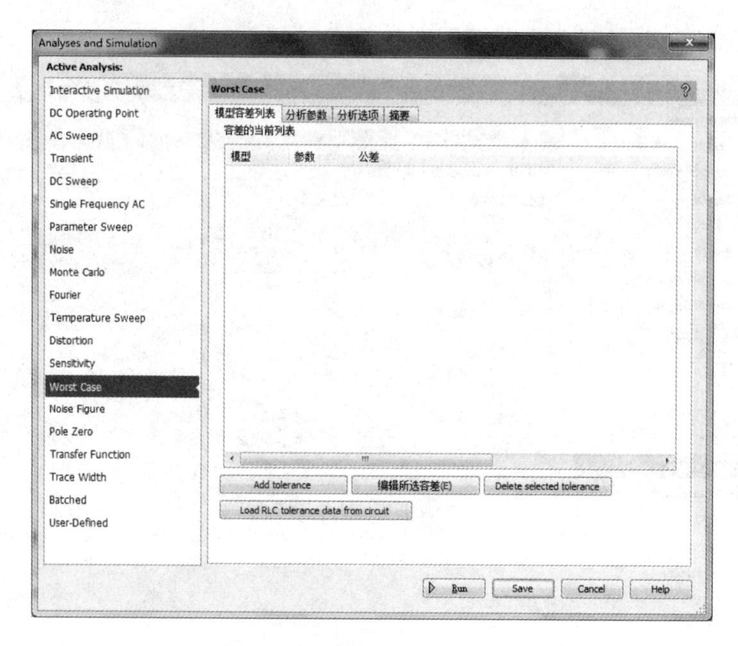

图 3.69　最坏情况分析界面

14. 噪声系数分析

噪声系数分析（noise figure analysis）是指分析输入信噪比/输出信噪比。噪声系数分析用来衡量有多大的噪声加入信号。信噪比是一个衡量电子线路中信号质量好坏的重要参数。

选择“Noise Figure”选项卡，显示图 3.70 所示的界面。

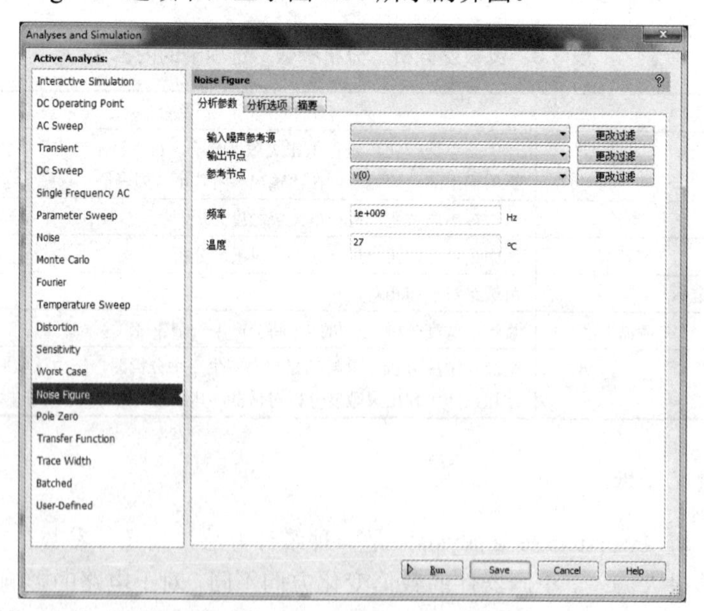

图 3.70　噪声系数分析界面

该界面中除了“分析参数”选项卡外，其余选项卡和直流工作点分析界面中的选项卡相同。而“分析参数”选项卡与噪声分析界面中的设置相同，只是多了“频率”和“温度”

（默认值是 27℃）文本框。

15. 极-零点分析

极-零点分析（pole-zero analysis）就是分析一个系统是否稳定。极-零点分析通常先进行直流工作点分析，对非线性元器件求得线性化的小信号模型，然后进行传递函数的零点和极点分析。

选择“Pole Zero”选择卡，显示图 3.71 所示的界面。其中，“分析参数”选项卡的内容如表 3.9 所示。对复杂的大规模电路设计进行极-零点分析时，需耗费大量的时间，且有可能找不到全部的极点和零点，因此可以将其拆分成小电路进行极-零点分析。

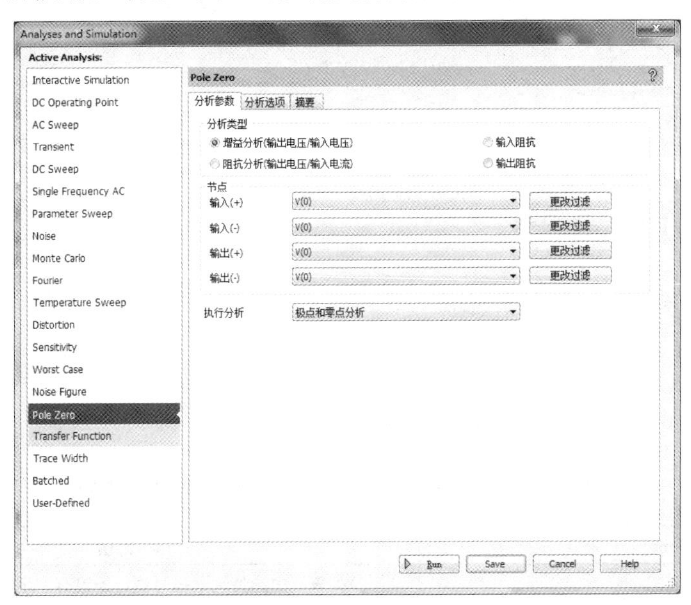

图 3.71　极-零点分析界面

表 3.9　极-零点分析“分析参数”选项卡的内容

选项		说明
分析类型	增益分析（输出电压/输入电压）	进行电路增益分析，即输出电压/输入电压
	阻抗分析（输出电压/输入电流）	进行电路互阻分析，即输出电压/输入电流
	输入阻抗	进行电路输入阻抗分析，即输入电压/输入电流
	输出阻抗	进行电路输出阻抗分析，即输出电压/输出电流
节点	输入（+）	设置输入节点的正端
	输入（-）	设置输入节点的负端
	输出（+）	设置输出节点的正端
	输出（-）	设置输出节点的负端
执行分析		有极点和零点分析、极点分析、零点分析 3 种类型

16. 传递函数分析

传递函数分析（transfer function analysis）是分析一个输入源与两个节点间的输出电压

或一个输入源与一个电流输出变量之间的小信号传递函数。在进行该分析前，程序先自动对电路进行直流工作点分析，求得线性化的模型，然后进行小信号分析求得传递函数。

选择“Transfer Function”选项卡，显示图 3.72 所示的界面。其中，“分析参数”选项卡的内容如表 3.10 所示。

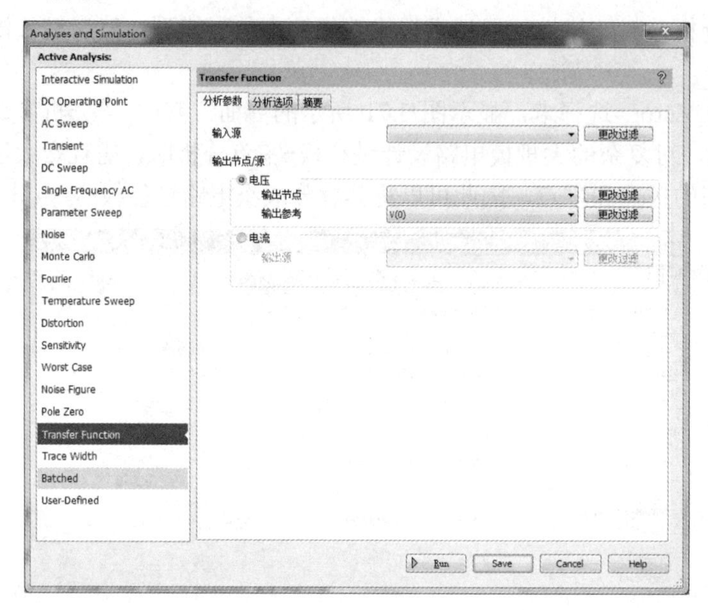

图 3.72　传递函数分析界面

表 3.10　传递函数分析的“分析参数”选项卡的内容

选项			说明
输入源			从下拉列表框中选择输入信号源，若没有，则可以单击“更改过滤”按钮增加
输出节点/源	电压	输出节点	在下拉列表框中指定输出节点
		输出参考	在下拉列表框中指定参考节点，通常为地
	电流		在下拉列表框中指定输出电流

17. 布线宽度分析

当电路完成仿真分析并达到各项参数要求时，就可以制作印制电路板（printed circuit board，PCB）了。布线宽度分析（trace width analysis）就是在制作 PCB 时，对导线有效传输电流所允许的最小线宽的分析。导线的厚度受板材的限制，导线的电阻则取决于 PCB 设计者对导线宽度的设置。

选择“Trace Width”选项卡，显示图 3.73 所示的界面。其中，“导线宽度分析”选项卡中几个选项的含义如下。

最大环境温度：设置周围环境可能的最高温度。

电镀的深浅度：设置铜膜的厚度。

使用此次分析结果设置节点扫迹宽度：选择是否用本分析的结果建立导线的宽度。

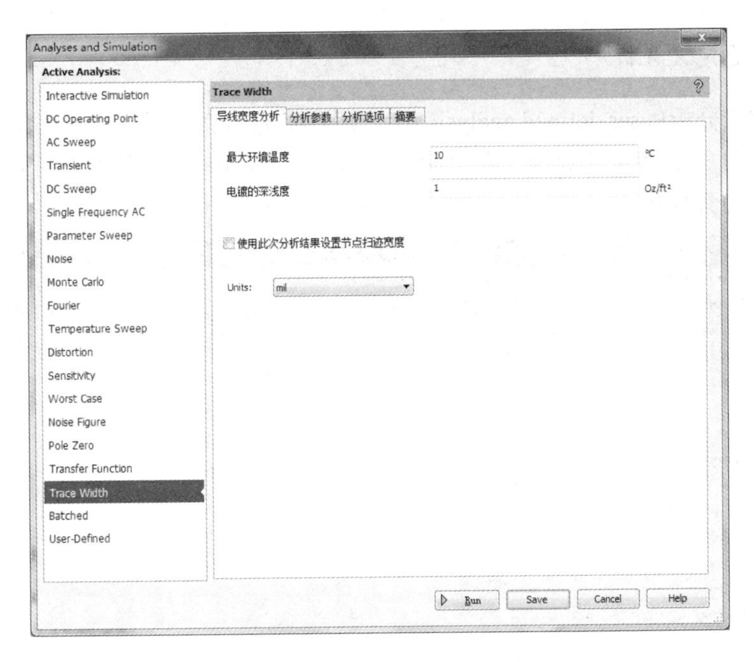

图 3.73　布线宽度分析界面

18. 批处理分析

批处理分析（batched analysis）是将同一个仿真电路的不同分析组合在一起执行的分析方式。

选择“Batched”选项卡，显示图 3.74 所示的界面。该界面左侧的“Available analyses”列表框中显示了 18 种仿真分析方式，单击“Add analysis”按钮，可以将选中的方式添加到右侧“Analyses to perform”列表框，执行其中显示的仿真分析方式。

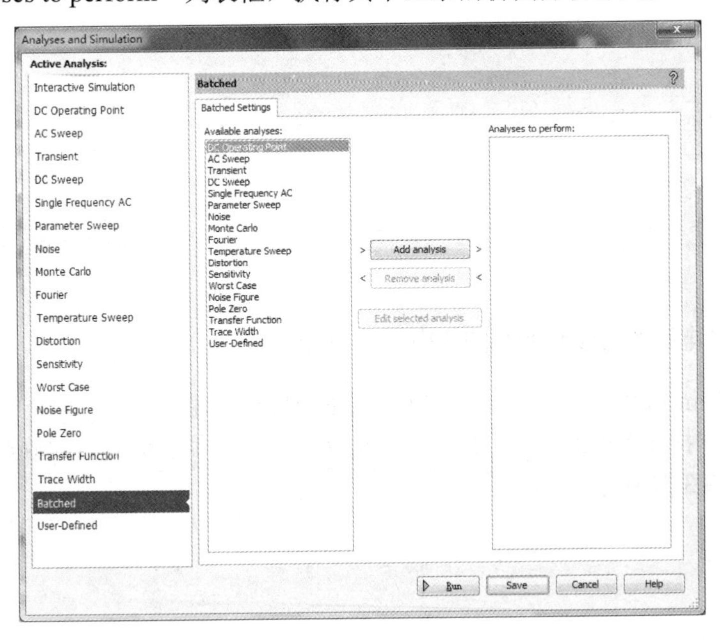

图 3.74　批处理分析界面

19. 用户自定义分析

用户自定义分析(user defined analysis)允许用户扩充仿真分析功能。选择“User-Defined”选项卡，显示图 3.75 所示的界面。在“命令”选项卡中，用户可以输入由 SPICE 命令组成的列表来执行仿真分析。

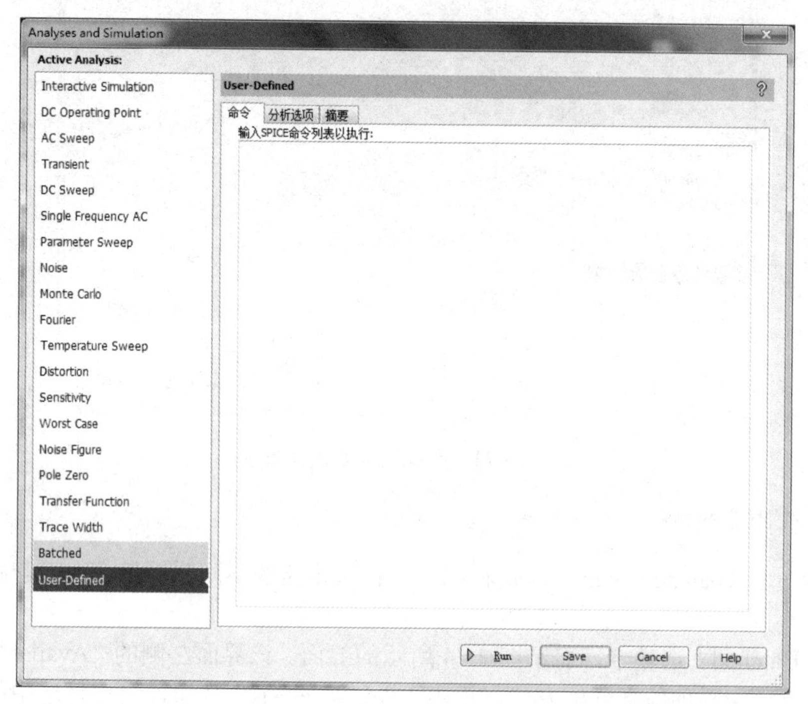

图 3.75　用户自定义分析界面

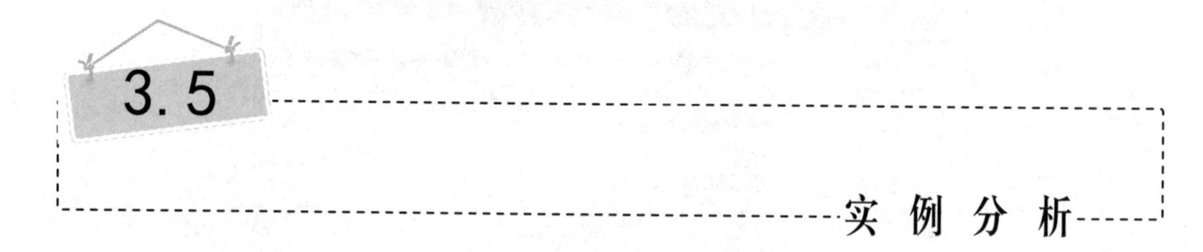

3.5.1　*RC* 一阶电路的方波脉冲全响应电路仿真分析

运行 Multisim 14.0 进入主界面，可以看到系统自动创建了一个名为“电路 1”的文件，如图 3.76 所示。打开“放置”下拉列表框，选择电路元器件及信号源并放置，按鼠标左键连接电路，如图 3.77 所示。

双击函数发生器图标 XFG1，弹出“函数信号发生器-XFG1”对话框。设置波形为方波，频率为 200Hz，占空比为 50%，振幅为 10V，如图 3.78 所示。

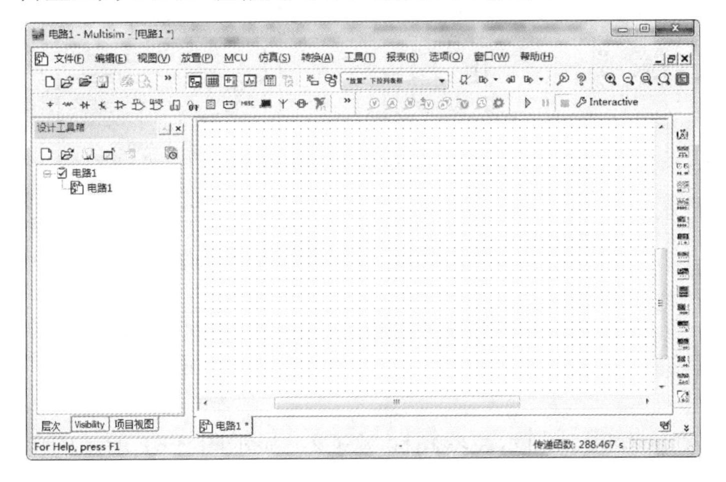

图 3.76　主界面

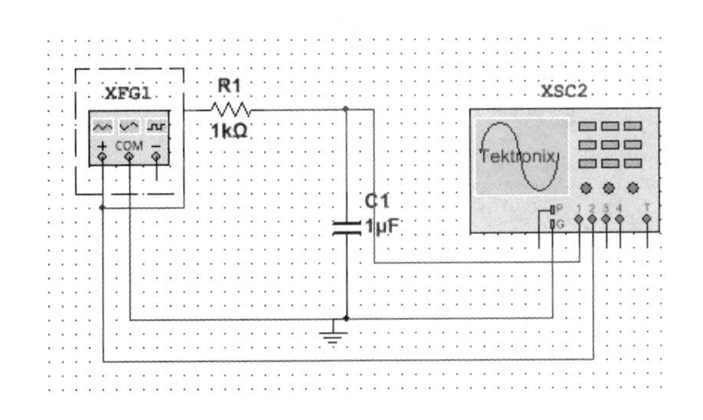

图 3.77　电容电压仿真电路图

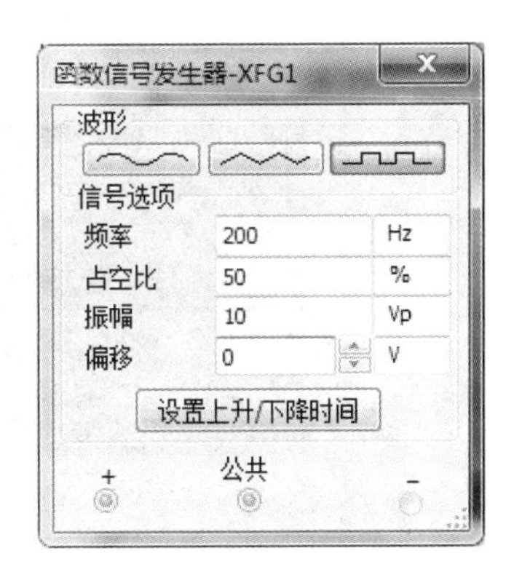

图 3.78　函数信号发生器的设置

运行仿真，双击 Tektronix 示波器图标 XSC2，显示图 3.79 所示的电容电压脉冲响应波形。

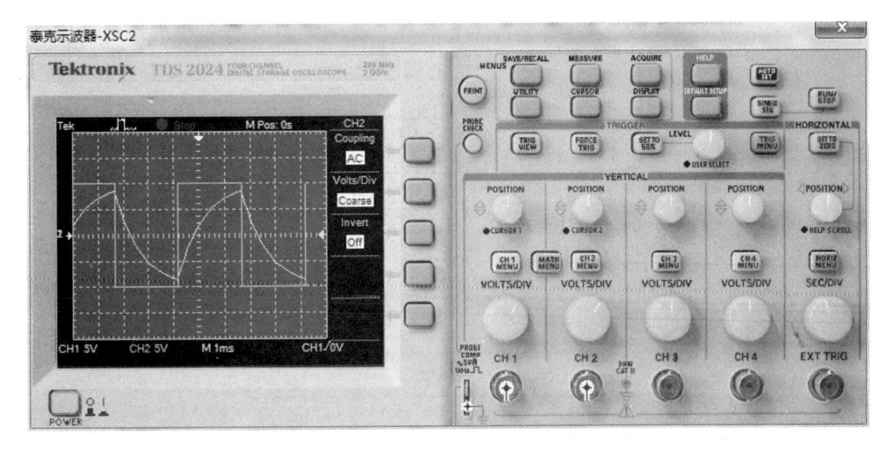

图 3.79　电容电压脉冲响应波形

将电阻、电容元件调换，如图 3.80 所示。信号发生器设置不变。

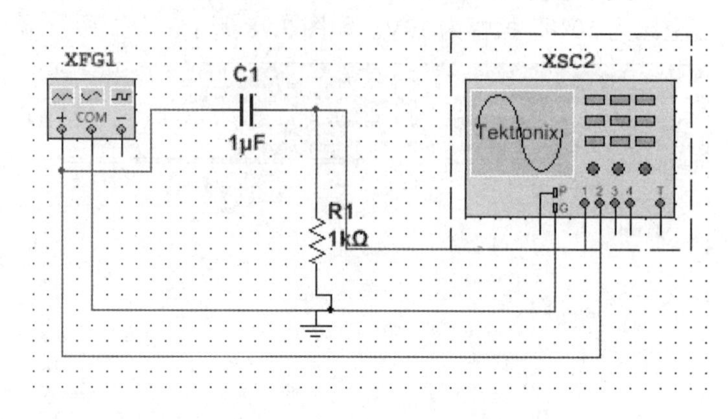

图 3.80 电阻电压仿真电路图

运行仿真，双击 Tektronix 示波器图标 XSC2，显示图 3.81 所示的电阻电压脉冲响应波形。

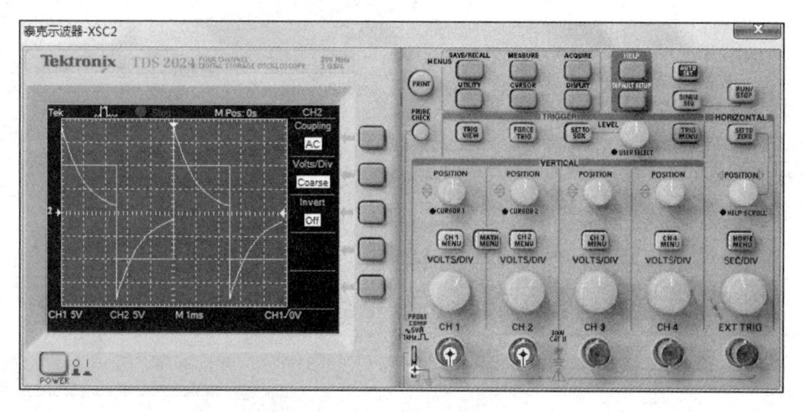

图 3.81 电阻电压脉冲响应波形

3.5.2 单管共射极放大电路仿真分析

运行 Multisim 14.0 进入主界面，放置元器件及信号源，并连接电路，如图 3.82 所示。

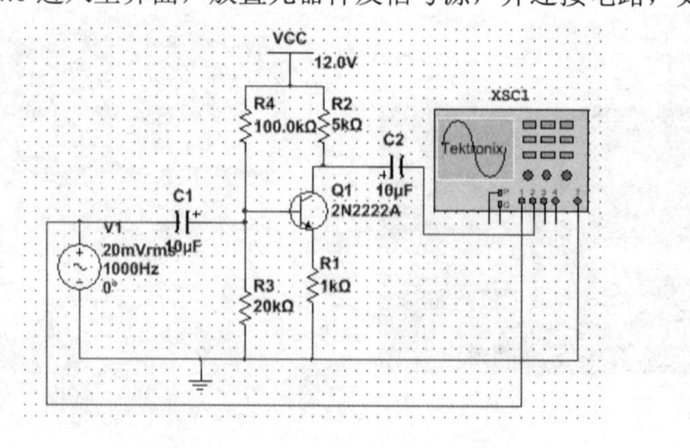

图 3.82 单管共射极放大电路仿真图

1. 直流工作点分析

打开“Analyses and Simulation”对话框，对“输出”选项卡中的参数进行设置，如图 3.83 所示。设置完成后，单击“运行”按钮▷，或按 F5 键，弹出“查看记录仪”窗口，在其中显示了直流工作点分析结果，如图 3.84 所示。

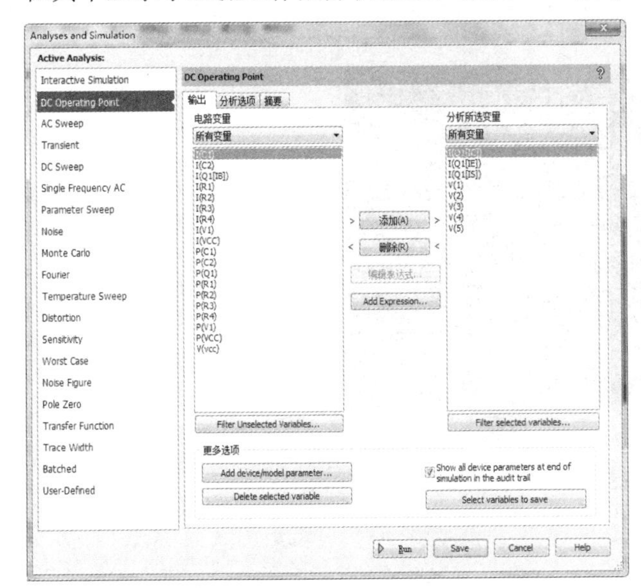

图 3.83　“输出”选项卡设置

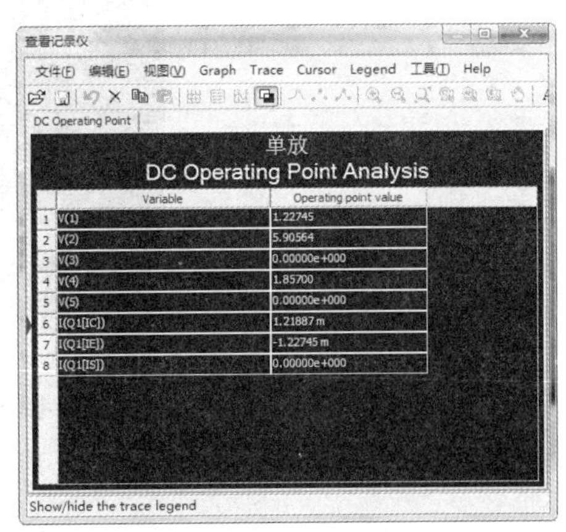

	Variable	Operating point value
1	V(1)	1.22745
2	V(2)	5.90564
3	V(3)	0.00000e+000
4	V(4)	1.85700
5	V(5)	0.00000e+000
6	I(Q1[IC])	1.21887 m
7	I(Q1[IE])	-1.22745 m
8	I(Q1[IS])	0.00000e+000

图 3.84　直流工作点分析结果

2. 瞬态分析

从图 3.82 可以看出，输入端加入了 $f = 1\text{kHz}$，$V_{\text{RMS}} = 20\text{mV}$ 的正弦信号，单击“运行”按钮▷，或按 F5 键，再双击 XSC1 示波器图标，得到图 3.85 所示的输入（CH1）及输出（CH2）波形，可以看出两者相位是反向的，波形无失真。

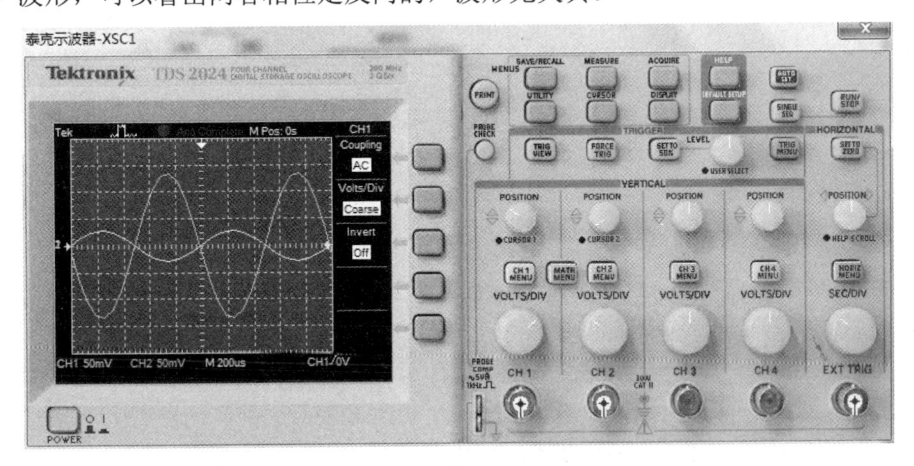

图 3.85　输入（CH1）及输出（CH2）波形

3. 交流分析

从交流分析中可以得出电路的频率响应，分析结束后弹出图3.86所示的窗口，从中可以看出，该单放电路只适合放大一定频率范围内的信号。

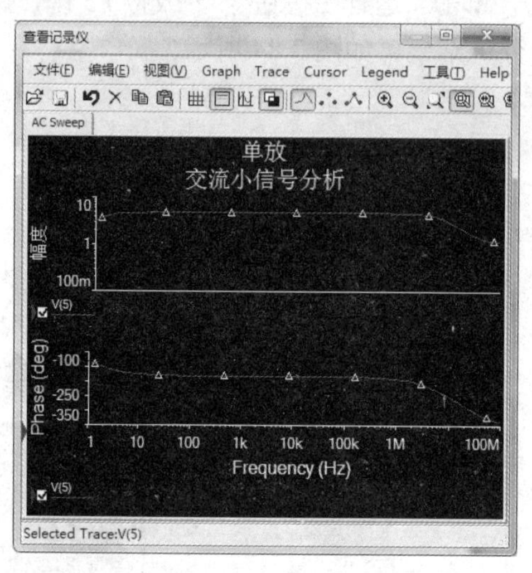

图3.86 交流分析结果

4 单元 电路分析基础实验

>>>>

◎ **单元导读**

电路分析基础实验主要包括电子测量仪器仪表的使用及电路基本定理的实验研究。通过实验，学生可以加深对理论知识的理解。本单元介绍电路分析基础实验的相关内容，能够使学生在学习理论知识的同时掌握电子测量仪器的使用方法，加深对电路基本定理的理解。

◎ **能力目标**

1. 熟练使用常用电子测量仪器仪表。
2. 掌握元器件伏安特性和电源外特性的测试方法。
3. 掌握基尔霍夫定律、叠加定理、戴维南定理等电路基本定理的内容及验证方法。
4. 掌握交流激励下一阶、二阶电路响应的特性分析方法。
5. 掌握 *RLC* 串联谐振电路的特点及谐振特性的作用。
6. 理解二端口网络参数的测试方法。

◎ **思政目标**

1. 树立正确的学习观、价值观，自觉践行行业道德规范。
2. 遵规守纪，安全实验，爱护设备，钻研技术。
3. 培养一丝不苟、精益求精的工作作风。

实验 4.1 直流稳压电源及仪表的使用

1. 实验预习

1）预习直流稳压电源和数字万用表的使用方法。
2）预习色环电阻的相关知识。

2. 实验目的

1）熟悉直流稳压电源的使用方法。
2）掌握使用数字万用表测量电压、电流及电阻值的方法。
3）熟悉面包板的结构，掌握在面包板上搭建电路的方法。
4）掌握色环电阻的识别方法。

3. 实验器材

直流稳压电源、数字万用表、面包板、电阻若干。

4. 实验原理

直流稳压电源、数字万用表的工作原理及使用方法请参考单元 2 中的 2.1 节和 2.2 节。

（1）测量电流

先将数字万用表黑表笔插入“COM”插孔。若测量大于 200mA 的电流，则将红表笔插入“10A”插孔，并将功能旋钮置于直流 10A 挡；若测量小于 200mA 的电流，则将红表笔插入“200mA”插孔，并将功能旋钮置于直流 200mA 以内的合适量程。调节好后，就可以进行测量了。具体方法为，先将被测支路断开，再将数字万用表串联在电路中，稳定后即可读数。若数字万用表显示为“1.”，则应加大量程；若在数值左边出现“-”，则表明电流从黑表笔流进数字万用表。测量通过电阻 R_1 的电流如图 4.1 所示。

（2）测量电压

数字万用表直流电压挡标有 2.5V、10V、50V、250V 和 500V 共 5 个挡位。在测量直流电压时，根据电路中电源电压的大小选择挡位即可。若不清楚电压大小，则应先用最高电压挡测量，逐渐调至合适挡位。测量时，数字万用表应与被测电路并联，红表笔应与被测电路的电源正极相接，黑表笔应与被测电路的电源负极相接。待数字万用表稳定后，即可读出测得的电压值。测量电阻 R_1 的电压如图 4.2 所示。

（3）测量电阻

利用数字万用表测量电阻阻值时，应将电阻放在绝缘的平面上，先将数字万用表调到合适的电阻挡，然后将表笔分别搭在电阻两端，即可直接读出阻值，如图 4.3 所示。

注意：不能在电路中测量电阻值。

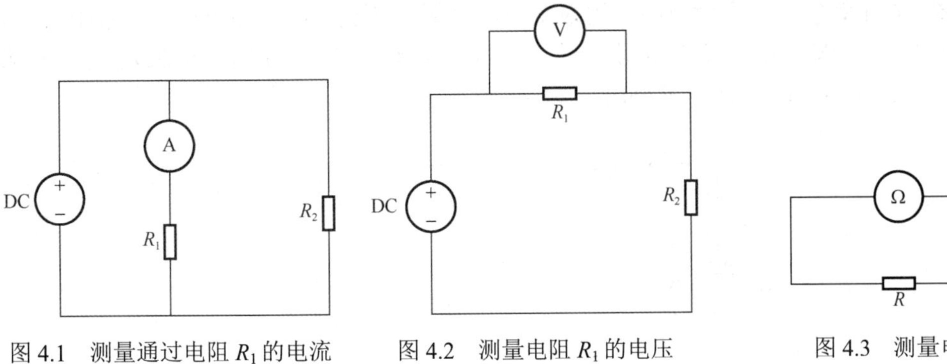

图 4.1　测量通过电阻 R_1 的电流　　图 4.2　测量电阻 R_1 的电压　　图 4.3　测量电阻

5. 实验内容

（1）电阻的识别及测量

1）参考单元 1 中 1.2.1 节色环电阻的识别方法，读出图 4.4 所示电阻的标称阻值及允许偏差，填入表 4.1。再用数字万用表测出相应电阻的阻值。

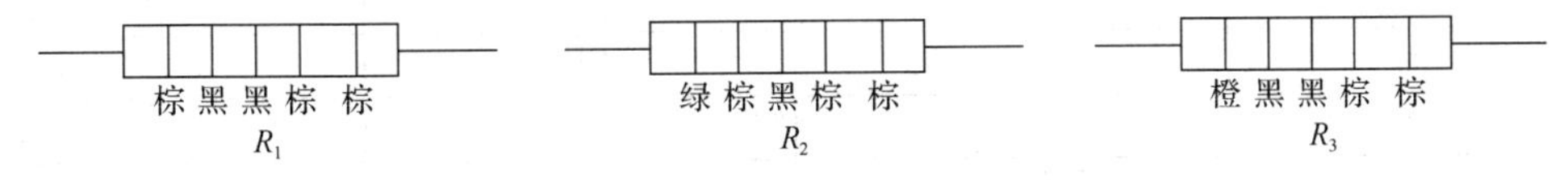

图 4.4　五环电阻示意图

表 4.1　电阻的识别及测量表

项目	R_1	R_2	R_3
测量值			
标称阻值			
误差			

2）用万用表测量图 4.5 所示电路图中节点 1、2，2、3，1、3 间的电阻值，将结果记录在表 4.2 中，并与理论值相比较。R_1、R_2、R_3 参数取值同 1）。

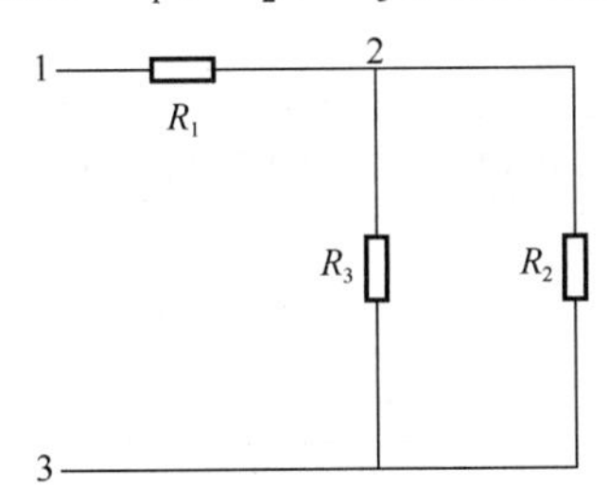

图 4.5　电阻测量电路图

表 4.2　电阻记录测量表

项目	R_{12}	R_{23}	R_{13}
测量值			
理论值			
误差			

（2）电压、电流的测量

按照图4.6在面包板上搭建电路，用数字万用表测量各支路电流和电压，记录于表4.3中。取电源电压为5V，R_1、R_2、R_3取值同1）。其中，$U_1 \sim U_3$分别对应电阻$R_1 \sim R_3$两端的电压，$I_1 \sim I_3$为通过电阻$R_1 \sim R_3$的电流。

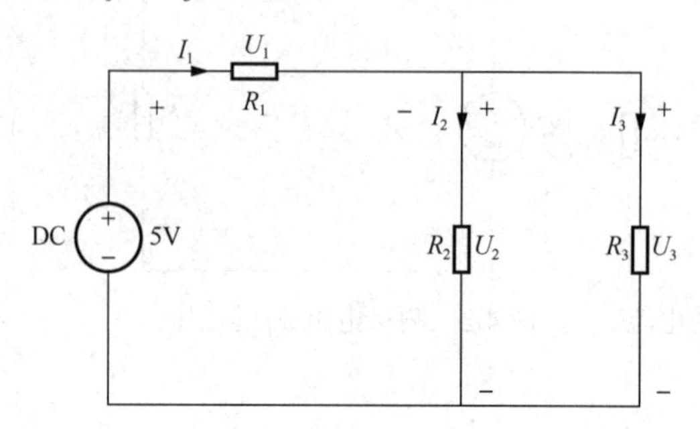

图4.6　测量电路图

表4.3　电压、电流测量记录表

被测量	I_1	I_2	I_3	U_1	U_2	U_3
测量值						
理论值						
误差						

注意：

1）使用面包板时，应先了解面包板的结构，元器件不要被短路。

2）测量电流时应将电流表串联在被测电路中。

6. 实验报告要求

1）根据测试数据完成实验中的表格。

2）计算理论值，将其与实验数据相比较，并分析误差产生原因。

7. 实验思考题

1）为什么测量支路电流时必须将电流表串联在电路中？

2）为什么不能在实验电路中测量单个电阻的阻值？

实验4.2　元器件伏安特性和电源外特性的测试

1. 实验预习

1）预习直流稳压电源和数字万用表的使用方法。

2）预习线性电阻元件和非线性电阻元件的伏安特性。

3）预习二极管、稳压二极管的伏安特性，并画出伏安特性曲线。

4）预习理想电源外特性的测试方法，并画出电路图。

2. 实验目的

1）学会测量线性电阻和非线性电阻元件伏安特性的方法。

2）学会电源外特性的测试方法。

3）学会直流稳压电源和数字万用表的使用方法。

3. 实验器材

直流稳压电源、数字万用表、面包板、电阻箱及电阻元件、二极管、稳压二极管。

4. 实验原理

（1）线性电阻元件的伏安特性

任意一个二端元件的特性都可用此元件端电压与通过此元件的电流之间的关系来表示，称为元件的伏安特性。

线性电阻元件的伏安特性曲线用 *U-I* 平面上的一条通过原点的直线来表示，该直线斜率的倒数为该电阻元件的电阻值 *R*，如图 4.7（a）所示。可见，线性电阻元件的伏安特性曲线以坐标原点为中心两端对称，称为双向性，所有线性电阻元件都有这种特性。

白炽灯在正常工作时，灯丝电阻随温度的升高而增大，一般灯泡“冷电阻”与“热电阻”的阻值相差几倍至几十倍，其伏安特性如图 4.7（b）所示。

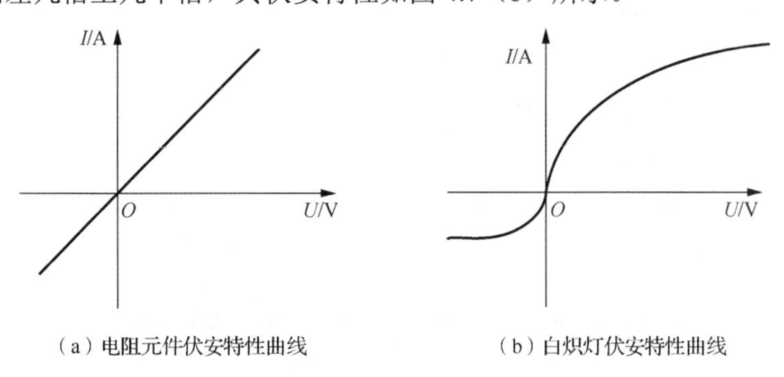

（a）电阻元件伏安特性曲线　（b）白炽灯伏安特性曲线

图 4.7　线性电阻元件伏安特性曲线

（2）非线性电阻元件的伏安特性

普通二极管是一个非线性电阻元件，其阻值随电流的变化而变化，伏安特性如图 4.8（a）所示。二极管具有单向导电性：

1）正向伏安特性，图 4.8（a）中第①段为正向伏安特性。此时二极管的正向电压只有零点几伏，（一般锗管为 0.2～0.3V，硅管为 0.5～0.7V），相对来说流过管子的电流却很大。因此，正向电阻很小。

2）反向伏安特性，图 4.8（a）中第②段为反向伏安特性。反向电压从零一直增加到十几伏，甚至几十伏，其反向电流变化很小，可近似为零。若反向电压过高，则会导致二极管被击穿，如图 4.8（a）中第③段，称为二极管的反向击穿。

稳压二极管是一种特殊的半导体二极管，其正向伏安特性与普通二极管相似，反向伏安特性与普通二极管不同，如图 4.8（b）所示。当反向电压开始增加时，反向电流几乎为零，但当其增加到某一数值时，电流将急剧增加，此后其端电压将保持恒定，不再随外加电压增大而增大。

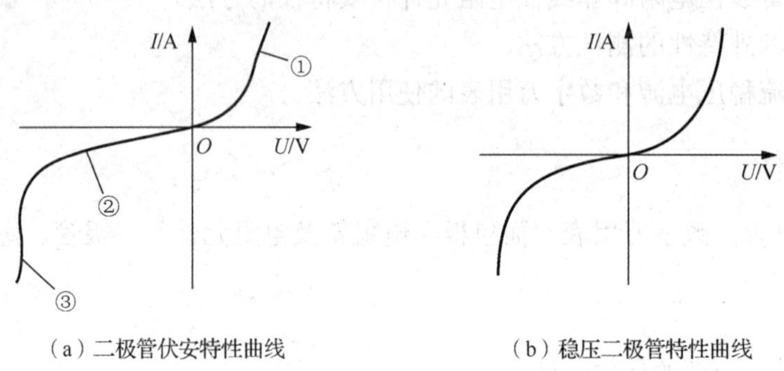

（a）二极管伏安特性曲线　（b）稳压二极管特性曲线

图 4.8　非线性电阻元件伏安特性曲线

（3）电源的外特性

理想电源的输出电压是不随输出电流的变化而变化的，其伏安特性是一条直线。实际上，电源存在内阻，当接入负载后，在内阻上产生电压降，使电源两端的电压降低。因此，实际电源的外特性是一条不平行于电流坐标轴的直线，如图 4.9 所示。

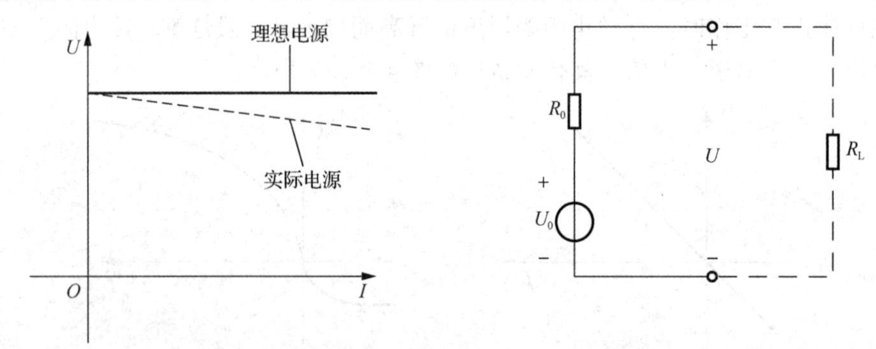

图 4.9　电源的外特性伏安特性及实际电源的模型

5. 实验内容

（1）测量线性电阻元件的伏安特性

线性电阻元件伏安特性测量电路如图 4.10 所示。测试方法采用两表法，按图示接好电路后，调节直流稳压电源的输出为表 4.4 所示的值，测量电阻两端的电压和流过电阻的电流值，填入表 4.4。

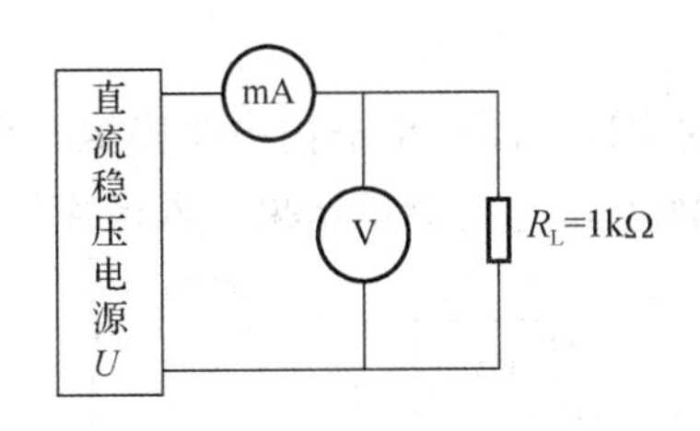

图 4.10　线性电阻元件伏安特性测量电路

表 4.4　线性电阻元件伏安特性测量表

U/V	0	2	4	6	8	10	12	14	16	18
I/mA										
U_{R_L}/V										

（2）测量非线性电阻元件的伏安特性

1）普通二极管的伏安特性。

按图 4.11 在面包板上搭建电路，调节直流稳压电源的输出值，如表 4.5 所示，R=1kΩ，测量二极管两端的电压和流过二极管的电流值，并将测量结果填入表 4.5。

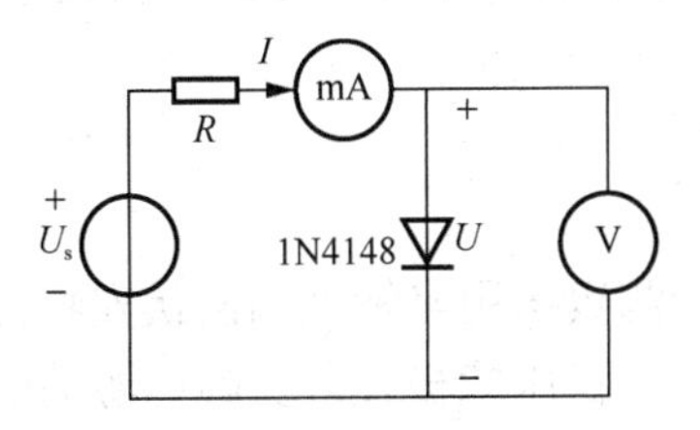

图 4.11　二极管伏安特性测量图

表 4.5　非线性电阻伏安特性测量表

U_s/V	0	0.2	0.4	0.5	0.55	0.60	0.65	0.70	0.75
I/mA									
U/V									

将图 4.11 中的二极管反接后，再测流过二极管的电流和二极管两端的电压，将测量结果填入表 4.6。

表 4.6　二极管反接后伏安特性测量表

U_s/V	0	−5	−10	−15	−20	−25	−30
I/mA							
U/V							

2）稳压二极管的伏安特性。

将图 4.11 中的 1N4148（二极管型号）换成稳压二极管 2CW390（稳压二极管型号），重复 1）中的内容，自制表格，并将测量数据填入其中。

（3）测量实际电源的外特性

按图 4.12 在面包板上搭建电路，图中虚框内电路模拟一个实际电压源。调节 R_L，测量 R_L 两端的电压和流过 R_L 的电流值，并将测量结果填入表 4.7 中。

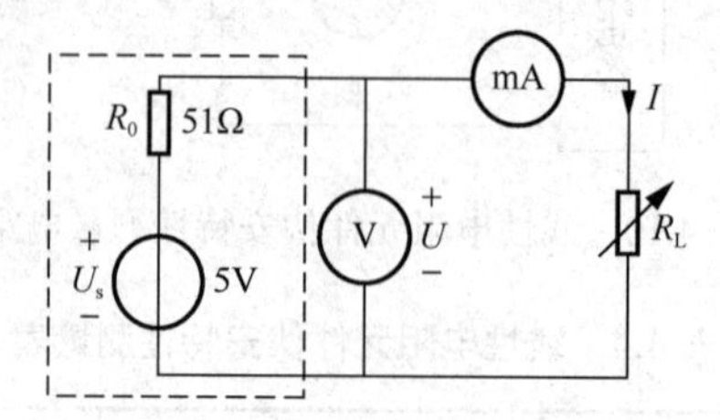

图 4.12　电源外特性测量电路

表 4.7　电源外特性测量数据表

R_L	∞	2kΩ	1.5kΩ	1kΩ	800Ω	500Ω	300Ω	200Ω	100Ω
U/V									
I/mA									

注意：测量时应注意数字万用表的量程，勿使仪表超量程，仪表极性不能接反。电源应避免短路。

6. 实验报告要求

1）整理实验数据，根据所测数据用坐标纸画出伏安特性曲线。

2）总结电阻、普通二极管、稳压二极管、实际电源的伏安特性，得出实验结论。

3）回答实验思考题。

7. 实验思考题

1）若实验中测得电阻元件的伏安特性曲线不是一条通过坐标原点的直线，则其是否满足可加性和齐次性？

2）非线性电阻元件的伏安特性曲线有什么特征？

实验 4.3 基尔霍夫定律的研究

1. 实验预习

1）预习基尔霍夫电压定律和电流定律的基本内容。

2）计算实验内容中的理论值。

2. 实验目的

1）验证基尔霍夫电压定律和电流定律。
2）加深对电路基本定律适用范围的认识。
3）加深对电路参考方向的理解。

3. 实验器材

直流稳压电源、数字万用表、面包板、电阻若干。

4. 实验原理

基尔霍夫定律是电路理论中基本的也是重要的定律之一，无论是线性电路还是非线性电路，无论是非时变电路还是时变电路，各支路的电流和电压都符合该定律。

基尔霍夫电流定律（KCL）可表述为对于集中参数电路中的任一节点，在任意时刻，流出该节点电流的和等于流入该节点电流的和。

基尔霍夫电压定律（KVL）可表述为在集中参数电路中，在任意时刻沿任一回路绕行，回路中所有支路电压的代数和恒为零。

5. 实验内容

1）按实验电路图（图 4.13）在面包板上搭建电路。取电源电压为 12V，R_1=3kΩ，R_2=2kΩ，R_3=1kΩ，R_4=1kΩ。

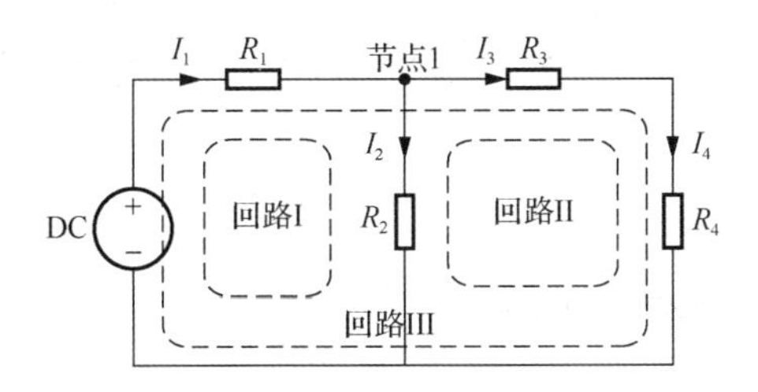

图 4.13　实验电路图

2）测量各支路电压并记录于表 4.8 中，其中，U_1～U_4 分别对应电阻 R_1～R_4 两端的电压（电压电流取关联参考方向）。

表 4.8　基尔霍夫电压定律测量表

项目	U_1	U_2	U_3	U_4
测量值				
理论值				
误差				

3）测量各支路电流并记录于表 4.9 中，其中，I_1～I_4 分别为通过电阻 R_1～R_4 的电流。

表 4.9 基尔霍夫电流定律测量表

项目	I_1	I_2	I_3	I_4
测量值				
理论值				
误差				

注意：测量各支路电压、电流时，应注意参考方向，与参考方向相反应为负值。用数字万用表测量时应注意量程选择，尽量使结果准确。测量电流时应将数字万用表串联在电路中。

6. 实验报告要求

1）根据各支路电压的测量值验证各回路电压是否满足 $\sum U = 0$ 。
2）根据各支路电流的测量值验证对任一节点是否满足 $\sum I = 0$ 。
3）计算各支路电压及电流的理论值，与测量值比较，分析实验结果及误差产生的原因。

7. 实验思考题

将实验电路中任何一个电阻改为二极管器件，基尔霍夫定律是否成立？

叠 加 定 理

1. 实验预习

1）预习叠加定理的内容和应用条件。
2）使用叠加定理的注意事项。
3）用叠加定理计算图 4.14 中各元件两端的电压。

2. 实验目的

1）验证叠加定理，加深对线性电路的特性——叠加性和齐次性的理解。
2）掌握叠加定理的测定方法和适用范围。
3）加深对电流和电压参考方向的理解。

3. 实验器材

直流稳压电源、数字万用表、电阻若干、面包板。

4. 实验原理

叠加定理描述了线性电路的可加性或叠加性，其内容是对于具有唯一解的线性电路，多个激励源共同作用时引起的响应（电路中各处的电流、电压）等于各个激励源单独作用（其他激励源置为零）时所引起的响应之和。

线性电路的齐次性是指单个激励的电路中，当激励信号（某独立源的值）增大或减小 K 倍时，电路中某条支路的响应（电流或电压）也将增大或减小 K 倍。

叠加定理是分析线性电路时非常有用的网络定理，它反映了线性电路的一个重要规律，只适用于线性电路。线性电路是同时满足叠加性和齐次性的网络。

5. 实验内容

1）按图 4.14 在面包板上搭建电路，令电源 $U_1 = 6\text{V}$ 单独作用，U_2 置为零，用数字万用表测量各支路电流及各电阻元件两端的电压，并将测量数据填入表 4.10。

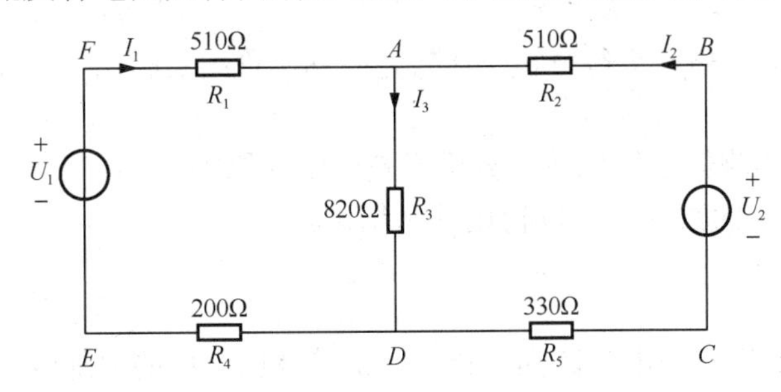

图 4.14　叠加定理实验电路 1

表 4.10　线性电阻电路测量记录表

测量物理量	U_1	U_2	I_1	I_2	I_3	U_{FA}	U_{AB}	U_{AD}	U_{ED}	U_{DC}
$U_1 = 6\text{V}$ 单独作用										
$U_1 = 12\text{V}$ 单独作用										
$U_2 = 6\text{V}$ 单独作用										
$U_1 = 12\text{V}$，$U_2 = 6\text{V}$ 共同作用										

2）令电源 $U_1 = 12\text{V}$ 单独作用，U_2 置为零，重复实验步骤 1）的测量和记录过程，并将测量数据填入表 4.10。

3）$U_2 = 6\text{V}$，U_1 置为零，重复实验步骤 1）的测量和记录过程，并将测量数据填入表 4.10。

4）令 $U_1 = 12\text{V}$，$U_2 = 6\text{V}$ 共同作用，重复实验步骤 1）的测量和记录过程，并将测量数据填入表 4.10。

5）将图 4.14 中 R_5 替换为二极管 1N4148，如图 4.15 所示。重复步骤 1）～4），并将测量数据填入表 4.11。

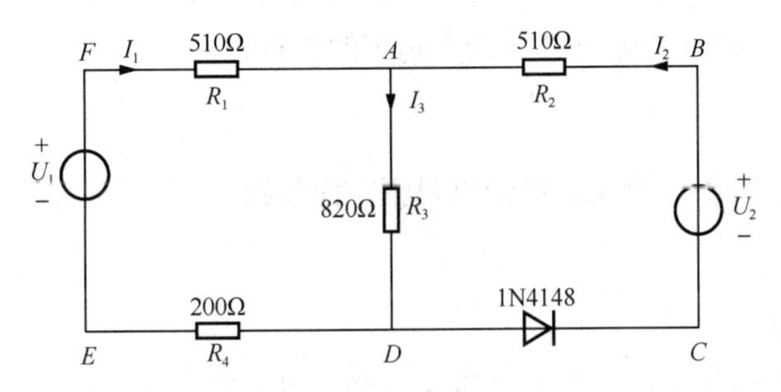

图 4.15　叠加定理实验电路 2

表 4.11　非线性电路测量记录表

测量物理量	U_1	U_2	I_1	I_2	I_3	U_{FA}	U_{AB}	U_{AD}	U_{ED}	U_{DC}
$U_1=6\text{V}$ 单独作用										
$U_1=12\text{V}$ 单独作用										
$U_2=6\text{V}$ 单独作用										
$U_1=12\text{V}$，$U_2=6\text{V}$ 共同作用										

6. 实验报告要求

1）根据实验数据表格，进行分析、比较，归纳、总结实验结论，即验证线性电路的叠加性与齐次性。

2）将理论值和实测值进行比较，分析误差产生的原因。

3）分析表格 4.11 的数据，可以得出什么结论？

7. 实验思考题

1）实验电路中，将一个电阻改为二极管，试问叠加定理的叠加性与齐次性还成立吗？为什么？

2）用电流实测值及电阻标称值计算各电阻上消耗的功率，说明功率能否叠加。

实验 4.5

戴维南定理及最大功率传输条件的研究

1. 实验预习

1）预习戴维南定理的内容及最大功率传输条件。

2）计算实验测量电路图 4.16 的戴维南等效电路。

2. 实验目的

1）验证戴维南定理的正确性，加深对该定理的理解。

2）掌握测量有源二端网络等效参数的一般方法。

3）熟练掌握最大功率传输条件及最大功率的测量方法。

3. 实验器材

直流稳压电源、数字万用表、可变电阻箱、面包板。

4. 实验原理

（1）戴维南定理

戴维南定理可描述如下：任意一个线性一端口 N［图 4.16（a)］，它对外电路的作用等效于一个电压源和电阻的串联组合，如图 4.16（b）所示。该电压源的电压 U_{OC} 等于一端口电路在端口处的开路电压；电阻 R_0 等于一端口电路内所有独立源置为零的条件下，从端口处看进去的等效电阻。

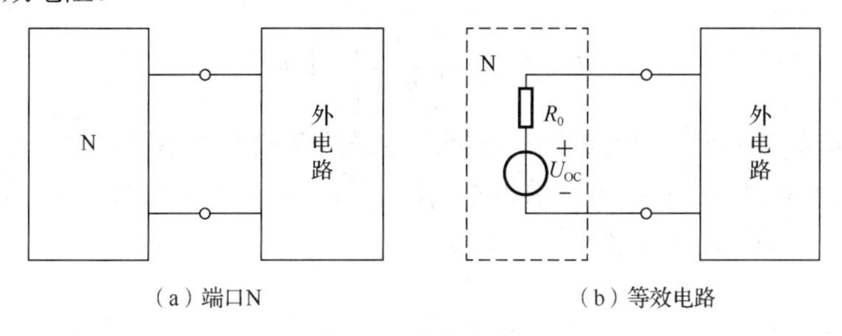

图 4.16　戴维南定理

（2）等效内阻的测量方法

1）直接测量法。将有源二端网络内独立电压源和独立电流源数值置为零，用数字万用表欧姆挡从端口处直接测量则可读出等效内阻，如图 4.17 所示。

2）开路电压、短路电流法。在有源二端网络的输出端开路时，用数字万用表直接测量其输出端的开路电压 U_{OC}，再将其输出端短路，用万用表直接测量短路电流 I_{SC}，如图 4.18 所示，则等效内阻为 $R_0 = U_{OC} / I_{SC}$。

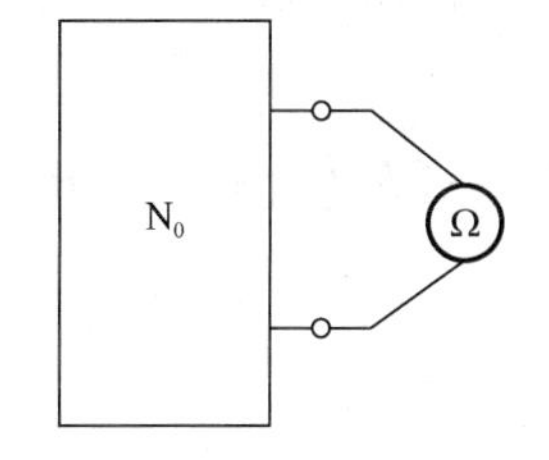

图 4.17　直接测量法电路图

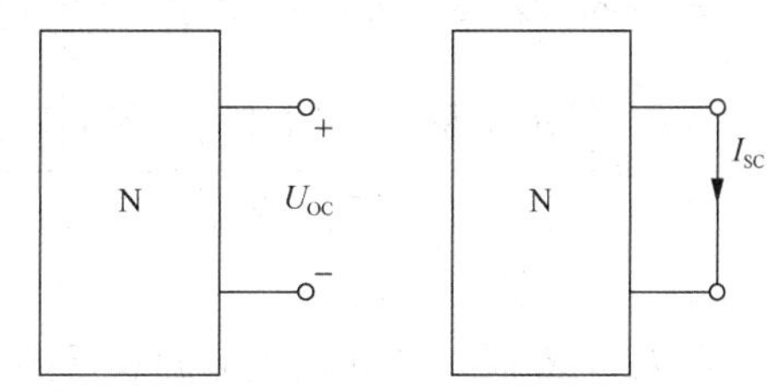

图 4.18　开路短路法电路图

3）外加电源法。将有源二端网络内独立电压源和独立电流源数值置为零，端口处加直流电压源 U，用数字万用表测量电压源流出电流 I，如图 4.19 所示，则等效内阻 $R_0 = U / I$。

4）伏安法（外特性法）。用数字万用表测量出有源二端网络的外特性曲线，如图 4.20 所示。根据外特性曲线求出斜率 $\tan\varphi = \Delta U / \Delta I$，则等效内阻为 $R_0 = \tan\varphi$。

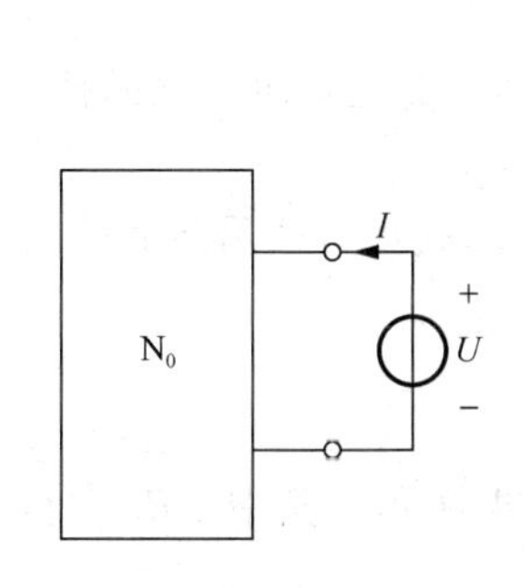

图 4.19　外加电源法电路图

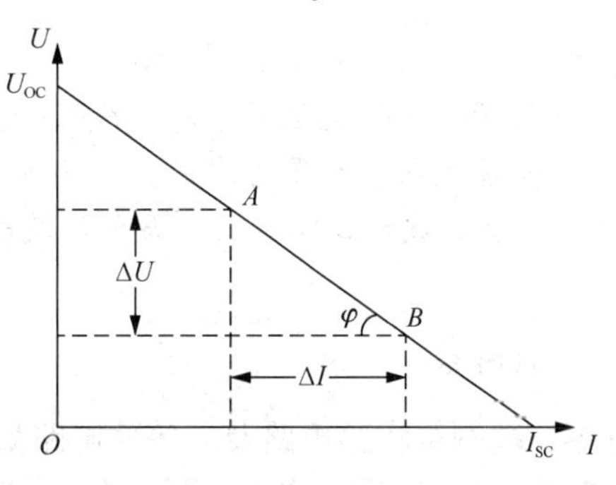

图 4.20　有源二端网络的外特性曲线

5）半电压法。半电压法测量内阻的方法即调节负载阻值 R_L，使负载两端的电压为被测网络开路电压的一半，即 $U_{R_L} = U_{OC} / 2$，则负载电阻（即电阻箱 R_L）等于被测有源二端网络的等效内阻，即 $R_0=R_L$，如图 4.21 所示。

（3）有源线性二端网络传输给负载电阻的功率

如图 4.22 所示，有源线性二端网络传输给负载电阻 R_L 的功率为

$$P=I^2R_L=\left(\frac{U_{OC}}{R_0+R_L}\right)^2R_L$$

当 $R_0=0$ 或 $R_L=\infty$ 时，有源线性二端网络输送给负载的功率均为零。以不同的负载电阻 R_L 的阻值代入上面的公式中可以求得不同的 P 值。功率 P 随着负载 R_L 的阻值变化而变化，由变化曲线可知，功率存在一极大值点。

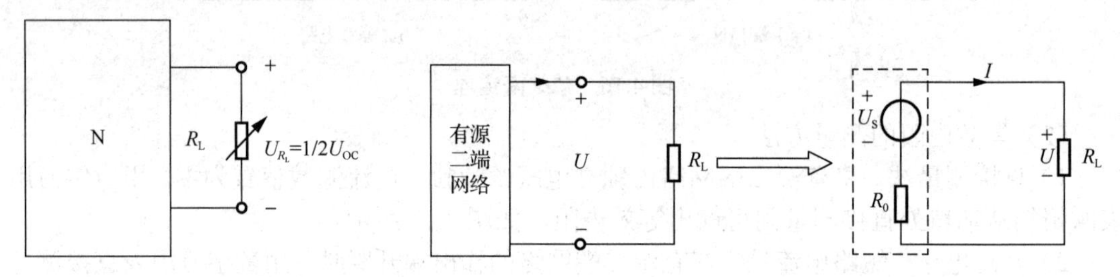

图 4.21　半电压法测量电路图　　　　图 4.22　戴维南定理等效电路

根据数学求最大值的方法，令 $\frac{dP}{dR_L}=0$，即可求得最大功率传输的条件为

$$\frac{dP}{dR_L}=\frac{\left[(R_0+R_L)^2-2R_L(R_0+R_L)\right]U_{OC}^2}{(R_0+R_L)^4}=0,\quad (R_0+R_L)^2-2R_L(R_0+R_L)=0$$

即 $R_0=R_L$。

当满足 $R_0=R_L$ 时，负载从电流源获得的最大功率为

$$P_{max}=\left(\frac{U_{OC}}{R_0+R_L}\right)^2\times R_L=\left(\frac{U_{OC}}{2R_0}\right)^2\times R_0=\frac{U_{OC}^2}{4R_0}$$

结论：负载电阻 R_L 等于有源线性二端网络的等效内阻 R_0 为最大功率匹配条件，将这一条件代入功率表达式中得负载获得的最大功率为 $P_{max}=\frac{U_{OC}^2}{4R_0}$。

注意：

1）最大功率传输定理用于有源线性一端网络给定的电路，负载电阻可调的情况。

2）计算最大功率问题时应用戴维南定理或诺顿定理较方便。

3）对于有源线性二端网络，当负载获取最大功率时，有源线性二端网络的传输效率是 50%。

5. 实验内容

有源二端网络实验电路及其等效电路如图 4.23 和图 4.24 所示。其中，R_L 为负载可调电阻，R_0 为 ab 端的等效电阻，U_{OC} 为 ab 端的开路电压。

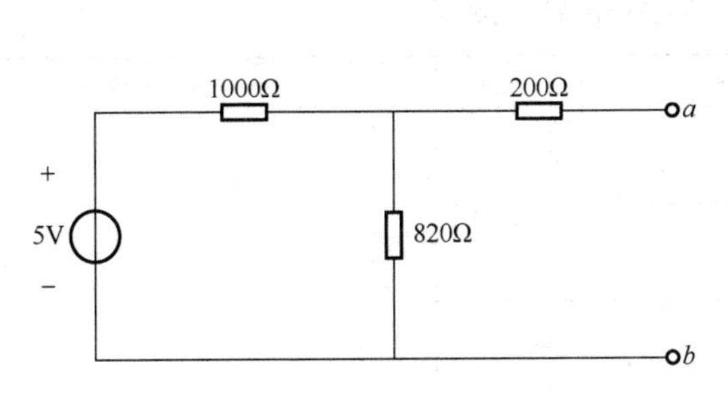

图 4.23　有源二端网络实验电路

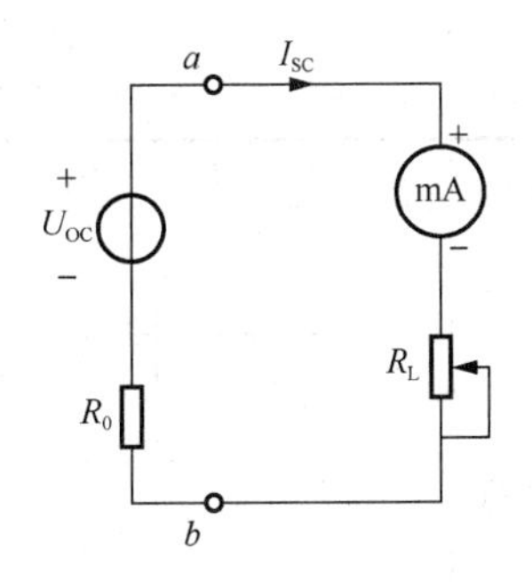

图 4.24　有源二端网络等效电路

1）按图 4.25 在面包板上搭建电路，用数字万用表欧姆挡直接测量等效电阻 R_{01} 的阻值。

2）按图 4.23 在面包板上搭建电路，用数字万用表电压挡测量 ab 端开路电压 U_{OC}；将 ab 短路，用数字万用表电流挡测量电流 I_{SC}，如图 4.26 所示。将测量数据填入表 4.12，并计算 $R_{02}=U_{OC}/I_{SC}$，将数据填入表 4.12。

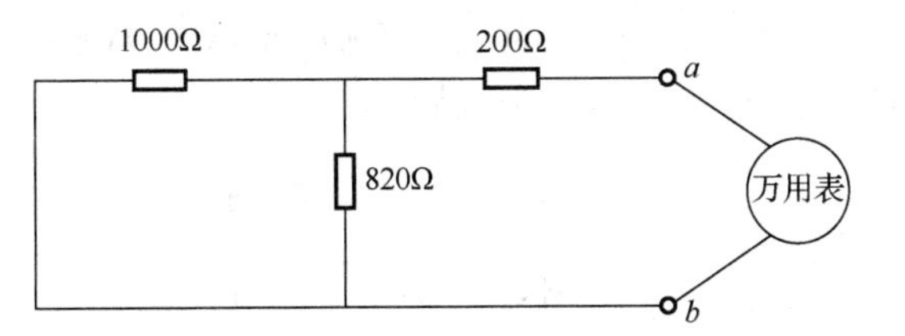

图 4.25　直接测量等效电阻电路图

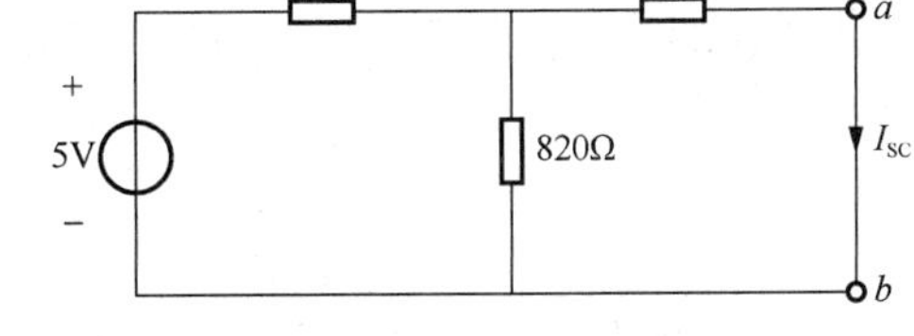

图 4.26　短路电路测量实验电路图

表 4.12　开路短路法测量表

测量物理量	U_{OC} / V	I_{SC} / mA	$R_{02}=\frac{U_{OC}}{I_{SC}}$
结果			

3）如图 4.27 所示，调节电阻箱 R_L 阻值分别为 350Ω、450Ω、550Ω、650Ω、750Ω、850Ω、950Ω，测量出相应的电流和电压填入表 4.13，绘制外特性曲线，并根据其斜率求得内阻 R_{03}。

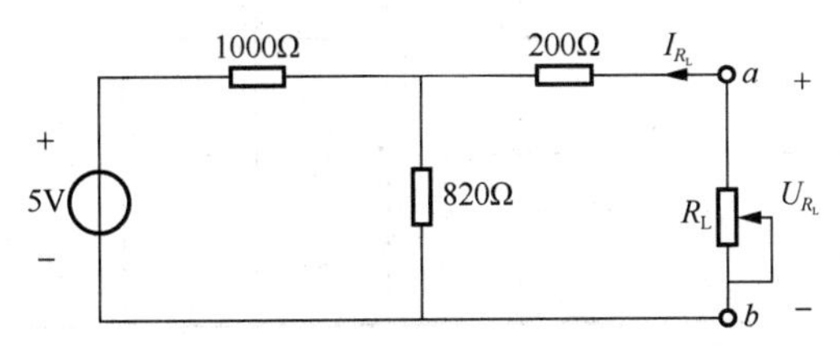

图 4.27　外特性测试实验电路图

表 4.13　有源二端网络外特性测试表

R_L/Ω	350	450	550	650	750	850	950	绘制外特性曲线
负载电压 U_{R_L}/V								U_{R_L}
负载电流 I_{R_L}/mA								O　I_{R_L}
负载获得的功率 P_{R_L} / W								R_{03}=_______Ω

4）如图 4.28 所示，调节电阻箱 R_L 使电压表示数为 $U_{R_L}=U_{OC}/2$，此时 R_L 值即为此电路的等效内阻，R_{04}=________Ω。

有源二端网络的等效内阻 $R_0=(R_{01}+R_{02}+R_{03}+R_{04})/4=$________Ω。

5）根据测量的开路电压 U_{OC} 和等效电阻 R_0，连接实验电路二端网络的戴维南等效电路，如图 4.29 所示。调节 R_L 阻值分别为 350Ω、450Ω、550Ω、650Ω、750Ω、850Ω、950Ω，测量出相应的电压值和电流值，将测量数据填入表 4.14，并绘制外特性曲线。

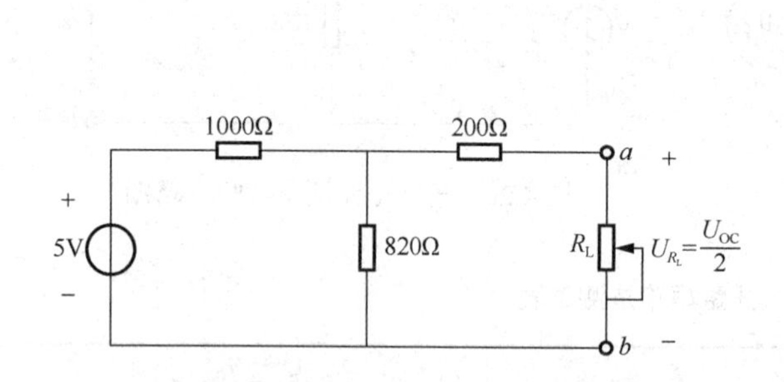

图 4.28　半电压法测试实验电路图

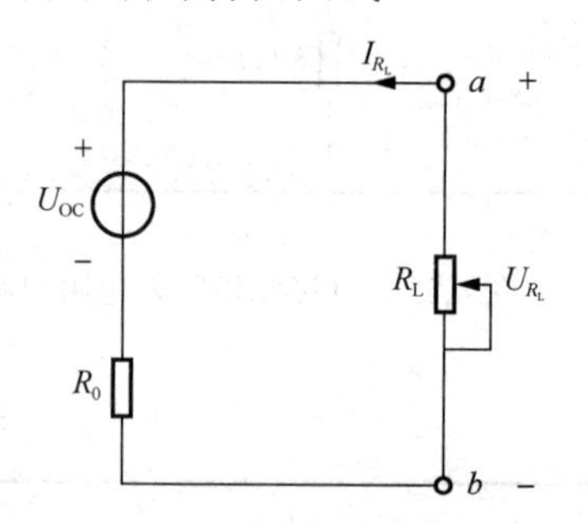

图 4.29　戴维南等效电路外特性测试图

表 4.14　戴维南等效电路外特性测试表

R_L/Ω	350	450	550	650	750	850	950	外特性曲线
负载电压 U_{R_L}/V								U_{R_L}
负载电流 I_{R_L}/mA								O　I_{R_L}
负载获得的功率 P_{R_L}/W								

6）最大功率传输条件，分别计算表 4.14 中对应负载所示值的功率 P_{R_L} 并填入表格。总结得出最大功率传输条件。

6. 实验报告要求

1）在同一坐标纸绘制实验电路和戴维南等效电路的外特性曲线。

2）根据实验数据表格，进行分析、比较，归纳、总结实验结论，即验证戴维南定理。
3）根据实验结果，说明负载获得最大功率的条件。
4）将理论值和实测值进行比较，分析误差产生的原因。

7. 实验思考题

1）如何理解二端网络中独立源为零？实验中怎么操作？
2）电源电压的变化对最大功率传输的条件有无影响?

实验 4.6 受　控　源

1. 实验预习

1）受控源的概念。
2）用运算放大器组成 4 类受控源电路的方法。
3）4 类受控源的代号、电路模型、控制量与被控制量之间的关系。
4）受控源 β、g_{m}、μ 和 r 的意义和测量方法。

2. 实验目的

1）通过实验加深对受控源概念的理解。
2）了解用运算放大器组成 4 类受控源的线路原理。
3）学会测试受控源的转移特性及负载特性。

3. 实验器材

直流稳压电源、数字万用表、电阻箱、电阻若干、面包板。

4. 实验原理

受控源是对某些电路元件物理性能的模拟，反映电路中某条支路的电压或电流受电路中其他支路电压或电流控制的关系。测量受控量与控制量之间的关系，就可以掌握受控源输入量与输出量间的变化规律。受控源具有独立源的特性，其受控量仅随控制量的变化而变化，与外接负载无关。根据控制量与受控量电压或电流的不同，受控源分为 4 类：电压控制电压源（voltage controlled voltage source，VCVS）、电压控制电流源（voltage controlled current source，VCCS）、电流控制电压源（current controlled voltage source，CCVS）、电流控制电流源（current controlled current source，CCCS）。受控源模型如图 4.30 所示。

受控源的受控量与控制量之比称为转移函数。4 类受控源的转移函数分别用 β、g_{m}、μ 和 r 表示。它们的定义如下。

CCCS：$\beta = i_2 / i_1$，称为转移电流比（电流增益）。

VCCS：$g_m = i_2 / u_1$，称为转移电导。

VCVS：$\mu = u_2 / u_1$，称为转移电压比（电压增益）。

CCVS：$r = u_2 / i_1$，称为转移电阻。

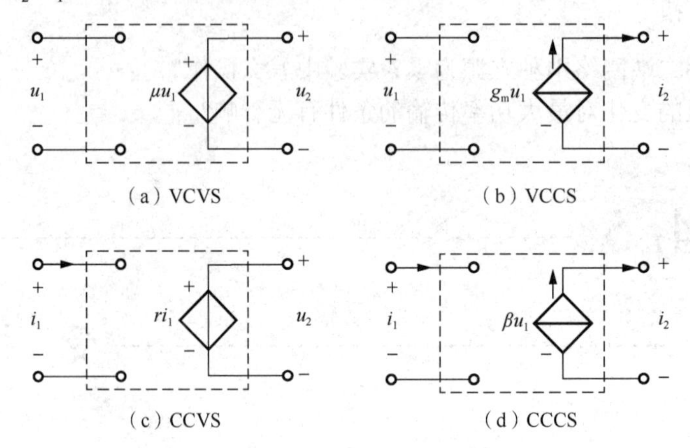

图 4.30 受控源模型

以上介绍的是理想受控源，实验室中采用的是由运算放大器组成的 4 类受控源，具体电路介绍如下。

（1）VCVS

实现 VCVS 的电路如图 4.31 所示。

理想运算放大器有两个特性，特性 1 是虚短，即正向输入电压约等于反向输入电压；特性 2 是虚断，即正向输入电流及反向输入电流约等于零。

根据运算放大器的特性 1，有 $u_+ = u_- = u_1$，则 $i_{R_1} = \dfrac{u_1}{R_1}$，$i_{R_2} = \dfrac{u_2 - u_1}{R_2}$。

由运算放大器的特性 2 可知：$i_{R_1} = i_{R_2}$，代入 i_{R_1} 和 i_{R_2}，得 $u_2 = \left(1 + \dfrac{R_2}{R_1}\right) u_1$。

式中，$1 + R_2 / R_1$ 为电压放大系数 μ。设 $R_1 = R_2$，则 $\mu = 2$。又因输出端与输入端有公共的接地端，故这种接法称为共地连接。

（2）VCCS

实现 VCCS 的电路如图 4.32 所示。

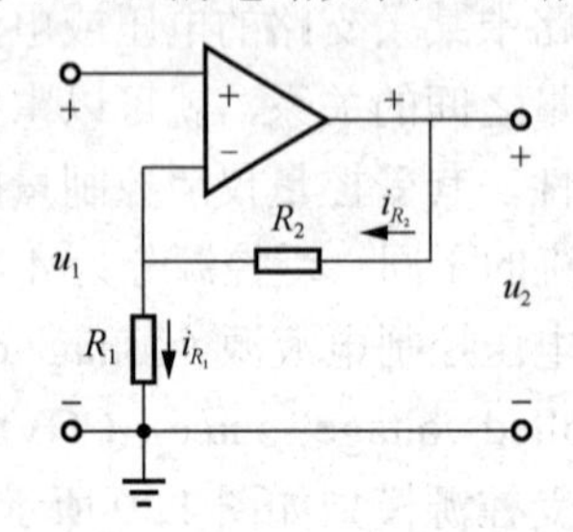

图 4.31 实现 VCVS 的电路

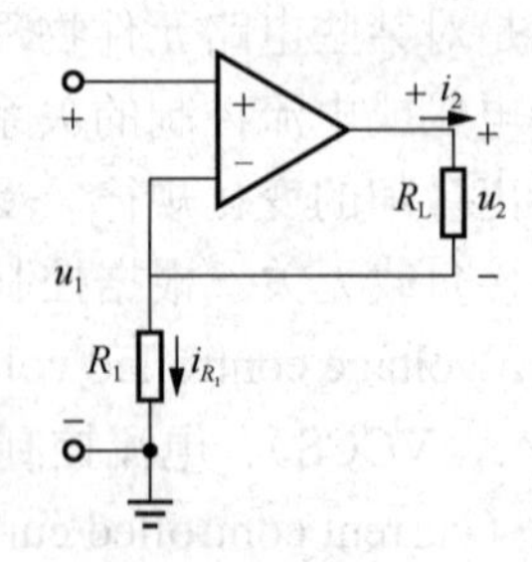

图 4.32 实现 VCCS 的电路

根据运算放大器的特性 1 有 $u_+ = u_- = u_1$，根据特性 2 有 $i_2 = i_{R_1} = u_1 / R_1$，令 $g_m = i_2 / u_1 = 1/R_1$，g_m 为转移电导。输出端电流 i_2 只受输入端电压 u_1 的控制，而与负载电阻 R_L 无关。因输出与输入无公共接地端，故这种电路为浮地连接。

（3）CCVS

实现 CCVS 的电路如图 4.33 所示。

由运算放大器的特性 1 可知：$u_+ = u_- = 0$，$u_2 = -Ri_R$。

由运算放大器的特性 2 可知：$i_R = i_1$，代入上式，得 $u_2 = -Ri_1$，即输出电压 u_2 受输入电流 i_1 控制。其电路模型如图 4.30（c）所示，转移电阻为 $r = u_2 / i_1 = R$，连接方式为共地连接。

（4）CCCS

实现 CCCS 的电路如图 4.34 所示。

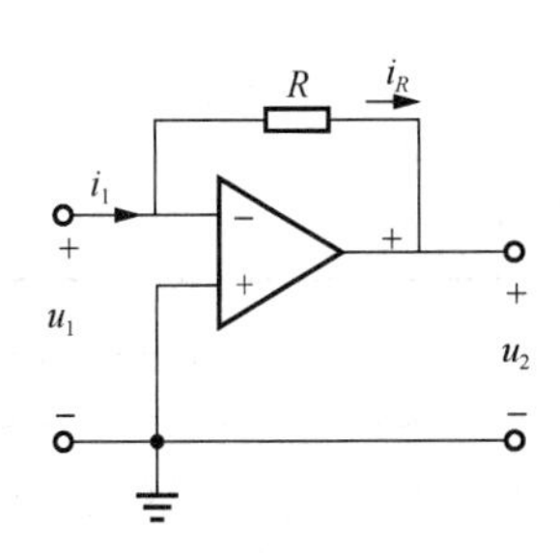

图 4.33　实现 CCVS 的电路

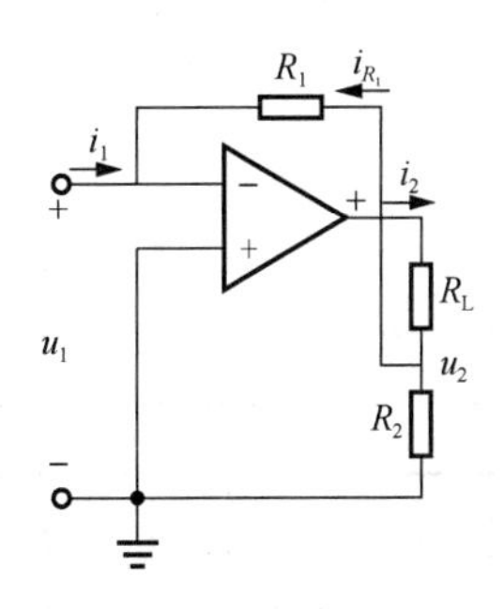

图 4.34　实现 CCCS 的电路

由运算放大器的特性 1 可知：$u_+ = u_- = 0$，$i_{R_1} = [R_2 / (R_2 + R_1)]i_2$。

由运算放大器的特性 2 可知：$i_{R_1} = -i_1$，代入上式，$i_2 = -(1 + R_1 / R_2)i_1$。式中，$-(1 + R_1 / R_2)$ 为电流放大系数，用 β 表示。因输出端与输入端无公共的接地点，故为浮地连接。

5. 实验内容

（1）测量 VCVS 特性

VCVS 实验电路如图 4.35 所示，u_1 由恒压源的可调电压输出端提供，$R_1 = R_2 = 10\text{k}\Omega$，$R_L = 2\text{k}\Omega$（使用电阻箱）。根据图 4.35 在面包板上搭建电路。

1）测量 VCVS 的转移特性 $u_2 = f(u_1)$。调节恒压源输出电压 u_1（以数字万用表读数为准），用数字万用表电压挡测量对应的输出电压 u_2，将测量数据填入表 4.15。

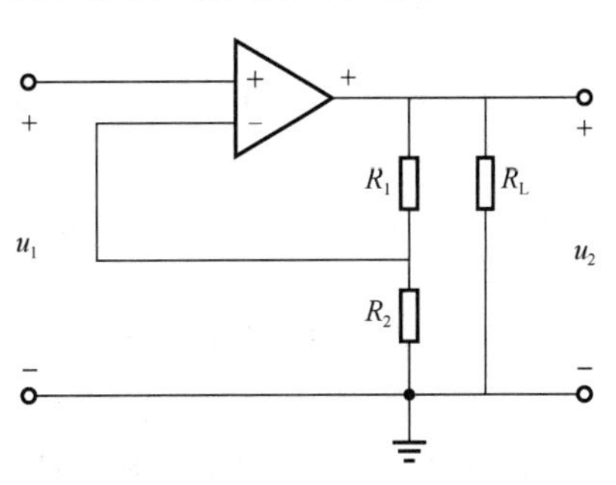

图 4.35　VCVS 实验电路

表 4.15　VCVS 的转移特性数据

u_1/V	0	1	2	3	4	5	6	7	8
u_2/V									

2）测量 VCVS 的负载特性 $u_2 = f(R_L)$。保持 $u_1 = 2\text{V}$，调节负载电阻 R_L 的大小，使其为表 4.16 所示阻值。用数字万用表电压挡测量对应的输出电压 u_2，并将测量数据填入表 4.16。

表 4.16　VCVS 的负载特性数据

R_L /Ω	50	100	200	300	400	500	1000	2000
u_2 / V								

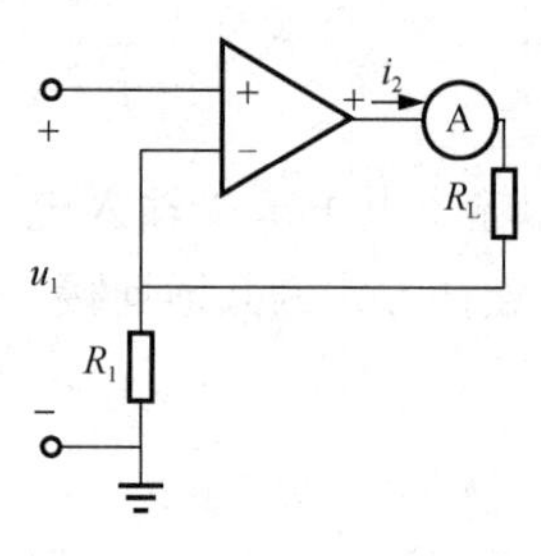

图 4.36　VCCS 实验电路

（2）测量 VCCS 特性

VCCS 实验电路如图 4.36 所示，u_1 由恒压源的可调电压输出端提供，$R_1=10\text{k}\Omega$，$R_L=2\text{k}\Omega$（使用电阻箱）。根据图 4.36 在面包板上搭建电路。

1）测量 VCCS 的转移特性 $i_2=f(u_1)$。调节恒压源输出电压 u_1（以数字万用表读数为准），用数字万用表电流挡测量对应的输出电流 i_2，将测量数据填入表 4.17。

表 4.17　VCCS 的转移特性数据

u_1 /V	0	0.5	1	1.5	2	2.5	3	3.5	4
i_2 /mA									

2）测量 VCCS 的负载特性 $i_2=f(R_L)$。保持 $u_1=2\text{V}$，调节负载电阻 R_L 的大小为表 4.18 所示阻值，用数字万用表电流挡测量对应的输出电流 i_2，并将测量数据填入表 4.18。

表 4.18　VCCS 的负载特性数据

R_L /Ω	50	20	10	5	3	1	0.5	0.2	0.1
i_2 /mA									

（3）测量 CCVS 特性

CCVS 实验电路如图 4.37 所示，i_1 由恒流源提供，$R=10\text{k}\Omega$，$R_L=2\text{k}\Omega$（使用电阻箱）。根据图 4.37 在面包板搭建电路。

1）测量 CCVS 的转移特性 $u_2=f(i_1)$。调节恒流源输出电流 i_1（以数字万用表读数为准），用数字万用表电压挡测量对应的输出电压 u_2，将测量数据填入表 4.19。

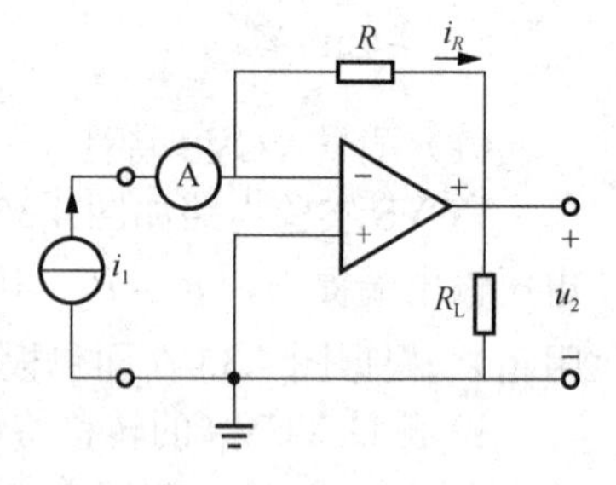

图 4.37　CCVS 实验电路

表 4.19　CCVS 的转移特性数据

i_1 /mA	0	0.05	0.10	0.15	0.20	0.25	0.30	0.40
u_2 /V								

2）测量 CCVS 的负载特性 $u_2=f(R_L)$。保持 $i_1=0.2\text{mA}$，用电阻箱调节负载电阻 R_L 的大小为表 4.20 所示数据，用数字万用表电压挡测量对应的输出电压 u_2，并将测量数据填入表 4.20。

表 4.20　CCVS 的负载特性数据

R_L /Ω	50	100	150	200	500	1000	2000	10000	80000
u_2 /V									

（4）测量 CCCS 特性

CCCS 实验电路如图 4.38 所示，i_1 由恒流源提供，$R_1 = R_2 = 10\text{k}\Omega$，$R_L = 2\text{k}\Omega$（使用电阻箱）。

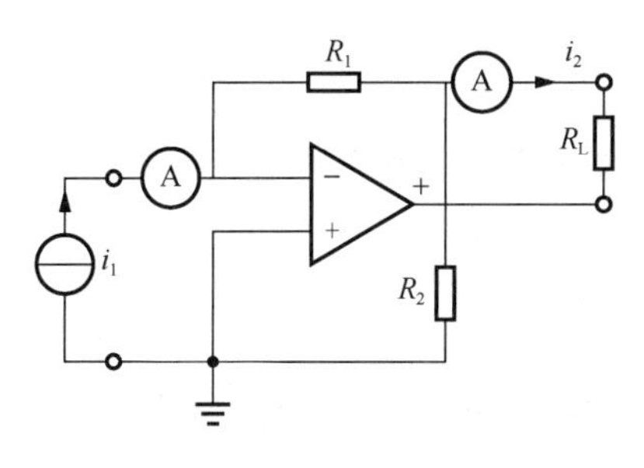

图 4.38　CCCS 实验电路

1）测量 CCCS 的转移特性 $i_2 = f(i_1)$。调节恒流源输出电流 i_1（以数字万用表读数为准），用数字万用表电流挡测量对应的输出电流 i_2，将测量数据填入表 4.21。

表 4.21　CCCS 的转移特性数据

i_1/mA	0	0.05	0.1	0.15	0.2	0.25	0.3	0.4
i_2/mA								

2）测量 CCCS 的负载特性 $i_2 = f(R_L)$。保持 $i_1 = 0.2\text{mA}$，调节负载电阻 R_L 的大小，用数字万用表电流挡测量对应的输出电流 i_2，并将测量数据填入表 4.22。

表 4.22　CCCS 的负载特性数据

R_L /Ω	50	100	150	200	1000	2000	10000	80000
i_2 /mA								

6. 实验报告要求

1）画出各实验电路图，整理实验数据。

2）根据实验数据分别绘出 4 类受控源的转移特性和负载特性曲线，求出相应的转移参数，并分析误差原因。

3）总结受控源的特点，以及实验的体会。

7. 实验思考题

1）受控源和独立源有何异同？为什么？

2）受控源的控制特性是否适用于交流信号？

3）如何用双踪示波器观察浮地受控源的转移特性？

信号源、数字存储示波器的使用

1. 实验预习

1）预习示波器、信号源使用方法的相关内容。
2）计算 RC 电路的电压电流响应。

2. 实验目的

1）了解 DDS（direct digital synthesis，直接数字频率合成）信号源和数字存储示波器的工作原理。
2）学习调节 DDS 信号源产生波形及正确设置参数的方法。
3）学习用数字存储示波器观察测量信号波形的电压参数和时间参数的方法。

3. 实验器材

DDS 信号源、数字存储示波器、电阻、面包板。

4. 实验原理

DDS 信号源、数字存储示波器的工作原理及使用方法请参考单元 2 的 2.3 节和 2.4 节。

5. 实验内容

1）调节 DDS 信号源，使其输出分别为 $f = 1\text{kHz}$，$V_{\text{p-p}} = 2\text{V}$ 的正弦波；$f = 1.5\text{kHz}$，$V_{\text{p-p}} = 3\text{V}$ 的方波；$f = 2.5\text{kHz}$，$V_{\text{p-p}} = 4\text{V}$ 的三角波信号。

2）使用示波器 CH1 通道对示波器本身的自检信号进行自检，画出自检波形，测量频率和幅度填入表 4.23。

表 4.23　自检信号测量表

项目	校准值	实测值	绘制自检波形
频率/kHz			u
幅度/V			O　　t

3）用示波器测量由信号源产生 $V_{\text{p-p}} = 5\text{V}$，频率如表 4.24 所示的正弦波信号，并将测量数据填入表 4.24。

表 4.24　正弦波信号测量表

信号源频率	信号源峰峰值电压/V	示波器测量频率/Hz	示波器测量峰峰值电压/V	绘制 1kHz 波形
100Hz				
1kHz				
10kHz				
100kHz				

4）调节信号源使产生一个 $f=1\text{kHz}$，$V_{\text{p-p}}=3\text{V}$ 的方波，分别用示波器的不同测量法进行测量，并将测量数据填入表 4.25。

表 4.25　方波信号测量表

项目	信号标称值	示波器自动测量值	示波器游标测量值
峰峰值电压/V			
频率 f/kHz			
周期 T/ms			
上升时间/μs			
下降时间/μs			
正频宽/ms			

5）如图 4.39 所示的电路，u_{i} 为 $f=1\text{kHz}$，$V_{\text{p-p}}=5\text{V}$ 的正弦信号，R=200Ω，C=0.47μF，调节示波器扫描速度旋钮使速度适中，便于在水平轴上读取图 4.40 中 ΔT 和 T 的值。此时，示波器上将同时显示两个波形，调整两个通道垂直位移，使两个波形的水平中心轴重合，如图 4.40 所示，则 $\theta=\Delta T/T\times360^\circ$。测量并比较两者之间的相位关系，记录不同频率下的 ΔT 和 T 的值，填入表 4.26，并与理论值进行比较（令 u_{i} 初相为 0°）。

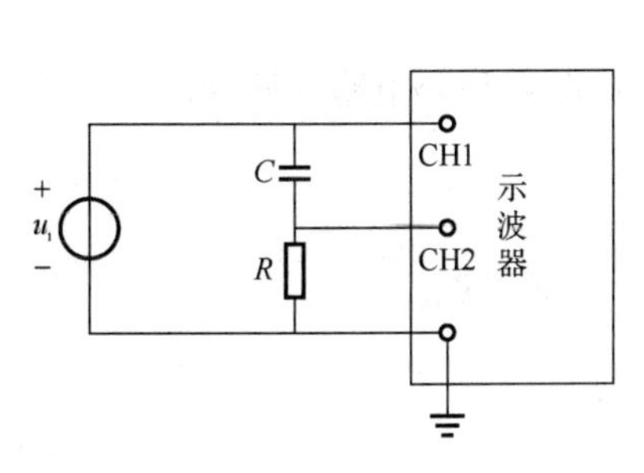

图 4.39　用示波器测量相位差电路图

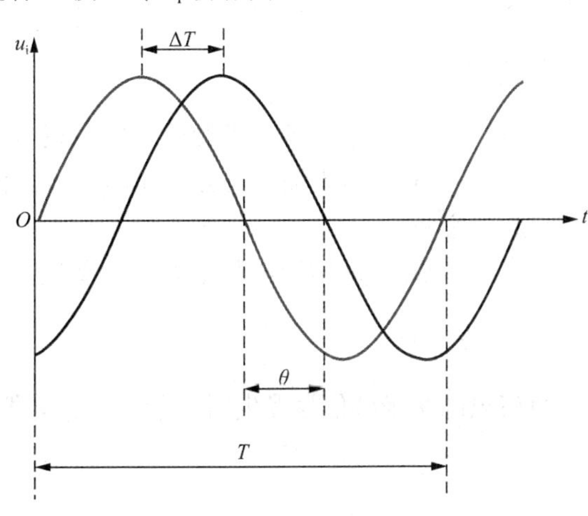

图 4.40　相位差计算示意图

表 4.26　相位测量记录表

频率/Hz	500	1000	2000	3000	4000
ΔT					
T					
θ					

6. 实验报告要求

1）整理实验数据，画出各实验步骤中示波器显示的波形图。

2）按表 4.26 的测试数据，用坐标纸绘制相频特性曲线，找到电路的固有频率。

7. 实验思考题

思考其他用示波器测量相位差的方法。

实验 4.8　*RC* 一阶电路动态特性的研究

1. 实验预习

1）预习电信号可作为 *RC* 一阶电路零输入响应、零状态响应和完全响应的激励信号。

2）已知 *RC* 一阶电路 $R=10\text{k}\Omega$，$C=0.1\mu\text{F}$，试计算时间常数τ。

3）预习积分电路和微分电路概念具备条件，在方波序列脉冲的激励下，它们输出信号波形的变化规律，以及这两种电路的作用。

2. 实验目的

1）进一步学习示波器、函数信号发生器等仪器仪表的使用方法。

2）研究一阶电路零输入响应、零状态响应和完全响应的变化及规律，验证时间常数对过渡过程的影响。

3）学习电路时间常数的测量方法，掌握有关微分电路和积分电路的概念。

3. 实验器材

直流电源、函数信号发生器、示波器、元器件若干，面包板。

4. 实验原理

（1）一阶电路

含有一个独立储能元件，可以用一阶微分方程来描述的电路，称为一阶电路。

（2）一阶电路的零状态响应和零输入响应

当储能元件初始值为零时，由外加激励源作用引起的响应称为零状态响应。例如，图 4.41 所示的 RC 一阶电路图，$t<0$ 时，S 置于 2，$u_C(0_-)=0\text{V}$；$t=0$ 时，S 置于 1，直流电源 u_S 经 R 向 C 充电，该电路即为 RC 电路的零状态响应。列写出微分方程为 $u_C+RC\dfrac{\mathrm{d}u_C}{\mathrm{d}t}=u_S(t\geqslant 0)$，利用初始值 $u_C(0_-)=0\text{V}$ 可求解微分方程的解为 $u_C(t)=u_S\left(1-\mathrm{e}^{-\frac{t}{\tau}}\right)$（$t\geqslant 0$），其中 $\tau=RC$，具有时间的量纲，称为时间常数。其是反映电路过渡过程快慢的物理量，τ 越大，过渡过程的时间越长。反之，τ 越小，过渡过程的时间越短。

电路无激励源时，由储能元件的初始状态引起的响应称为零输入响应。例如，图 4.41 所示的 RC 一阶电路图，当 $t<0$ 时，S 置于 1，$u_C(0_-)=u_S$；当 $t=0$ 时，S 置于 2，电容的电压经 R 放电，该电路即为 RC 电路的零输入响应。列写出微分方程为 $u_C+RC\dfrac{\mathrm{d}u_C}{\mathrm{d}t}=0(t\geqslant 0)$，利用初始值 $u_C(0_-)=u_S$，可得微分方程的解为 $u_C(t)=u_C(0_-)\mathrm{e}^{-\frac{t}{\tau}}$（$t\geqslant 0$）。

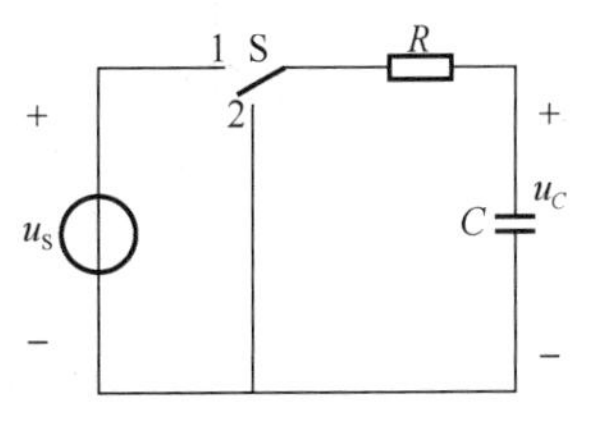

图 4.41　RC 一阶电路图

（3）一阶电路的全响应

如图 4.41 所示的 RC 一阶串联电路，输入为一个阶跃电压 u_S，电容电压的初始值为 $u_C(0_+)=U_0$，则电路的全响应微分方程为

$$\begin{cases} RC\dfrac{\mathrm{d}u_C}{\mathrm{d}t}+u_C=u_S \\ u_C(0_+)=U_0 \end{cases}$$

可以得出电路的全响应为

$$u_C(t)=\underbrace{u_S\left(1-\mathrm{e}^{-\frac{t}{\tau}}\right)}_{\text{零状态响应}}+\underbrace{U_0\mathrm{e}^{-\frac{t}{\tau}}}_{\text{零输入响应}}=[U_0-u_S]\mathrm{e}^{-\frac{t}{\tau}}+u_S(t\geqslant 0)$$

（4）观察零状态和零输入响应的波形

一阶动态网络的过渡过程是十分短暂的单次变化过程。对于时间常数 τ 较大的电路，可用慢扫描长余辉示波器观察光点移动的轨迹。为了用一般双踪示波器观察过渡过程和测量有关的参数，必须使这种单次变化的过程重复出现。此时，可以利用函数信号发生器输出的方波来模拟阶跃激励信号，即令方波输出的上升沿作为零状态响应的正阶跃激励信号，下降沿作为零输入响应的负阶跃激励信号。只要选择方波的重复周期远大于电路的时间常数 τ，电路在此方波序列脉冲信号的激励下，过渡过程和直流电源接通与断开的过渡过程是基本相同的。为了能清晰地观察响应的全过程，应使方波的半周期和时间常数之比为 5∶1。方波是周期信号，可以用示波器观察到清晰稳定的波形，便于定量分析。

时间常数τ的测定电路如图4.42（a）所示。用示波器测得零输入响应的波形如图4.42（b）所示。

根据一阶微分方程的求解得知$u_C = u_C(0_-)\mathrm{e}^{-\frac{t}{\tau}}$，当$t=\tau$时，$u_C(t)=0.368u_C(0_-)$，此时所对应的时间就等于$\tau$。

也可用零状态响应波形增长到$0.632u_C(\infty)$所对应的时间测得，如图4.42（c）所示。在示波器上直接读出稳态值$u_C(\infty)$的格数，算出$0.632u_C(\infty)$的格数，在纵轴上找到该电压值对应的点，通过该点做水平线和响应波形交于一点，再通过该点做垂线和横轴相交，读出时间常数，τ=示波器横向格数×扫描时间（s/div）。

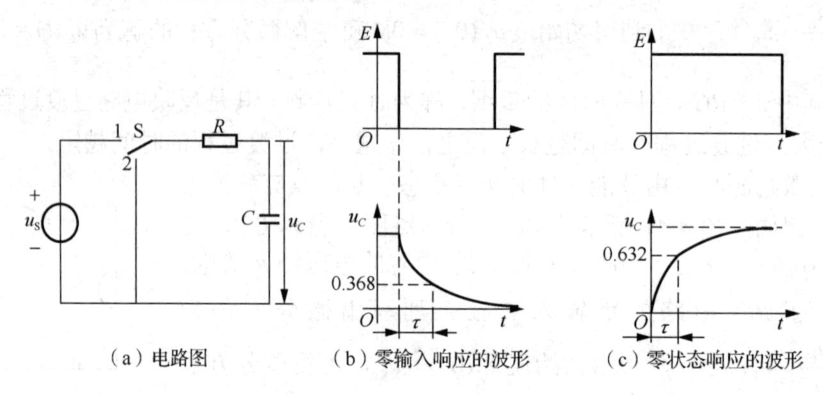

（a）电路图　（b）零输入响应的波形　（c）零状态响应的波形

图4.42　时间常数τ的测定

（5）微分电路和积分电路

微分电路和积分电路是RC一阶电路中较典型的电路，它对电路元件参数和输入信号的周期有着特定的要求。一个简单的RC串联电路，在方波序列脉冲的重复激励下，当满足$\tau = RC < T/2$时（T为方波脉冲的重复周期），且由R两端作为响应输出，如图4.43所示。这就构成了一个微分电路，因为此时电路的输出信号电压与输入信号电压的微分成正比。

若将图4.43中的R与C位置调换一下，即由C端作为响应输出，且当电路参数的选择满足$\tau = RC > T/2$条件时，即构成积分电路，如图4.44所示。因为此时电路的输出信号电压与输入信号电压的积分成正比。

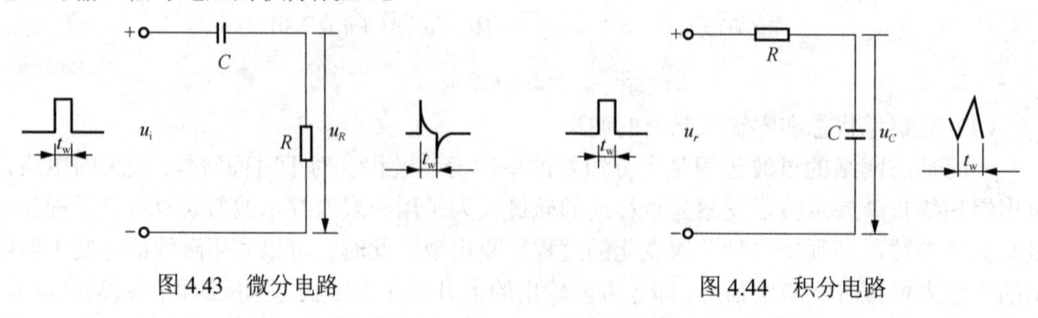

图4.43　微分电路　　图4.44　积分电路

5. 实验内容

1）零输入响应和零状态响应的测试。按照图4.45在面包板上搭建电路，$u_S = 10\text{V}或5\text{V}$，$R = 1\text{k}\Omega$，$C = 470\mu\text{F}$。

开关 S 首先置于位置 2，即 C 的初始储能 $u_C(0_-)=0$，在 t=0 瞬间将 S 投向 1，即可用双踪示波器观察到零状态时的 $u_C(t)$ 波形。描绘出此时的波形，并填入表 4.27。

电路达到稳态以后，开关 S 再由位置 1 转到位置 2，此时电容已有初始储能 $u_C(0_-)=u_S$，当开关 S 合到位置 2 时，电容 C 的初始储能经 R 放电。此时，从示波器上可观察到零输入时的 $u_C(t)$ 波形，描绘出它们的波形，并填入表 4.27。

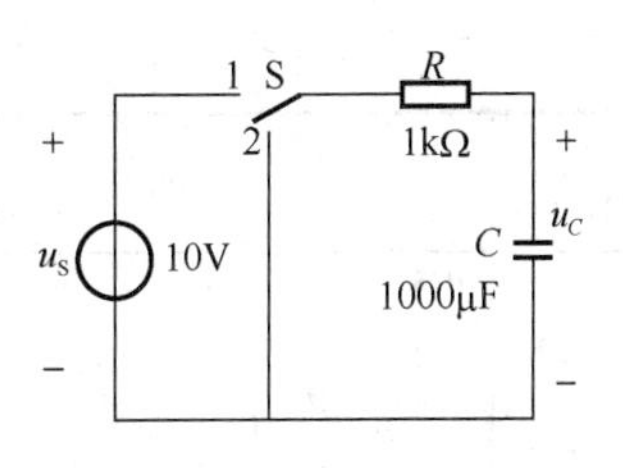

图 4.45　零状态、零输入响应实验电路图

表 4.27　零状态和零输入响应测量表

测量条件	$u_C(t)$ 零状态响应		$u_C(t)$ 零输入响应	
	波形	估算 τ 值	波形	估算 τ 值
$u_S=10V$, $R=1k\Omega$, $C=1000\mu F$	u_C O t		u_C O t	
$u_S=5V$, $R=1k\Omega$, $C=1000\mu F$	u_C O t		u_C O t	

2）RC 电路的方波脉冲响应。按照图 4.46（a）在面包板上搭建电路，$u_S(t)$ 峰峰值为 1V，频率为表 4.28 所示的方波信号。用示波器测量交流信号源在不同频率时的 $u_R(t)$ 波形，填入表 4.28，此时输出信号为积分信号；改变 R 和 C 的位置，如图 4.46（b）所示，观测并记录信号源在不同频率时的 $u_C(t)$ 波形，填入表 4.28，此时输出为微分信号。

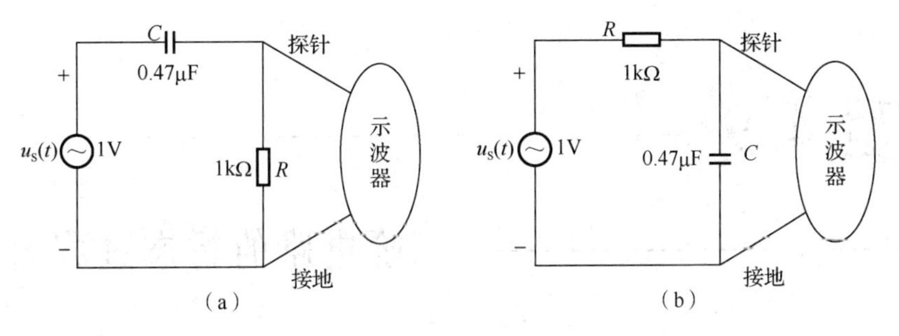

图 4.46　方波脉冲响应实验电路图

表 4.28　方波脉冲响应测量表

信号源 f / Hz	100	200	1000
输出波形 $u_C(t)$	u_C　O　t	u_C　O　t	u_C　O　t
输出波形 $u_R(t)$	u_R　O　t	u_R　O　t	u_R　O　t

注意：

1）调节电子仪器各旋钮时，动作不要过猛。

2）信号源的接地端与示波器的接地端要连在一起（称共地），以防外界干扰影响测量的准确性。

6. 实验报告要求

1）根据测量结果绘制零输入、零状态响应波形，估算时间常数τ，并和理论计算相比较，分析误差情况及原因。

2）记录微分电路、积分电路波形，总结其形成条件，阐明波形的特点。

3）回答实验思考题。

7. 实验思考题

时间常数τ除用计算方法和本实验介绍的使用示波器测量的方法确定外，是否还有其他测量方法？

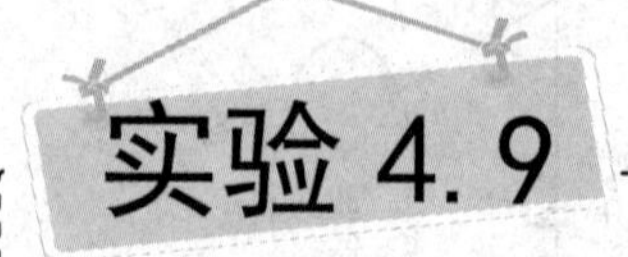

实验 4.9　二阶电路的暂态过程研究

1. 实验预习

1）预习二阶电路的零状态响应和零输入响应，以及它们的变化规律和哪些因素有关。

2）根据二阶电路实验电路元件的参数，计算处于临界阻尼状态的值。

2. 实验目的

1）研究 *RLC* 二阶电路零输入响应、零状态响应的规律和特点，了解电路参数对响应的影响。

2）学习二阶电路衰减系数、振荡频率的测量方法，了解电路参数对它们的影响。

3）观测、分析二阶电路响应的 3 种变化曲线及其特点，加深对二阶电路响应的认识与理解。

3. 实验器材

直流电源、函数信号发生器、示波器、万用表、元器件若干、面包板。

4. 实验原理

（1）零状态响应

在图 4.47 所示串联二阶电路中，$u_C(0)=0$，在 t=0 时开关 S 闭合，电压方程为

$$LC\frac{\mathrm{d}^2u_C}{\mathrm{d}t}+RC\frac{\mathrm{d}u_C}{\mathrm{d}t}+u_C=u$$

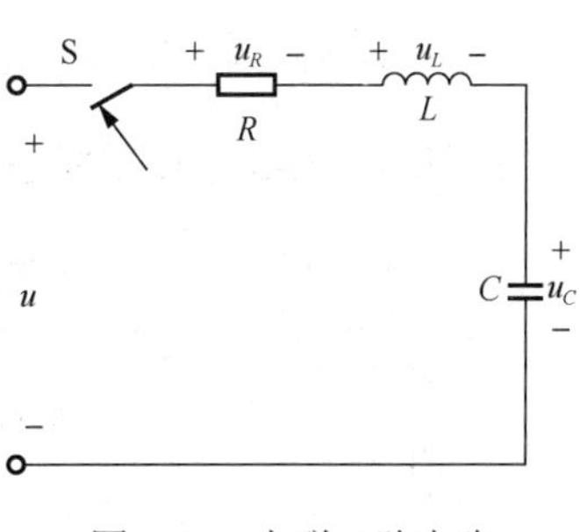

图 4.47　串联二阶电路

该电压方程是一个二阶常系数非齐次微分方程，因此该电路称为二阶电路。电源电压 u 为激励信号，电容两端电压 u_C 为响应信号。根据微分方程理论，u_C 包含两个分量：暂态分量 u_C'' 和稳态分量 u_C'，即 $u_C=u_C''+u_C'$，具体解与电路参数 R、L、C 有关。

当 $R<2\sqrt{\dfrac{L}{C}}$ 时，$u_C(t)=u_C''+u_C'=A\mathrm{e}^{-\delta t}\sin(\omega t+\varphi)+u$，其中，$A$ 为幅度；δ 为衰减系数，$\delta=\dfrac{R}{2L}$，其倒数为衰减时间常数 τ，即 $\tau=\dfrac{1}{\delta}=\dfrac{2L}{R}$；$\omega$为振荡频率，即 $\omega=\sqrt{\dfrac{1}{LC}-\left(\dfrac{R}{2L}\right)^2}$。变化曲线如图 4.48（a）所示，图中 T 为振荡周期，$T=\dfrac{1}{f}=\dfrac{2\pi}{\omega}$，$u_C$ 的变化处在衰减振荡状态，由于电阻 R 比较小，又称欠阻尼状态。

当 $R>2\sqrt{\dfrac{L}{C}}$ 时，u_C 的变化处在过阻尼状态，由于电阻 R 比较大，电路的能量很快被电阻消耗掉，u_C 无法振荡，变化曲线如图 4.48（b）所示。

当 $R=2\sqrt{\dfrac{L}{C}}$ 时，u_C 的变化处在临界阻尼状态，变化曲线如图 4.48（c）所示。

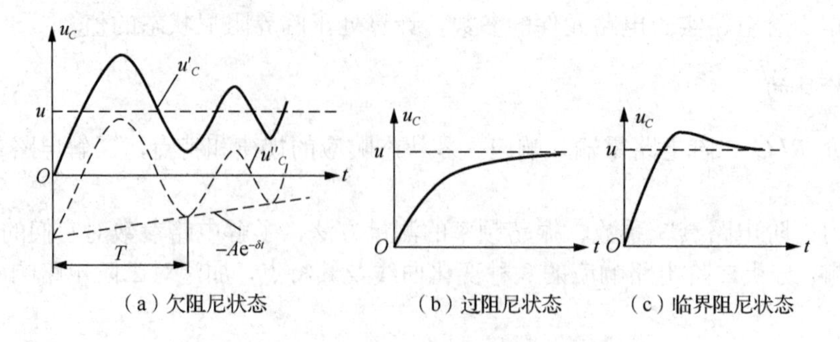

图 4.48　二阶电路零状态响应曲线图

(2) 零输入响应

在图 4.49 电路中，开关 S 置于位置 1，电路处于稳定状态，$u_C(0)=u$，在 t=0 时将开关 S 置于位置 2，输入激励为零，电压方程为

$$LC\frac{\mathrm{d}^2u_C}{\mathrm{d}t}+RC\frac{\mathrm{d}u_C}{\mathrm{d}t}+u_C=0$$

该方程是一个二阶常系数齐次微分方程，根据微分方程理论，u_C 只包含暂态分量 u''_C，稳态分量 u'_C 为零。和零状态响应一样，根据 R 与 $2\sqrt{\dfrac{L}{C}}$ 的大小关系，u_C 的变化规律分为衰减振荡（欠阻尼）、过阻尼和临界阻尼 3 种状态，它们的变化曲线与零状态响应时的暂态分量 u''_C 类似，衰减系数、衰减时间常数、振荡频率与零状态响应时完全一样。

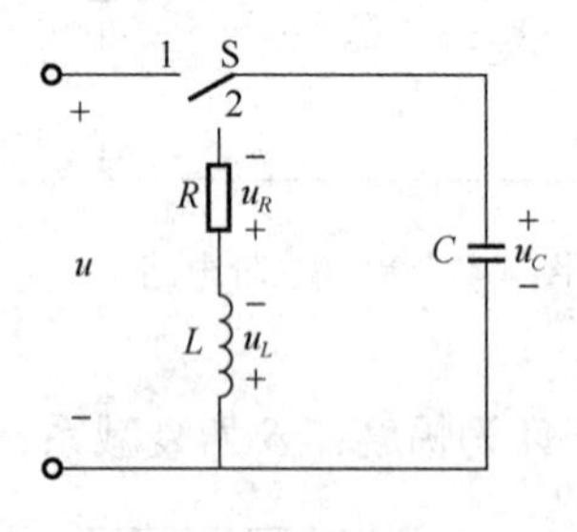

图 4.49　并联二阶电路

本实验对 R、C、L 并联电路进行研究，激励采用方波脉冲，二阶电路在方波正、负阶跃信号的激励下，可获得零状态与零输入响应，响应的规律与 R、C、L 串联电路相同。测量 u_C 衰减振荡的参数，如图 4.48（a）所示，用示波器测出振荡周期 T，便可计算出振荡频率 ω，按照衰减轨迹曲线，测量 0.367A 对应的时间 τ，便可计算出衰减系数 δ。

5. 实验内容

根据图 4.50 在面包板上搭建电路，其中，$R=10\text{k}\Omega$，$C=0.01\mu\text{F}$，$L=15\text{mH}$，R_P 为 $10\text{k}\Omega$ 电位器（可调电阻），信号源输出 $U_\text{m}=2\text{V}$，频率 $f=1\text{kHz}$ 的方波脉冲，通过导线接至实验电路的激励端，同时用示波器探头将激励端和响应输出端接至双踪示波器的 CH1 和 CH2 两个输入口。

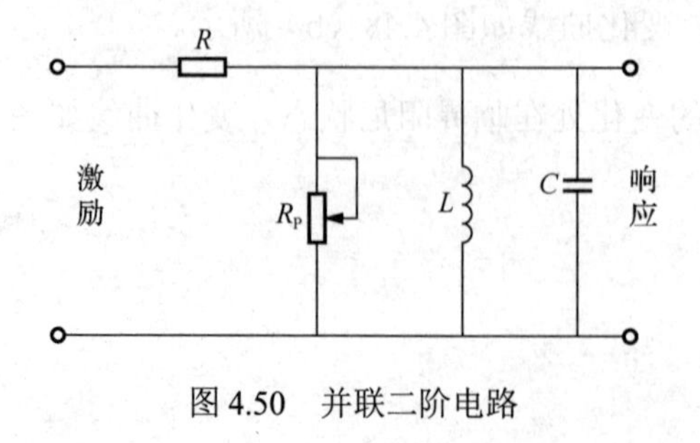

图 4.50　并联二阶电路

1）调节电位器 R_p ，观察二阶电路的零输入响应和零状态响应由过阻尼过渡到临界阻尼，最后过渡到欠阻尼的变化过程，分别定性地描绘响应的典型变化波形。

2）调节 R_p 使示波器荧光屏上呈现稳定的欠阻尼响应波形，定量测量此时电路的衰减常数 δ 和振荡频率 ω ，并填入表 4.29。

3）改变电路参数，按表 4.29 中的数据重复步骤 2）的测量，仔细观察改变电路参数时的变化趋势，并将数据填入表 4.29。

表 4.29　二阶电路暂态过程实验数据

试验次数	元件参数				测量值	
	R / kΩ	R_p	L / mH	C	δ	ω
1	10	调至欠阻尼状态	15	1000pF		
2	10		15	3300pF		
3	10		15	0.1μF		
4	10		15	0.01μF		

6. 实验报告要求

1）根据观察结果，在坐标轴上描绘二阶电路过阻尼、临界阻尼和欠阻尼的响应波形。
2）测算欠阻尼振荡曲线上的衰减系数 δ 、衰减时间常数 τ 、振荡周期 T 和振荡频率 ω 。
3）归纳、总结电路元件参数的改变对响应变化趋势的影响。

7. 实验思考题

在示波器显示屏上如何测得二阶电路零状态响应和零输入响应欠阻尼状态的衰减系数 δ 和振荡频率 ω ？

RC 电路的频率响应及选频网络特性测试

1. 实验预习

1）利用示波器测量相位差及对应的计算方法。
2）幅频特性曲线和相频特性曲线的意义和作用。

2. 实验目的

1）测量 RC 电路的频率特性，并了解其应用意义。
2）学会利用函数信号发生器和示波器测定 RC 电路的幅频特性和相频特性。

3. 实验器材

函数信号发生器、双踪示波器、数字万用表、电阻若干、电容若干、面包板。

4. 实验原理

交流电路中，由于存在电抗元件，对于不同频率的激励信号（输入信号的幅值不变），电路中电流和各部分电压（响应）的大小和相位也会随频率的变化而发生改变。响应与频率的关系称为电路的频率特性或频率响应。

其对应的物理现象：有一些频率分量的信号通过了网络，另一些信号则无法通过。这样的网络可以对激励信号产生滤波作用，并称此网络为滤波器（选频网络）。由 RC 元件组成的一阶选频网络，可形成高通滤波器和低通滤波器。截止频率均为 $f_C = 1/(2\pi RC)$。截止频率 f_C 处的网络输出电压为 $U_2 = U_1/\sqrt{2} \approx 0.707U_1$，相位差 $|\phi_2 - \phi_1| = 45°$。其中，U_2、ϕ_2 为网络输出信号的幅度和相位，U_1、ϕ_1 为网络输入信号的幅度和相位。

由 RC 元件组成的二阶选频网络，通常可形成低通、高通、带通、带阻等滤波器。其中，带通、带阻滤波器的中心频率为 $f_0 = 1/(2\pi RC)$。

5. 实验内容

（1）低通电路测量

按图 4.51 所示在面包板上搭接电路，R=1kΩ，C=0.1μF。改变信号源的频率 f，保持 $U_i = 3V$，分别测量表 4.30 中所列频率对应的 U_o，以及 U_o 与 U_i 相位差 τ，计算出 ϕ。

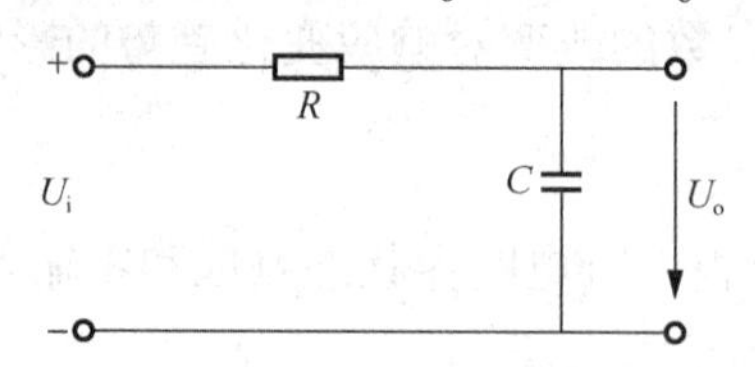

图 4.51　RC 低通滤波电路

表 4.30　低通滤波器频率特性

序号	1	2	3	4	5	6	7	8	9	10	11
f	50Hz	100Hz	200Hz	500Hz	1kHz	1.3kHz	1.6kHz	1.8kHz	2kHz	5kHz	10kHz
U_o /V											
T/ms											
τ /ms											
ϕ /rad											

（2）高通电路测量

按图 4.52 所示在面包板上搭接电路，R=1kΩ，C=0.1μF。改变信号源的频率 f，保持 $U_i = 3V$，分别测量表 4.31 中所列频率对应的 U_o，以及 U_o 与 U_i 相位差 τ，计算出 ϕ。

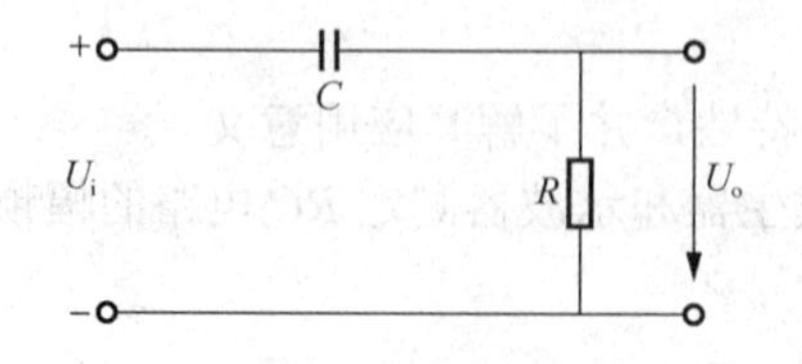

图 4.52　RC 高通滤波电路

表 4.31　高通滤波器频率特性

序号	1	2	3	4	5	6	7	8	9	10	11
f	100Hz	500Hz	1kHz	1.3kHz	1.6kHz	1.8kHz	2kHz	5kHz	10kHz	20kHz	50kHz
U_o /V											
T/ms											
τ /ms											
ϕ /rad											

（3）RC 串并联选频网络测量

按图 4.53 所示在面包板上搭接电路，$R_1 = R_2 = 1\text{k}\Omega$，$C_1$、$C_2 = 0.1\mu\text{F}$。改变信号源的频率 f，保持 $U_i = 3\text{V}$，分别测量表 4.32 中所列频率对应的 U_o。

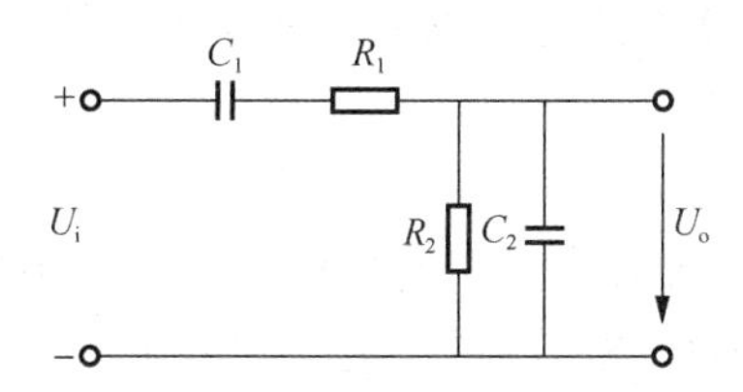

图 4.53　RC 串并联选频网络

表 4.32　RC 串并联选频网络频率特性

序号	1	2	3	4	5	6	7	8	9	10
f	100Hz	300Hz	700Hz	1kHz	1.1kHz	1.2kHz	1.3kHz	1.4kHz	1.5kHz	1.6kHz
U_o /V										
序号	11	12	13	14	15	16	17	18	19	20
f	1.7kHz	1.8kHz	2kHz	2.5kHz	4kHz	6kHz	10kHz	20kHz	50kHz	100kHz
U_o /V										

注意：

1）使用示波器测量时应该注意共地问题，即示波器地、信号源地和电路地应该“三地合一”。

2）由于信号源内阻的影响，每次改变信号源频率时，都要用示波器测量信号源输出信号幅度，并调节其输出幅度为要求值。

6. 实验报告要求

1）根据测量数据，在坐标纸上分别作出低通、高通及 RC 串并联选频电路的幅频特性曲线。要求用对数坐标，求出 f_0，说明电路的作用。

2）根据测量数据，在坐标纸上分别作出低通、高通电路的相频特性曲线。

3）总结分析此次实验。

7. 实验思考题

思考低通、高通电路的作用。

RLC 正弦稳态电路分析及研究

1. 实验预习

1）计算 RLC 串联实验电路中的总电压和各元件的端电压。
2）计算 RLC 并联实验电路中的总电流和流过各元件的分电流。

2. 实验目的

1）研究电阻、电感、电容元件在正弦交流电路中的基本特性。
2）研究电阻、电感、电容串联电路中总电压和分电压之间的关系。
3）研究电阻、电感、电容并联电路中总电流和分电流之间的关系。

3. 实验器材

双踪示波器、函数信号发生器、面包板、电阻若干、电容若干、电感若干。

4. 实验原理

（1）正弦信号的三要素
振幅：决定正弦信号的大小。
频率：决定正弦信号变化的快慢。
初相位：决定正弦信号的起始位置。
（2）电阻、电感、电容元件的相量关系
对于电阻元件来说，在正弦交流电路中的伏安关系和直流电路中并没有区别，其相量关系为

$$\dot{U} = \dot{I} R$$

电阻元件两端的电压幅值和电流幅值符合欧姆定律，电流和电压是同相的。电阻值与频率无关。
电容元件两端的相量关系为

$$\dot{U} = Z_C \dot{I}$$

电容元件两端的电压幅值和电流幅值不仅和电容 C 的大小有关，还和角频率的大小有关。流过电容的电流超前其端电压 90°。
电感元件的相量关系为

$$\dot{U} = Z_L \dot{I}$$

电感元件两端的电压幅值及电流幅值不仅和电感 L 的大小有关，而且和角频率的大小也有关。电感中的电流落后其端电压90°。

（3）RLC 串联电路中总电压和分电压的关系

图 4.54 为 RLC 串联电路，在正弦交流电路中，任一回路各部分电压相量代数和等于零，即 $\dot{U}_S=\dot{U}_R+\dot{U}_L+\dot{U}_C$。在该电路中，不仅要考虑各部分模值，还要考虑相位关系。其相量图如图 4.55 所示。

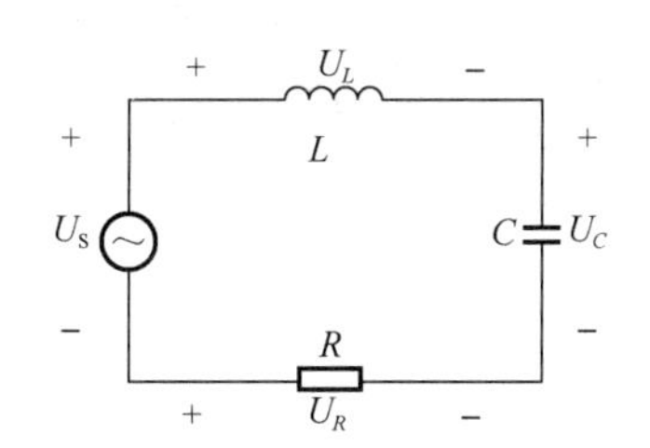

图 4.54　RLC 串联电路

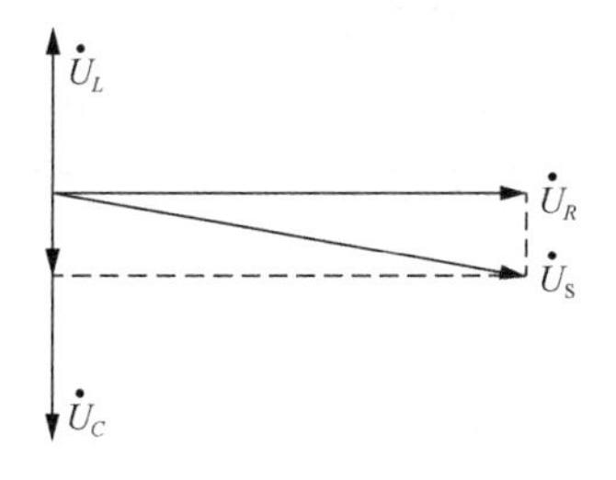

图 4.55　RLC 串联电路相量图

（4）RLC 并联电路中总电流和分电流的关系

图 4.56 所示为 RLC 并联电路，在正弦交流电路中，任一节点各部分电流相量代数和等于零，即 $\dot{I}=\dot{I}_R+\dot{I}_L+\dot{I}_C$。在该电路中不仅要考虑各部分模值，还要考虑相位关系。其相量图如图 4.57 所示。

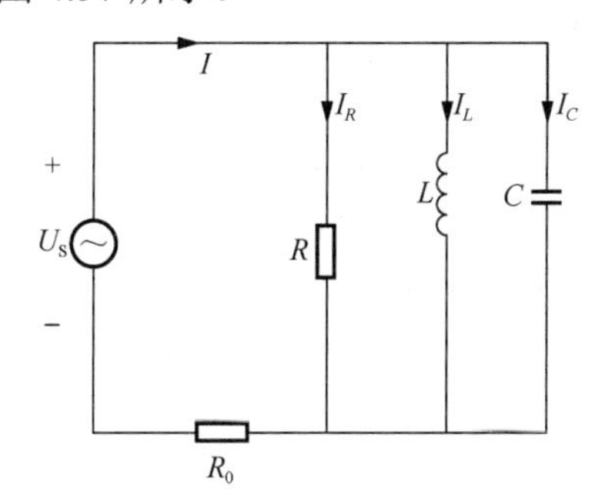

图 4.56　RLC 并联电路

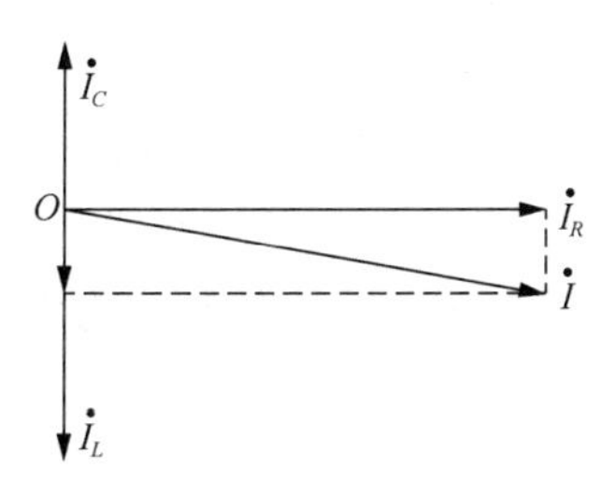

图 4.57　RLC 并联电路相量图

5. 实验内容

（1）RLC 串联电路特性

1）按图 4.58 所示在面包板上搭接电路，将函数信号发生器的输出电压调到 $u_{Sp\text{-}p}=10\text{V}$，频率 $f=10\text{kHz}$，用双踪示波器测量电阻元件的端电压及总电压，将测量结果填入表 4.33，并绘制相量图（假设总电压 u_S 的相位为0°）。

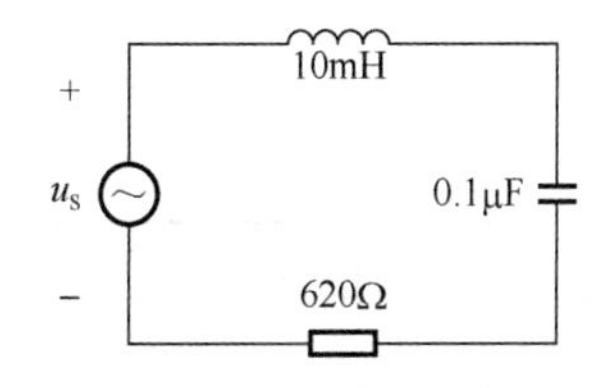

图 4.58　RLC 串联电阻电压测量电路图

表 4.33　u_S 和 u_R 幅度、相位测量表

项目	理论值	测量值	相量图
u_S			
u_R			
ϕ_R			

2）按图 4.59 所示在面包板上搭接电路，将函数信号发生器的输出电压调到 $u_{Sp\text{-}p}=10V$，频率 $f=10kHz$，用双踪示波器测量电容元件的端电压及总电压，将测量结果填入表 4.34，并绘制相量图（假设总电压 u_S 的相位为 0°）。

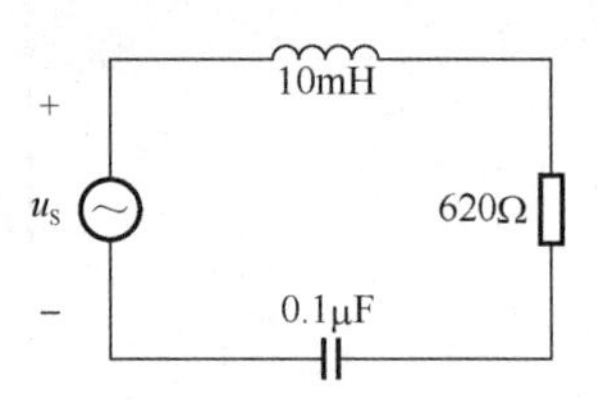

图 4.59　*RLC* 串联电容电压测量电路图

表 4.34　u_S 和 u_C 幅度、相位测量表

项目	理论值	测量值	相量图
u_S			
u_C			
ϕ_C			

3）按图 4.60 所示在面包板上搭接电路，将函数信号发生器的输出电压调到 $u_{Sp\text{-}p}=10V$，频率 $f=10kHz$，用双踪示波器测量电感元件的端电压及总电压，将测量结果填入表 4.35，并绘制相量图（假设总电压 u_S 的相位为 0°）。

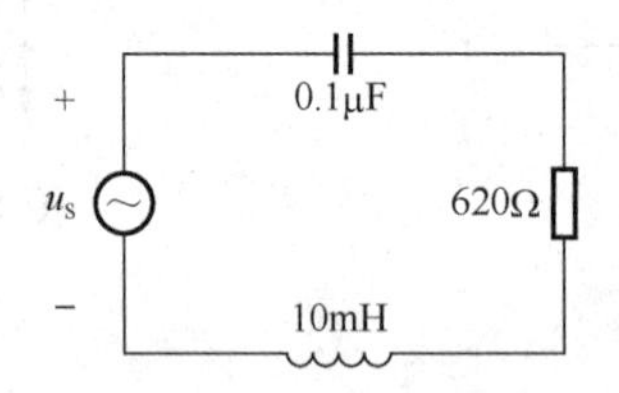

图 4.60　*RLC* 串联电感电压测量电路图

表 4.35　u_S 和 u_L 幅度、相位测量表

项目	理论值	测量值	相量图
u_S			
u_L			
ϕ_L			

4）将函数信号发生器的输出电压调到 $U_{p\text{-}p}=10V$，频率 $f=15kHz$，用双踪示波器测量电阻元件、电容元件、电感元件的端电压及总电压，将结果填入相应表中。

（2）*RLC* 并联电路特性

按图 4.61 所示在面包板搭接电路，将函数信号发生器的输出电压调到$U_{p\text{-}p}=10\text{V}$，频率$f=10\text{kHz}$，用双踪示波器测量各支路的电流及总电流，将测量结果填入自己设计的表格。（假设总电压的相位为0°，且用间接测量法。）

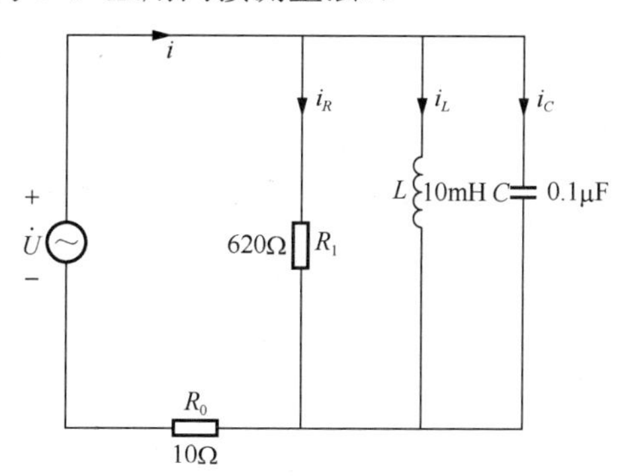

图 4.61　*RLC* 并联实验电路图

6. 实验报告要求

1）画出 *RLC* 串联电路的电压相量关系图和 *RLC* 并联电路的电流相量关系图。
2）根据所测得的结果验证 *RLC* 串联电路和 *RLC* 并联电路的相量关系图是否正确。

7. 实验思考题

电容器的容抗和电感器的感抗与哪些因素有关？

荧光灯及改善功率因数的实验

1. 实验预习

1）参阅电动式电表的资料，明确功率表的工作原理。
2）阅读本节的原理说明，明确荧光灯的启辉原理。

2. 实验目的

1）掌握功率表的原理和使用方法。
2）进一步熟悉三表法测量负载交流参数的原理和方法。
3）掌握荧光灯线路的接线方法及其启辉原理。
4）理解改善电路功率因数的意义并掌握其基本方法。

3. 实验器材

数字万用表、单相功率表、自耦调压器、镇流器、启辉器、40W 荧光灯管、灯座、电容若干。

4. 实验原理

（1）荧光灯的工作原理

荧光灯电路如图 4.62 所示，图中 A 是荧光灯管，L 是镇流器，S 是启辉器。

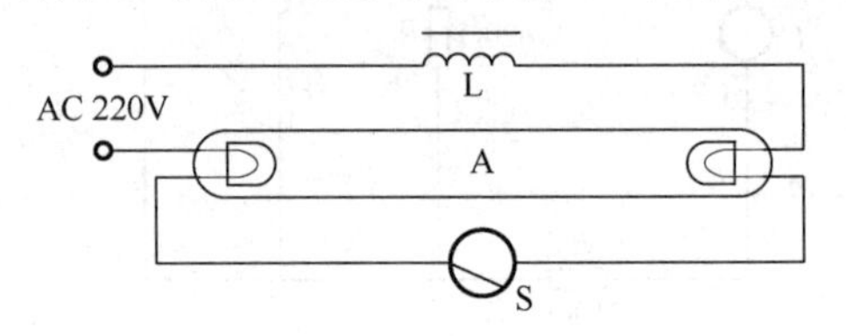

图 4.62 荧关灯电路

荧光灯管是一根直径为 5～38mm 的玻璃管，灯管内壁涂有荧光粉，两端各有一灯丝，灯丝用钨丝制成，用以发射电子，灯管内充有稀薄的汞蒸气，并含有微量的氩。灯管正常工作时，内部气体导通，灯丝发出电子，电子使灯管内壁的荧光粉发出柔和的可见光。

荧光灯管正常工作时，由于两端内部气体导通而使电压为 50～100V，但在正常工作之前，要使灯管内部气体导通，需要灯管两端的电压超过 1000V。

荧光灯电路的工作原理可分为如下 3 个阶段：

1）通电后，荧光灯管两端加有交流 220V 电压，不足以使灯管导通。这时，启辉器两端因有 220V 电压而导通，启辉器的导通使荧光灯两端的灯丝通电，对灯管进行预热。

2）启辉器通电一段时间后（几百毫秒），自动断开，镇流器在启辉器把电路突然断开的瞬间，由于自感现象而产生一个瞬时高压加在灯管两端，满足激发汞蒸气导电需要的高压要求，使荧光灯管电路成为通路开始发光。

3）荧光灯正常发光后，灯管两端电压降到 100V 以下，不再满足启辉器导通的条件，此时，交流电不再经过启辉器，而仅通过镇流器和灯管，镇流器由于利用线圈的自感现象起到降压作用，维持灯管两端电压工作在正常状态。

（2）用电容器改善电路功率因数

图 4.62 所示的荧光灯电路可以等效为一个具有感性的元件 Z_1，可用图 4.63 说明用电容器改善电路功率因数（$\cos\varphi$值）的原理。

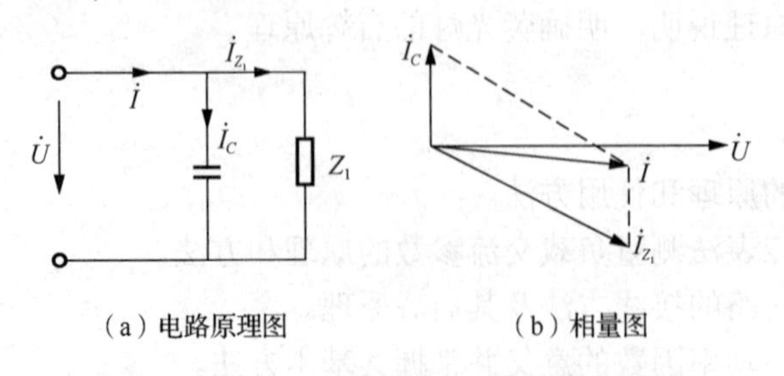

（a）电路原理图　　（b）相量图

图 4.63 用电容器补偿感性元件的功率因数

图 4.63（a）是用补偿电容器改善感性元件 Z_1 功率因数的电路原理图，其中，感性元件 Z_1 支路的电流是 $\dot{I}_{Z_1}$，补偿电容器支路的电流是 $\dot{I}_C$。从图 4.63（b）可以看出，未加补偿电容器时，电路电压 $\dot{U}$ 和电流 $\dot{I}_{Z_1}$ 之间的相位差比较大，加了补偿电容器后，电路电压 $\dot{U}$ 和总电流 $\dot{I}$ 之间的相位差较小。如果补偿电容器选择得好，则电路电压 $\dot{U}$ 和总电流 $\dot{I}$ 之间的相位差可以达到 0，这时总电流 $\dot{I}$ 的值最小。

（3）并联电容理想值的计算

计算图 4.63 并联电容的理想值：

$$Z = X_C // Z_1 = X_C // (R + X_L) = (X_C R + X_C X_L) / (X_C + R + X_L)$$

式中，R 和 X_L、X_C 是荧光灯电路的等效电阻和等效电抗值，$X_L = \mathrm{j}\omega L$，$X_C = \dfrac{1}{\mathrm{j}\omega C}$，由此可得

$$Z = \frac{R + \mathrm{j}(\omega L - \omega R^2 C - \omega^3 L^2 C)}{(1 - \omega^2 LC)^2 + \omega^2 R^2 C^2}$$

该式虚部为零时，电路为纯电阻性质，此时电压和电流同相，电流值最小，解得 $C = \dfrac{L}{\omega^2 L + R^2}$。

5. 实验内容

（1）荧光灯电路的连接与初步测量

按图 4.64 接线。经指导老师检查后接通实验电源，调节自耦调压器的输出，使其输出电压缓慢增大，直到荧光灯启辉点亮为止，记下三表的指示值。计算荧光灯电路的功率因数、阻抗值大小、等效电阻值的大小、等效电抗值的大小，以及等效电感量的值，填入表 4.36。

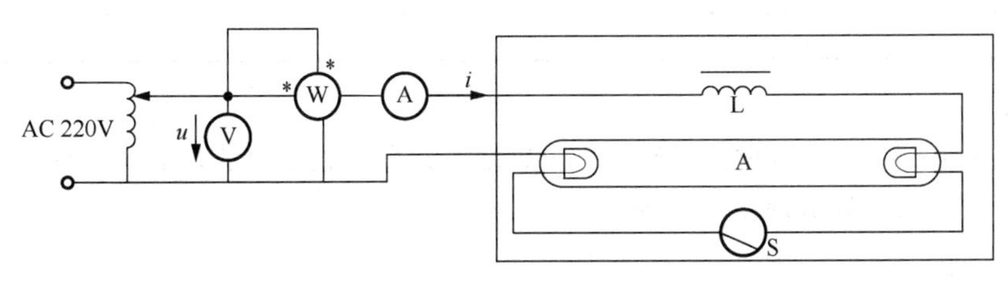

图 4.64　荧光灯实验图

（2）荧光灯正常工作值测量

将电压调至 220V，使荧光灯正常工作，测量此时的功率 P、电流 I、电压 U 的值，按照（1）计算并填写表 4.36。

表 4.36　荧光灯电路的测量

条件	测量值			计算值				
	P/W	I/A	U/V	$\cos\varphi$	Z/Ω	R/Ω	X_L/Ω	L/H
刚启辉时值								
正常工作值								

（3）电路功率因数的测量与改善

在图 4.64 的基础上增加并联电容器，按图 4.65 组成实验电路，用并联电容器改善荧光灯的功率因数。

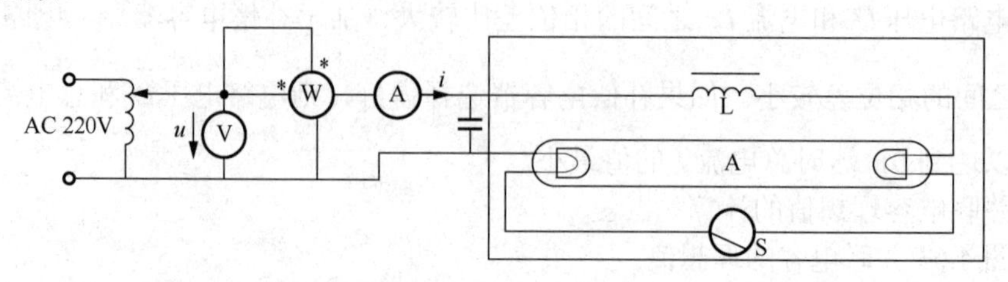

图 4.65　改善荧光灯功率因数的实验图

接通实验电源，将自耦调压器的输出调至 220V，记录功率表、电压表和电流表的读数，计算荧光灯电路的功率因数、阻抗值的大小、等效电阻值的大小和等效电抗值的大小，并填入表 4.37。

（4）改善功率因数的研究

改变并联电容器的电容，进行多次重复测量。比较并找到测量电流相对最小的一个值，必要时将几个电容器并联连接，将各次实验数据记入表 4.37。

表 4.37　荧光灯功率因数的改善

并联电容 /μF	测量值			计算值			
	P / W	I / A	U / V	$\cos\varphi$	Z / Ω	R / Ω	X / Ω

（5）误差分析

根据对图 4.64 的推导和表 4.36 得到的数据，计算并联电容的理想值，然后与（4）得到的结果进行对比，分析误差的原因。

注意：

1）本实验用交流 220V 电压，务必注意用电和人身安全。接线前一定要先断开电源。

2）指导老师在学生实验前要将实验设备准备好，将需要经常更换接线的部分用绝缘性能良好的插头封装好，以保证学生安全、方便地进行实验。

3）电路接线正确，荧光灯不能启辉时，应检查启辉器及其接触情况是否良好。

4）功率表要正确接入电路，如发现指针反偏，可交换电压线圈的两根接线。

6. 实验报告要求

1）根据测量数据完成表格中的记录和计算，进行必要的误差分析。

2）讨论改善电路功率因数的意义和方法。

3）写出装接荧光灯电路的心得体会。

7. 实验思考题

1）在日常生活中，当荧光灯上缺少了启辉器时，人们常用一根导线将启辉器的两端短接一下，然后迅速断开，使荧光灯点亮，解释其原理。

2）为了改善电路的功率因数，常在感性负载上并联电容器，此时增加了一条电流支路，试问电路的总电流是增大还是减小，此时感性元件上的电流和功率是否改变？

3）提高荧光灯电路功率因数为什么只采用并联电容器法，而不用串联电容器法？所并联的电容器的电容是否越大越好？

RLC 串联谐振电路特性研究

1. 实验预习

1）预习谐振曲线及 3dB 带宽有何意义。
2）预习串联谐振电路可作为何种滤波器使用。
3）计算实验电路图中串联谐振频率 f_0。

2. 实验目的

1）观察谐振现象，加深对串联谐振电路特性的理解。
2）学习测定 *RLC* 串联谐振电路频率特性曲线的方法。
3）掌握谐振电路的谐振频率、通频带和品质因数的测定方法，以及对电路参数的影响。

3. 实验器材

函数信号发生器、示波器、变阻箱、电感、电容。

4. 实验原理

（1）*RLC* 串联电路谐振条件

如图 4.66 所示的 *RLC* 串联谐振电路，若输入信号 $u_入$ 的角频率为 ω，则该电路的等效阻抗 Z 为

$$Z = R + \mathrm{j}(\omega L - 1/\omega C)$$

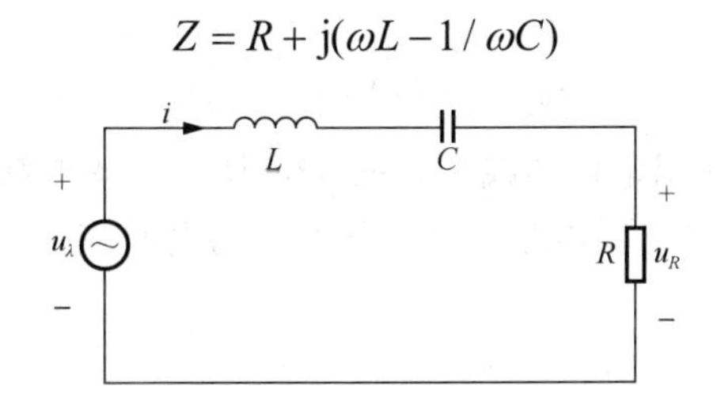

图 4.66　*RLC* 串联谐振电路

可知，当$\omega L-1/\omega C=0$时，该电路的阻抗$|Z|$达到最小值，而此时电路中电流i达到最大值，所以此时电阻上电压$u_R=iR$也达到最大，此时电路达到谐振状态，即*RLC*串联电路谐振条件为

$$\omega L-1/\omega C=0 \text{ 或 } f_0=\frac{1}{2\pi\sqrt{LC}}$$

可知，谐振频率f_0仅与元件*L*、*C*的数值有关，而与电阻*R*和激励源u_λ的角频率无关。f_0反映了*RLC*串联电路的一个固有性质。对于每一个*RLC*串联电路，总有一个对应的谐振频率f_0。

定义谐振时的感抗ωL或容抗$1/\omega C$为特性阻抗ρ。特性阻抗ρ与电阻*R*的比值为品质因数*Q*，即

$$Q=\rho/R=\omega_0 L/R=\sqrt{L/C}/R$$

（2）*RLC*串联电路谐振特性

1）谐振时，电路的阻抗$Z=R$最小，并且整个电路相当于一个纯电阻回路，激励源的电压与回路电流同相。

2）由于感抗ωL和容抗$1/\omega C$相等，电感上的电压u_L和电容上的电压u_C数值相等，相位相差180°。由于谐振时$Z=R$，可知

$$Q=\frac{\omega_0 L}{R}=\frac{u_L}{u_R}=\frac{u_C}{u_R}=\frac{u_L}{u_\lambda}=\frac{u_C}{u_\lambda}$$

3）当激励源电压u_λ幅度一定时，电路中的电流达到最大值，该值的大小仅与电阻的阻值有关，与电感和电容的值无关。

（3）串联谐振电路频率特性

回路响应电流与激励源角频率的关系称为电流的幅频特性（表明其关系的曲线称为串联谐振曲线），其表达式为

$$I(\omega)=\frac{u_\lambda}{\sqrt{R^2+(\omega L-1/\omega C)^2}}=\frac{u_\lambda}{R\sqrt{1+Q^2(\eta-1/\eta)^2}}=\frac{I_0}{\sqrt{1+Q^2(\eta-1/\eta)^2}}$$

式中，$I_0=\frac{u_\lambda}{R}$，$\eta=\frac{\omega}{\omega_0}$。

在电路*L*、*C*和信号源电压u_λ不变的情况下，不同的*R*值得到不同的*Q*值。对应不同*Q*值的电流幅频特性曲线如图4.67所示。为了研究电路参数对谐振特性的影响，通常采用通用谐振曲线。上式两边同除以I_0，做归一化处理，得到通用频率特性：

$$\frac{I}{I_0}=\frac{1}{\sqrt{1+Q^2(\eta-1/\eta)^2}}$$

与此对应的曲线称为通用谐振曲线，如图4.68所示。该曲线的形状只与*Q*值有关，*Q*值相同的任何*R*、*L*、*C*串联谐振电路只有一条曲线与之对应。

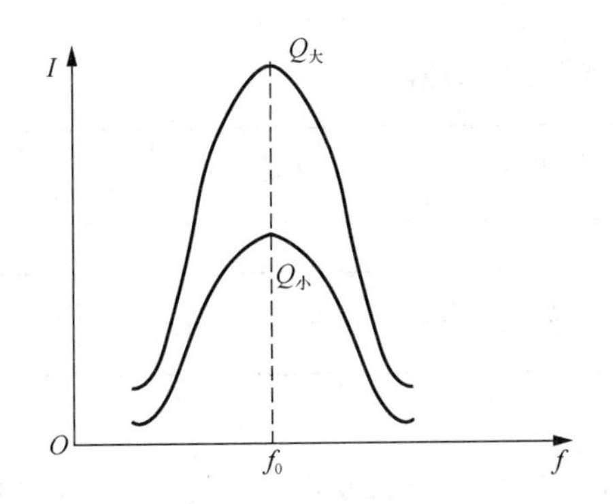

图 4.67 对应不同 Q 值的电流幅频特性曲线

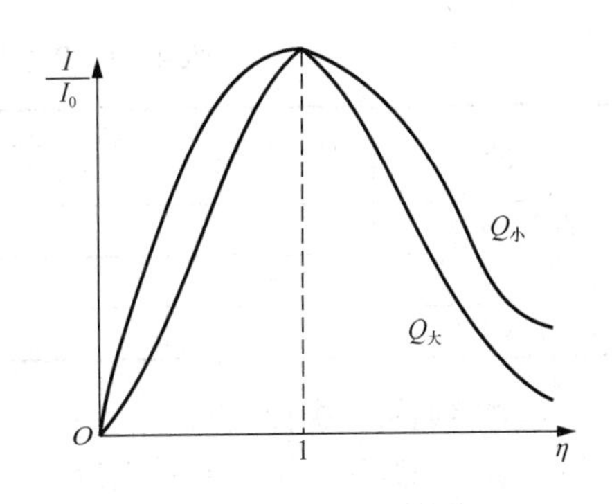

图 4.68 通用谐振曲线

通用谐振曲线的形状越尖锐，表明电路的选频性能越好。定义通用谐振曲线幅值达到峰值的 0.707 倍时对应的频率为截止频率 f_c。幅值大于峰值的 0.707 倍所对应的频率范围称为通频带，用 Δf 表示。理论推导可得

$$\Delta f = f_{c2} - f_{c1} = f_0 / Q$$

由上式可知，通带宽与品质因数成反比。

5. 实验内容

（1）观察串联谐振现象

按图 4.69 连接电路，使信号源产生信号峰峰值为 $u_{Sp\text{-}p} = 5V$，将变阻箱调节为 10Ω，连入电路中。调节信号源输出频率 f 由低到高，观察电阻两端电压变化（即示波器 CH2 测量电压）。

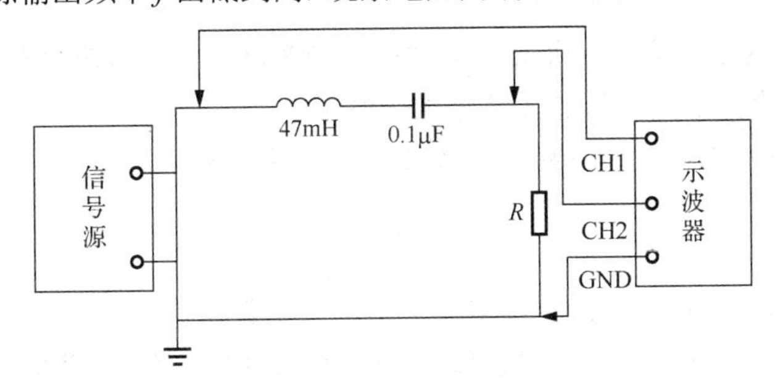

图 4.69 串联谐振电路实验电路图

电压变化规律为随着 f 的升高，电阻两端电压逐渐变大，在 $f = f_0$ 左右时达到最大，此时电路发生谐振。当 f 继续升高，电阻两端电压逐渐下降。若在上述过程中，电阻两端电压无明显变化，则说明电路出现故障（或电路参数有误），应查找原因，排除故障。

（2）测量串联谐振的谐振频率 f_0、品质因数 Q 和通频带 Δf

调节信号源频率使电阻两端电压保持在最大值，用示波器观测端口电压、电流相位差，示波器接法如图 4.69 所示。微调信号源输出频率，使其相位差为零。此时的频率值，即为谐振频率 f_0。

保持电路处于谐振状态，测量该谐振点时的 u_R、u_L、u_C 值，根据 u_R 值计算出电路谐振时的电流 I_0，填入表 4.38 的相应栏中；调节信号源频率分别为截止频率点 f_{c1}、f_{c2} 处，测试这两点的 I、u_L、u_C 有效值，以及电压、电流波形，填入表 4.38 的相应栏内。

表 4.38　串联谐振电压、电流测量数据

测试点	频率 f / Hz	端口电流/mA $I=u_R/R$	电感电压 u_L /V	电容电压 u_C /V	端口电压、电流波形
谐振点（f_0）					
截止频率点（f_{c1}）					
截止频率点（f_{c2}）					

（3）测定通用谐振曲线

调节信号源频率，测量回路电流。测量点以 f_0 为中心，左右取点。在通频带内，测量点多取几点。测量结果填入表 4.39。

表 4.39　通用谐振曲线测量数据

频率 f/Hz								f_0							
回路电流 I/mA															
f/f_0								1							
I/I_0								1							

改变电阻值使 R=100Ω 或改变电容值使 C=0.01μF，重复上述测量过程。

注意：

1）使用示波器测量时应该注意共地问题，即示波器地、信号源地和电路地应该“三地合一”。

2）由于信号源内阻的影响，每次改变信号源频率时，都要用示波器测量信号源输出信号幅度，并调节其输出幅度，保持其峰峰值始终不变。

3）在测量谐振曲线时，谐振频率附近应加大测量密度。

6. 实验报告要求

1）完成理论知识的复习，计算预习要求中的各个数据。

2）整理实验数据，用坐标纸绘制 RLC 串联谐振曲线，求出品质因数 Q 和通频带 Δf，与理论值比较，进行误差分析，给出实验结论。

7. 实验思考题

1）实验中，当 RLC 串联电路发生谐振时，$u_R=u_S$，$u_L=u_C$ 这两个关系式是否成立？若不成立，原因是什么？

2）实验中，当电路谐振时，电容两端的电压 u_C 是否能够超过信号源电压 u_S？为什么？有什么作用？

3）除了实验中的谐振判断方法，还有什么方法可以判断电路是否处于谐振状态？

实验 4.14 二端口网络参数的测试

1. 实验预习

1）预习电路理论中的二端口网络的内容，写出网络参数的定义。
2）预习实验中用到的实验仪器仪表的使用方法。
3）预习二端口网络的参数的测试方法。

2. 实验目的

1）学会测试无源二端口网络 A 参数的方法。
2）研究二端口网络参数的特性。

3. 实验器材

直流稳压电源、数字万用表、电阻若干。

4. 实验原理

（1）二端口网络

对于线性无源二端口网络，可以用网络参数来表征它的特性，这些参数只取决于二端口内部的元件和结构，而与输入无关。网络参数确定后，两个端口处的电压、电流关系就唯一确定了。二端口网络如图 4.70 所示。

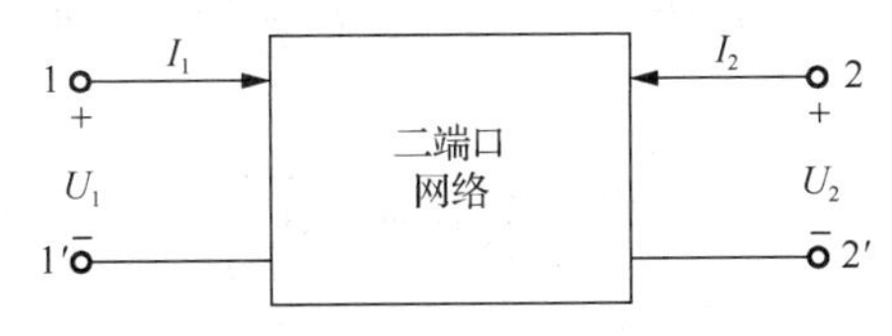

图 4.70　二端口网络

（2）二端口网络的方程和参数

若按正弦稳态进行分析，无源线性二端口网络的特征方程共有 6 个，常用的有以下 4 个：

1）Z 参数（开路阻抗参数）：

$$\begin{bmatrix}\dot{U}_1\\ \dot{U}_2\end{bmatrix}=Z\begin{bmatrix}\dot{I}_1\\ \dot{I}_2\end{bmatrix},\quad Z=\begin{bmatrix}Z_{11} & Z_{12}\\ Z_{21} & Z_{22}\end{bmatrix}$$

对于互易网络有 $Z_{12}=Z_{21}$。

2）Y 参数（短路导纳参数）：

$$\begin{bmatrix} \dot{I}_1 \\ \dot{I}_2 \end{bmatrix} = Y \begin{bmatrix} \dot{U}_1 \\ \dot{U}_2 \end{bmatrix}, \quad Y = \begin{bmatrix} Y_{11} & Y_{12} \\ Y_{21} & Y_{22} \end{bmatrix}$$

对于互易网络有 $Y_{12} = Y_{21}$。

3）H 参数（混合参数）：

$$\begin{bmatrix} \dot{U}_1 \\ \dot{I}_2 \end{bmatrix} = H \begin{bmatrix} \dot{I}_1 \\ \dot{U}_2 \end{bmatrix}, \quad H = \begin{bmatrix} H_{11} & H_{12} \\ H_{21} & H_{22} \end{bmatrix}$$

对于互易网络有 $H_{12} = H_{21}$。

4）A 参数（传输参数）：

$$\begin{bmatrix} \dot{U}_1 \\ \dot{I}_1 \end{bmatrix} = A \begin{bmatrix} \dot{U}_2 \\ -\dot{I}_2 \end{bmatrix}, \quad A = \begin{bmatrix} A_{11} & A_{12} \\ A_{21} & A_{22} \end{bmatrix}$$

对于互易网络有 $A_{11}A_{22} - A_{12}A_{21} = 1$。

这 4 种网络参数存在内在联系，知道了一套参数即可求出另外一套参数。

（3）二端口网络 A 参数的测试方法

由于在工程上通常采用实验的方法测定 A 参数，然后求得其他参数。因此下面仅介绍 A 参数的测量方法。

测试时，令端口 $2\text{-}2'$ 开路或短路，在 $1\text{-}1'$ 端口加直流或交流电压，用仪表测得 $1\text{-}1'$ 端口的电压和电流，便可以计算出端口 $2\text{-}2'$ 开路和短路时的入端阻抗 Z_{1O} 和 Z_{1S}。再令端口 $1\text{-}1'$ 开路或短路，在 $2\text{-}2'$ 端口加直流或交流电压，用仪表测得 $2\text{-}2'$ 端口的电压和电流，便可以计算出端口 $1\text{-}1'$ 开路和短路时的入端阻抗 Z_{2O} 和 Z_{2S}。

开路时：

$$Z_{1O} = \left.\frac{\dot{U}_1}{\dot{I}_1}\right|_{\dot{I}_2=0} = \left.\frac{A_{11}\dot{U}_2 - A_{12}\dot{I}_2}{A_{21}\dot{U}_2 - A_{22}\dot{I}_2}\right|_{\dot{I}_2=0} = \frac{A_{11}}{A_{21}}$$

$$Z_{2O} = \left.\frac{\dot{U}_2}{\dot{I}_2}\right|_{\dot{I}_1=0} = \frac{A_{22}}{A_{21}}$$

短路时：

$$Z_{1S} = \left.\frac{\dot{U}_1}{\dot{I}_1}\right|_{\dot{U}_2=0} = \left.\frac{A_{11}\dot{U}_2 - A_{12}\dot{I}_2}{A_{21}\dot{U}_2 - A_{22}\dot{I}_2}\right|_{\dot{U}_2=0} = \frac{A_{12}}{A_{22}}$$

$$Z_{2S} = \left.\frac{\dot{U}_2}{\dot{I}_2}\right|_{\dot{U}_1=0} = \frac{A_{12}}{A_{11}}$$

若网络为互易网络，则有 $Z_{1O} - Z_{1S} = \dfrac{1}{A_{21}A_{22}}$，又因为 $Z_{2O} = \left.\dfrac{\dot{U}_2}{\dot{I}_2}\right|_{\dot{I}_1=0} = \dfrac{A_{22}}{A_{21}}$，所以，可以消掉 A_{21}，得到 $A_{22}^2 = \dfrac{Z_{2O}}{Z_{1O} - Z_{1S}}$，即可求得 A_{22}。一旦求得 A_{22} 就可以得到其他参数了。

5. 实验内容

按图 4.71 连接电路。

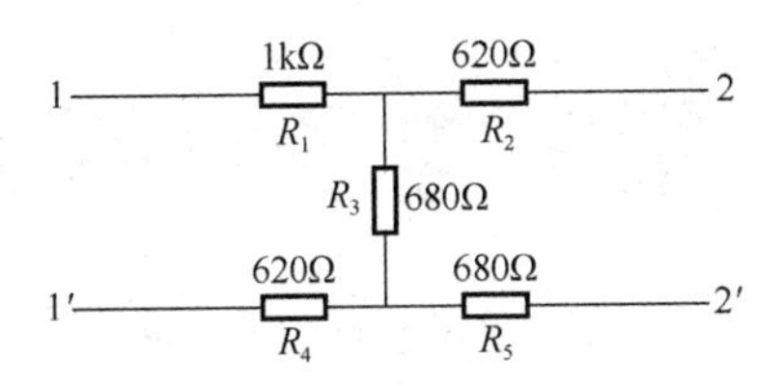

图 4.71　二端口网络参数实验电路图

1）令端口 2 - 2′ 开路，端口 1 - 1′ 接 15V 的直流电压，用数字万用表测量 1 - 1′ 的电压 U_{1O} 和电流 I_{1O}；再令端口 2 - 2′ 短路，用数字万用表测量端口 1 - 1′ 的电流 I_{1S}，填入表 4.40。

表 4.40　测量端口 1－1′ 电压、电流

端口 2 - 2′ 开路	U_{1O}/V	I_{1O} /mA
端口 2 - 2′ 短路	I_{1S} /mA	

2）令端口 1 - 1′ 开路，端口 2 - 2′ 接 15V 的直流电压，用数字万用表测量 2 - 2′ 的电流 I_{2O}；再令端口 1 - 1′ 短路，用万用表测量端口 2 - 2′ 的电流 I_{2S}，填入表 4.41。

表 4.41　测量端口 2－2′ 电流

端口 1－1′ 开路	I_{2O} /mA
端口 1－1′ 短路	I_{1S} /mA

6. 实验报告要求

1）根据实验的测量数据，完成必要的计算，得出网络的 A 参数，同时计算出其他参数。

2）回答实验思考题。

3）报告最后附原始数据。

4）写出实验中遇到的问题及实验结束后的心得体会。

7. 实验思考题

1）根据实验测量的结果，判断该网络是否为互易网络。

2）写出实验中网络的 Y 参数。

3）思考其他二端口网络的测试方法。

5 单元 模拟电子线路实验

>>>>

◎ 单元导读

模拟电子线路实验主要包括对各种放大电路、滤波电路等的实验研究。通过实验，学生可更好地认识各种电子元器件，并学习、分析电子元器件组成的各种具体电路。本单元介绍二极管、晶体管、场效应管、运算放大器组成的各种电路。在学习、分析、验证具体电路时，要求学生必须熟练使用实验室的各种仪器仪表，正确解读并分析测量数据。

◎ 能力目标

1. 熟练使用各种常用仪器仪表。
2. 会辨认二极管、晶体管、场效应管、运算放大器等电子元器件。
3. 会分析不同放大电路的特点，掌握调整静态工作点及 A_v、R_i、R_o 的测试方法。
4. 掌握晶体管组成的共射极放大器工作在不同区域的调试方法。
5. 学习使用运算放大器组成不同电路的方法，理解每个参数的调试方法。

◎ 思政目标

1. 树立正确的学习观、价值观，自觉践行行业道德规范。
2. 遵规守纪，安全实验，爱护设备，钻研技术。
3. 培养一丝不苟、精益求精的工作作风。

实验 5.1 二极管电路的应用

1. 实验预习

1）掌握二极管器件的功能及工作原理。

2）熟悉二极管基本电路及其分析方法与应用。

3）假设实验图 5.5 中的二极管为理想二极管，画出它的传输特性。若输入电压 $v_i = 20\sin\omega t\text{V}$，试根据传输特性绘出一个周期的输出电压 v_o 的波形。

2. 实验目的

1）验证二极管的单向导电性。

2）二极管在稳压和限幅电路中的应用和工作原理。

3. 实验器材

示波器、数字万用表、直流稳压电源、函数信号发生器、交流毫伏表、各种元器件。

4. 实验原理

二极管电路在电子技术中的应用非常广泛，这里只介绍二极管在限幅电路和低电压稳压电路中的应用。

（1）限幅电路

限幅电路的作用是使信号在预置的电平范围内，有选择地传输一部分，如图 5.1 所示。

图 5.1 中的二极管为硅二极管，其阈值电压 V_{th}=0.5V，V_{REF} 为参考电压，微变电阻 r_D = 200Ω，图 5.1 可等效为图 5.2。

当输入 $v_i < V_{th} + V_{REF}$ 时，二极管 VD 截止，则输出 $v_o = v_i$。

当输入 $v_i \geqslant V_{th} + V_{REF}$ 时，二极管 VD 导通，则输出 $v_o = (v_i - V_{th} - V_{REF})\dfrac{r_D}{R + r_D} + V_{th} + V_{REF}$。

（2）低电压稳压电路

稳压电源是电子电路中常见的组成部分，利用二极管的正向压降特性，可以获得较好的稳压性能，如图 5.3 所示。

合理选取电路参数，对于硅二极管，可获得输出电压 $v_o = V_D$，近似等于 0.7，若采用几只二极管串联，则可得 3～4V 的输出电压。

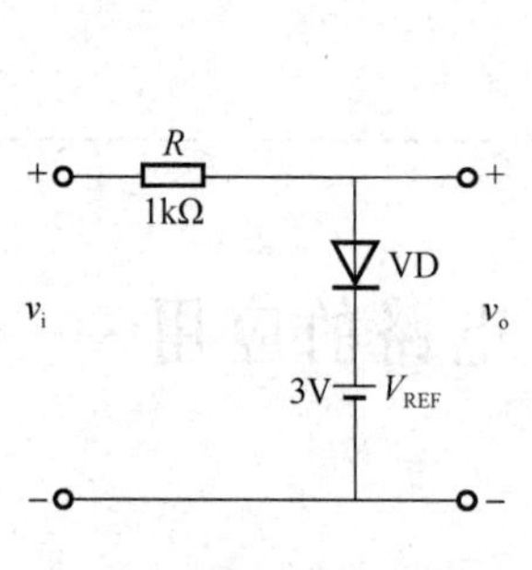

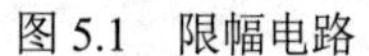
图 5.1　限幅电路

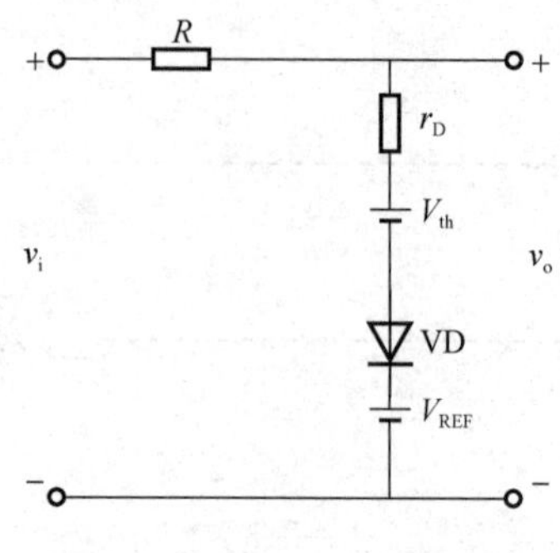

图 5.2　限幅电路的等效电路

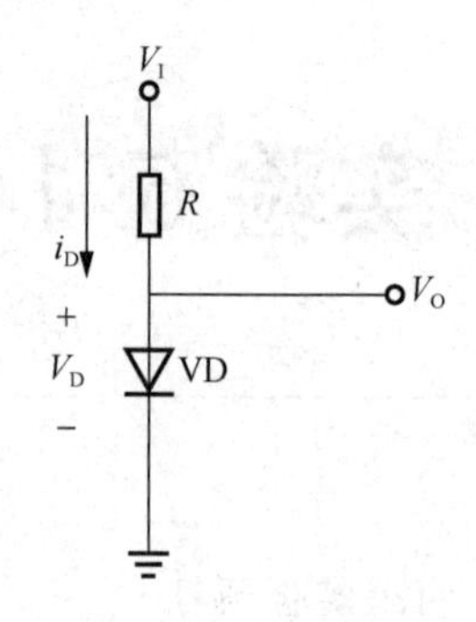

图 5.3　低电压稳压电路图

5. 实验内容

（1）二极管传输特性的验证

1）按图 5.4 连接电路，然后根据表 5.1 给定输入电压 V_I，用数字万用表测出相应的输出电压 V_O 的值，画出二极管的传输特性。

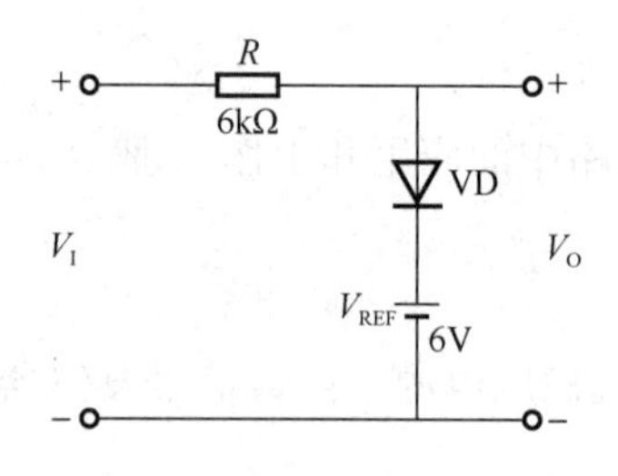

图 5.4　二极管单向限幅电路

表 5.1　二极管传输特性的参数测量

V_I/V	1	3	5	7	9	11	15
V_O/V							

2）若输入电压 $v_i = 10\sin\omega t$V，试绘出一个周期的输出电压 v_o 的波形。

（2）二极管限幅特性的验证

按图 5.5 连接电路，当输入信号频率为 1kHz，电压幅度分别为表 5.2 所给值时，用示波器测出相应的输出电压 v_o 的值，填入表 5.2，然后分别在图 5.6 所示的示波器面板上画出只有上限幅和上、下都限幅时一个周期内的输出电压 v_o 的波形。

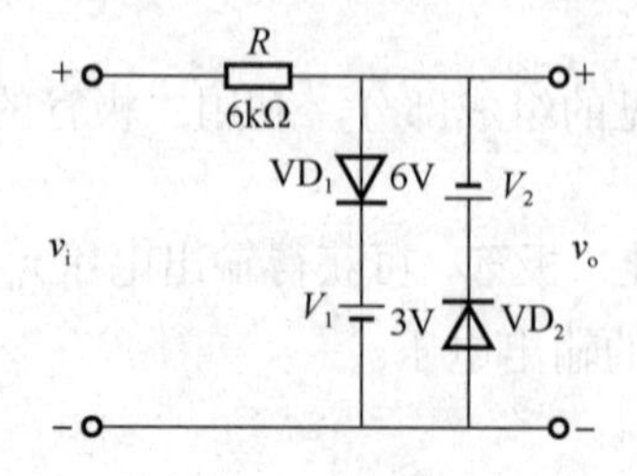

图 5.5　二极管双向限幅电路

表 5.2　二极管双向限幅的参数测量

v_i /V	4	6	8	10	12	14	15
v_o /V							

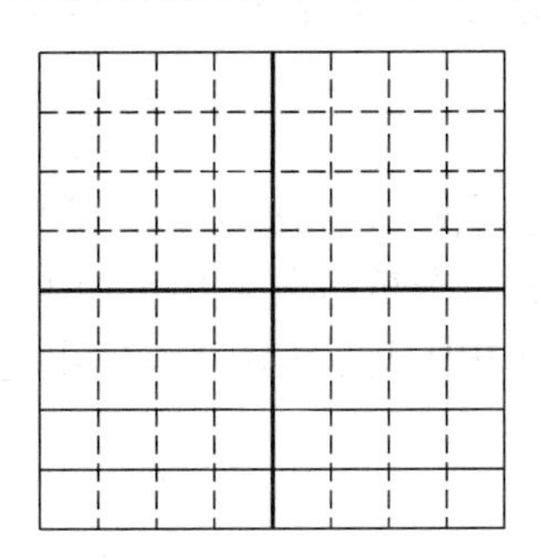
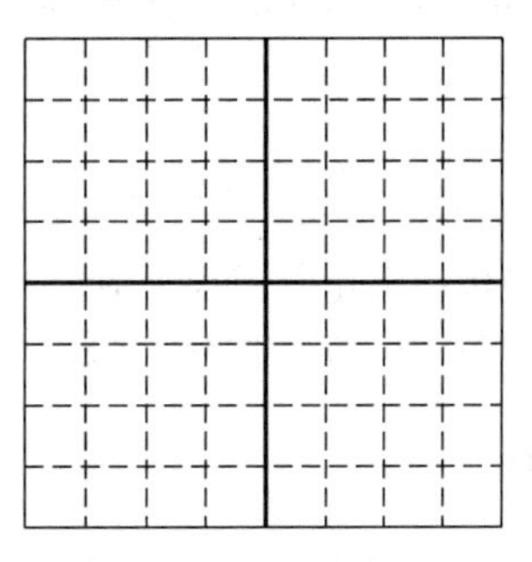

图 5.6　示波器面板

（3）二极管稳压特性测试

实验电路如图 5.3 所示。直流电源电压 V_I=10V，R=10kΩ，当 V_I 按表 5.3 变化时，测出相应的二极管电压的变化，填入表 5.3，然后画出它的传输特性。

表 5.3　二极管稳压特性的参数测量

V_I /V	8	9	10	11	12
V_D /V					

6. 实验报告要求

1）记录、整理实验数据，按实验要求画出波形图。
2）分析实验结果，得出结论。
3）回答实验思考题。
4）写出实验中出现的问题及产生的原因，并写出解决的方法。

7. 实验思考题

图 5.3 中电阻 R 的作用是什么？

共射极单管放大电路

1. 实验预习

1）掌握放大电路的组成、器件功能及工作原理。

2）复习晶体管及共射极放大器的工作原理和电路参数的理论计算方法。假设在图 5.7 中，晶体管 VT 的电流放大系数 $\beta=100$，$r_{bb'}=100\Omega$，$R_{B1}=100k\Omega$，计算放大器的静态工作点 Q、电压放大倍数 A_V、输入电阻 R_i 和输出电阻 R_o。

3）放大器的静态工作点 Q 由哪些电路参数决定，要改变静态工作点应调节哪些元器件？

2. 实验目的

1）分析共射极放大电路的性能，加深对共射极放大电路放大特性的理解。

2）学习共射极放大电路静态工作点的调试方法，分析静态工作点对放大器性能的影响。

3）掌握放大器电压放大倍数、输入电阻、输出电阻及最大不失真输出电压的测试方法。

3. 实验器材

双踪示波器、数字万用表、直流稳压电源、函数信号发生器、交流毫伏表、各种元器件。

4. 实验原理

共射极放大电路既能放大电流又能放大电压，故常用于小信号的放大。调节电路的静态工作点可改变电路的电压放大倍数，适用于多级放大电路的中间级。共射极单管放大电路原理图如图 5.7 所示。图 5.7 中电路为一电阻分压式工作点稳定的共射极单管放大器。其中，R_{B1}、R_{B2} 组成基极分压电路，构成晶体管 VT 的偏置电路，用来稳定基极电位。发射极电阻 R_{E1} 和 R_{E2} 用于稳定放大器静态工作点。R_{B1}、R_{B2}、R_C、R_{E1}、R_{E2} 构成放大器直流通路。C_1、C_2 为耦合电容，其作用有两个，第一，起隔直流作用，即隔断信号源、放大器和负载之间的通路，使三者之间无影响；第二，对交流信号起耦合作用，即保证交流信号畅通无阻地通过放大电路。C_E 为旁路电容，其大小对电压增益影响较大，是低频响应的主要因素。当在放大器的输入端加入输入信号 v_i 后，便可在放大器的输出端得到一个与输入信号相位相反，幅度被放大的输出信号 v_o，从而实现了电压的放大。

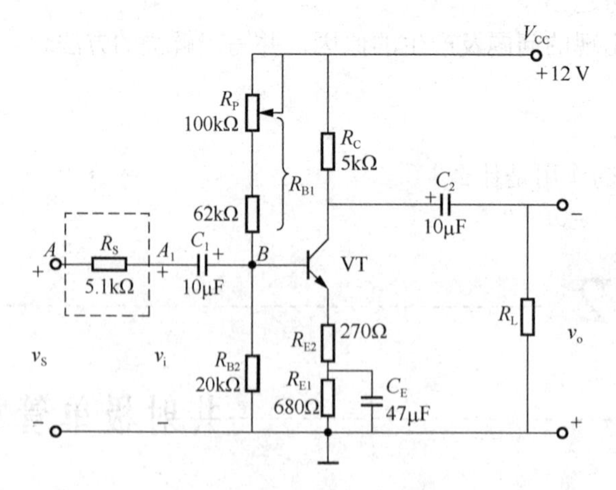

图 5.7　共射极单管放大电路原理图

图 5.7 中，当流过分压电阻 R_{B1} 和 R_{B2} 的电流远远大于晶体管 VT 的基极电流时（一般为 5～10 倍），则 VT 的静态工作点为

$$V_{BQ}=\frac{R_{B2}}{R_{B1}+R_{B2}}\cdot V_{CC} \tag{5-1}$$

$$I_{CQ}\approx I_{EQ}=\frac{V_{BQ}-V_{BEQ}}{R_{E1}+R_{E2}} \tag{5-2}$$

$$V_{CEQ}\approx V_{CC}-I_{CQ}(R_C+R_{E1}+R_{E2}) \tag{5-3}$$

$$I_{BQ}=\frac{I_{EQ}}{1+\beta} \tag{5-4}$$

注意：静态工作点是直流量，必须进行直流分析或用直流电压表和电流表测量。

电压放大倍数 A_V（接旁路电容 C_E 时）为

$$A_V=-\beta\frac{R_C//R_L}{r_{be}+(1+\beta)R_{E2}} \tag{5-5}$$

不接旁路电容 C_E 时：

$$A_V=-\beta\frac{R_C//R_L}{r_{be}+(1+\beta)(R_{E1}+R_{E2})} \tag{5-6}$$

其中，$r_{be}\approx r_{bb'}+(1+\beta)\frac{V_T}{I_{EQ}}$。

输入电阻 R_i 的计算方法为（接旁路电容 C_E 时）

$$R_i=R_{B1}//R_{B2}//[r_{be}+(1+\beta)\ R_{E2}] \tag{5-7}$$

输出电阻 R_o 的计算方法为

$$R_o=R_C \tag{5-8}$$

（1）放大器静态工作点的测量与调试

1）静态工作点的测量。短接图 5.7 所示电路的输入端，分别用数字万用表的电压挡和电流挡依次测量晶体管的集电极电流及 3 个引脚对地的电压 V_B、V_C 和 V_E。

注意：测量静态工作点时，数字万用表应置于直流电压挡或电流挡。

集电极电流的测量方法为间接测量法，即为了避免断开集电极电路，一般采用直接测量 V_C 或 V_E，然后计算出 I_C 的方法，即

$$I_C\approx I_E=\frac{V_E}{R_{E1}+R_{E2}} \tag{5-9}$$

或

$$I_C=\frac{V_{CC}-V_C}{R_C} \tag{5-10}$$

2）静态工作点的调试。放大器静态工作点的调试是指对晶体管集电极电流 I_C（或 V_{CE}）的调整与测试。

静态工作点是否合适对放大器的性能和输出波形都有很大的影响，如图 5.8 所示。若工作点偏高，则放大器在加入交流信号后易产生饱和失真；若工作点偏低，则易产生截止失真，如图 5.9 所示。这都不符合不失真放大的要求。所以，在选定工作点以后还要进行动态调试，即在放大器的输入端加一定的输入电压 v_i，检测输出电压 v_o 的大小和波形是否满足要求。若不满足，则应重新调节静态工作点。

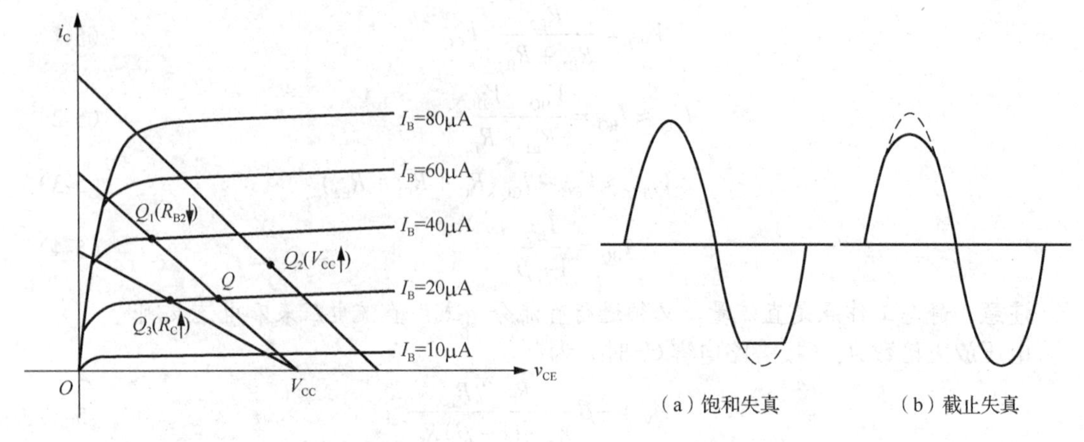

图 5.8　共射极输出特性曲线　　　　图 5.9　静态工作点对输出波形失真的影响

工作点的偏高或偏低不是绝对的，而是相对信号的幅度而言的。例如，输入信号幅度很小，即使工作点偏高或偏低一些也不一定会出现失真。确切地说，产生波形失真是信号幅度与静态工作点设置配合不当所致。若需满足较大信号幅度的要求，则静态工作点应尽量靠近交流负载线的中点。

（2）放大器动态指标的测量

放大器动态指标包括电压放大倍数、输入电阻、输出电阻、最大不失真输出电压（动态范围）和通频带等。

1）电压放大倍数 A_V 的测量。

$$A_V = v_o / v_i \text{（输出开路）或} A_V = v_L / v_i \text{（输出带负载）}$$

2）输入电阻 R_i 的测量。放大器输入电阻的大小，反映放大器消耗前级信号功率的大小，是放大器的重要指标之一。其测量原理如图 5.10 所示。在被测放大器前串联一个可变电阻 R_S，并加入信号；分别测出电阻 R_S 两端对地电压 v_S 和 v_i，则放大器的输入电阻 R_i 为

$$R_i = \frac{v_i}{v_S - v_i} R_S \tag{5-11}$$

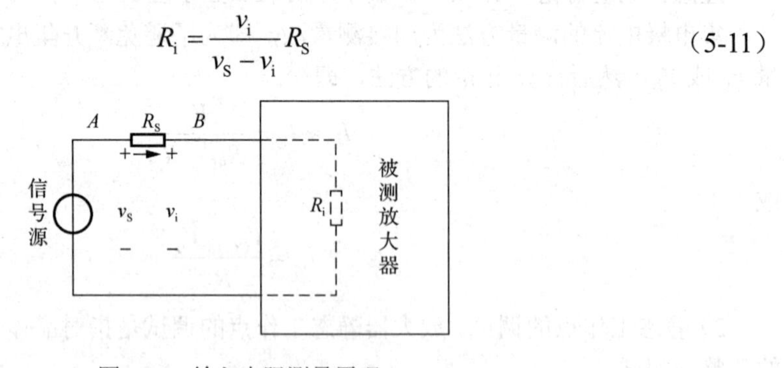

图 5.10　输入电阻测量原理

3）输出电阻 R_o 的测量。放大器输出电阻的大小表示该放大器带负载的能力。输出电阻 R_o 越小，放大器输出等效电路越接近于恒流源，这时放大器带负载能力越强。输出电阻的测量为后级电路的设计提供了输入条件。其测量原理如图 5.11 所示。先不加负载 R_L，信号从 v_i 点加入，测出开路电压 v_o；接上负载 R_L，测得 v_{oL}，则放大器的输出电阻为

$$R_o = \frac{v_o - v_{oL}}{v_{oL}} \cdot R_L = \left(\frac{v_o}{v_{oL}} - 1 \right) \cdot R_L \tag{5-12}$$

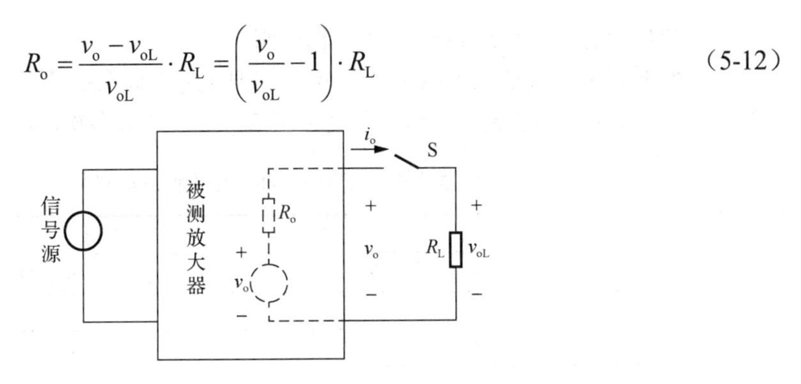

图 5.11　输出电阻测量原理

4）最大不失真输出电压 v_{omax} 的测量（最大动态范围）。为了得到最大动态范围，应将静态工作点调在交流负载线的中点。为此，在放大器正常工作的条件下，逐步增大输入信号的幅度，用示波器观测 v_o，当输出波形同时出现饱和失真和截止失真时，说明静态工作点已调在交流负载线的中点。反复调整输入信号，使输出信号幅度最大且无失真，用交流毫伏表测出 v_o，或用示波器直接读出 v_{omax}。

5. 实验内容

实验电路如图 5.7 所示。为了防止干扰，各电子仪器的公共端必须连在一起，全部接到公共接地端。

（1）静态工作点的调试

检测需要的电子元器件，并按图 5.7 连接电路，不接旁路电容。接通直流电源前，先将 R_P 调至最大，函数信号发生器输出调为零。然后接通+12V 电源，调节 R_P 到一合适数值，如使 I_{CQ}=1mA（即 $V_{R_C} = 5.0\text{V}$），测量静态工作点，即测量 V_{CQ}、V_{BQ}、V_{EQ}，并计算 I_{EQ}，将数据填入表 5.4。

表 5.4　晶体管静态工作点的测量

参数	V_{CQ} /V	V_{BQ} /V	V_{EQ} /V	I_{EQ} /mA
理论值				
测量值				

（2）测量电压放大倍数

当 $V_{R_C} = 5.0\text{V}$ 时，在放大器的输入端 B 点加入 f=1kHz，v_i=100mV 的正弦信号，用示波器观察放大器输出电压 v_o 的波形。在波形不失真的条件下用交流毫伏表分别测量 R_L=2kΩ 和输出端开路时的 v_o 值，并用双踪示波器观察 v_o 和 v_i 的相位关系，填入表 5.5。

表 5.5　晶体管放大倍数的测量

参数	v_o /V	v_{oL} /V	A_V
理论值			
实测值			

（3）观察静态工作点对输出波形失真的影响

调节 R_P 使晶体管分别处于截止区或饱和区（使 V_{CQ} 为最大或最小），输入端 B 点加入 f=1kHz 的正弦信号。从零逐渐加大输入信号幅度，用双踪示波器观察输出波形，填入表 5.6。

表 5.6　调节失真和最佳工作点的参数

工作状态	测量内容			
	V_{CEQ} /V	I_{CQ} /mA	输出波形	失真类型
工作点偏离状态				
最佳工作点状态			最大不失真 v_{omax} =	

（4）测量最大不失真输出电压

逐渐加大 B 点输入信号，若出现饱和失真，增大 R_P 阻值使工作点下降；反之，若出现截止失真，则减小 R_P 阻值提高工作点。如此反复调节，直到输出波形同时出现饱和失真和截止失真，测量 V_{CEQ}、I_{CQ} 填入表 5.6。随后逐渐减小输入信号幅度，使输出波形刚好不失真，用双踪示波器和交流毫伏表测出 v_{omax} 的值，并将测量结果填入表 5.6。

（5）测量输入电阻 R_i 和输出电阻 R_o

测量输出电阻时，在输入端 B 点加入 f=1kHz 的正弦波信号，令 R_L 分别为 2kΩ 和空载，在输出信号不失真的情况下，用交流毫伏表或双踪示波器测出 v_o、v_{oL} 的值，填入表 5.7，并根据式（5-12）求出 R_o。

测量输入电阻时，在输入端 A 点加入 f=1kHz 的正弦波信号，调节输入信号幅度，在输出信号幅度最大且不失真的情况下，用交流毫伏表或示波器测出 v_S、v_i 的值，填入表 5.7，并根据式（5-11）求出 R_i。

表 5.7　输入电阻、输出电阻的相关参数测量

测量条件	R_L /kΩ	v_o /V	v_{oL} /V	R_o /kΩ	v_S /V	v_i /V	R_i /kΩ
测量值	2	—					
	∞		—				

（6）测量幅频特性

改变输入信号的频率（幅值不变），用逐点法测出相应的输出电压 v_o 值，填入表 5.8，据此测出上、下限频率。

表 5.8　输入信号频率对输出电压的影响

f/kHz	0.05	0.1	5	50	1000
v_o /V					

（7）旁路电容 C_E 对放大电路的影响

C_E 对放大器的增益有很大影响，按表 5.9 进行测量，并在实验报告中简述原因。

表 5.9 旁路电容对增益的影响

测量条件		v_o /V	A_V
保持最佳工作点，$R_L=\infty$、$R_S=0$	$C_E=47\mu F$		
	不接 C_E		

6. Multisim 仿真

用 Multisim 14.0 仿真实验内容（3）和（7）。

7. 实验报告要求

1）记录、整理实验结果，计算 R_i 和 R_o，并把测量值与理论值做比较。
2）回答实验思考题。
3）根据测量结果得出结论。
4）分析引起误差的原因及减小误差的方法。

8. 实验思考题

1）调整静态工作点时，R_{B1} 要用一固定电阻与电位器串联，而不能直接用电位器，为什么？

2）若将 NPN 型晶体管换成 PNP 型的，试问 V_{CC} 及电容的极性应如何改动？

3）在示波器上显示的 NPN 型和 PNP 型晶体管放大器输出电压的饱和失真和截止失真波形是否相同？

实验 5.3 射极跟随器

1. 实验预习

1）复习射极跟随器的工作原理及电路参数的计算方法。
2）根据图 5.12 中标注的元器件参数，估算静态工作点。画交、直流负载线。

2. 实验目的

1）掌握射极跟随器的特性及测量方法。
2）进一步学习放大器各项参数的测量方法。
3）掌握射极跟随器的工作原理。

3. 实验器材

示波器、函数信号发生器、数字万用表、直流稳压电源、交流毫伏表、各种元器件。

4. 实验原理

射极跟随器的原理图如图 5.12 所示。电路信号由晶体管基极输入、发射极输出。由于其电压放大倍数接近 1，输出电压具有随输入电压变化的特性，故称为射极跟随器。该电路具有输入、输出信号同相、输入电阻高、输出电阻低的特点，适用于多级放大器的输入级、输出级。

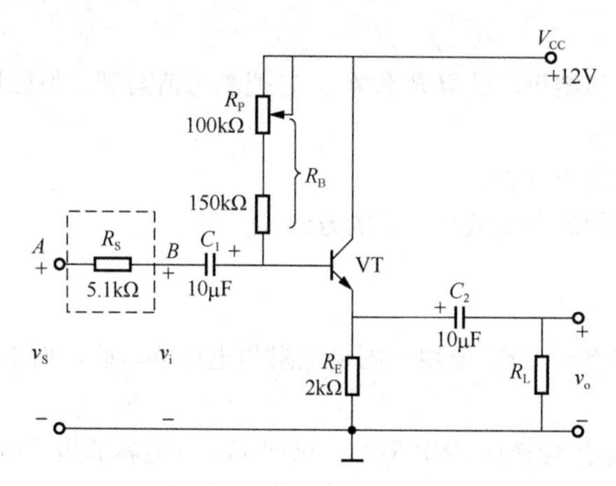

图 5.12　射极跟随器的原理图

（1）电压放大倍数 A_V

$$A_V = \frac{(1+\beta)(R_E // R_L)}{r_{be} + (1+\beta)(R_E // R_L)} \leqslant 1 \tag{5-13}$$

电压放大倍数的计算式（5-13）说明射极跟随器的电压放大倍数小于而接近 1，且为正值，这是深度电压负反馈的结果。

（2）输入电阻 R_i

$$R_i = R_B // [r_{be} + (1+\beta)(R_E // R_L)] \tag{5-14}$$

由式（5-14）可知射极跟随器的输入电阻比共射极单管放大器的输入电阻高得多，但由于偏置电阻的分流作用，输入电阻难以进一步提高。输入电阻的测试方法同共射极单管放大器。

（3）输出电阻 R_o

$$R_o = \frac{r_{be}}{\beta} // R_E \approx \frac{r_{be}}{\beta}$$

若考虑信号源内阻 R_S，有

$$R_o = \frac{r_{be} + (R_S // R_B)}{\beta} // R_E \approx \frac{r_{be} + (R_S // R_B)}{\beta} \tag{5-15}$$

由式（5-15）可知，射极跟随器的输出电阻比共射极单管放大器的输出电阻低得多。输出电阻的测量方法同共射极单管放大器。

（4）电压跟随范围

电压跟随范围是指射极跟随器输出电压 v_o 跟随输入电压 v_i 做线性变化的区域。当 v_i 超过某一范围时，v_o 不能跟随 v_i 做线性变化，即 v_o 波形会产生失真。为了使输出电压 v_o 达到电压幅度最大且不失真，静态工作点应选在交流负载线的中点。测量时，可直接用示波器读取 v_o 的峰峰值或用交流毫伏表读取 v_o 的有效值，即为电压跟随范围。

5. 实验内容

（1）静态工作点的调整。

按图 5.12 连接电路。将电源+12V 接入电路，调节 R_P 使晶体管基极对地电压 V_{BQ} 为 6.7V。用万用表测量晶体管各极对地的电位，即为该放大器静态工作点，将所测数据填入表 5.10。

表 5.10　静态工作点的调测

参数	V_E /V	V_B /V	V_C /V	$I_E=\frac{V_E}{R_E}$ /mA
测量值				

（2）测量电压放大倍数 A_V

接入负载 $R_L=1\text{k}\Omega$，在 A 点加入 $f=1\text{kHz}$ 信号。调整信号发生器的输出信号幅度（此时偏置电位器 R_P 不能旋动），用示波器观察放大器 B 点输入波形和输出波形 v_L，在输出信号幅度最大且不失真的情况下，用示波器或交流毫伏表测 v_i 和 v_L 值，将所测数据填入表 5.11。

表 5.11　电压放大倍数的调测

参数	v_i /V	v_L /V	$A_V=\frac{v_L}{v_i}$
测量值			

（3）测量输出电阻 R_o

接上负载 $R_L=1\text{k}\Omega$，在 B 点加入 $f=1\text{kHz}$，信号电压 $v_i=100\text{mV}$ 的正弦波信号，用示波器观察输出波形，并测量放大器的输出电压 v_L 及负载 $R_L\to\infty$，即 R_L 断开时的输出电压 v_o 的值。

$$R_o=\left(\frac{v_o}{v_L}-1\right)R_L \tag{5-16}$$

将所测数据填入表 5.12，根据式（5-16）计算出输出电阻 R_o。

表 5.12　输出电阻 R_o 的参数测量

参数	v_o /V	v_L /V	R_o /Ω
测量值			

（4）测量放大器输入电阻 R_i（采用换算法）

在输入端 A 点和 B 点之间串入 5.1kΩ 的电阻 R_S，A 点加入 f= 1kHz 的正弦信号，用示波器观察输出波形，并分别测量 A、B 点对地电压 v_S、v_i。

$$R_i = \frac{v_i}{v_S - v_i} R_S = \frac{R_S}{\frac{v_S}{v_i} - 1} \tag{5-17}$$

将测量数据填入表 5.13，根据式（5-17）计算出输出电阻 R_i。

表 5.13　输入电阻的参数测量

参数	v_S /V	v_i /V	R_i / Ω
测量值			

（5）测试射极跟随器的跟随特性

接入负载电阻 $R_L = 2k\Omega$，在 A 点加入 $f = 1kHz$ 的正弦信号，逐渐增大输入信号幅度 v_S，用示波器监视输出端的信号波形，在波形不失真时，测量所对应的 v_i 和 v_L 值，计算出 A_V。将所测的数据填入表 5.14。

表 5.14　射随器跟随特性的测试

v_i /V	0.05	0.5	1	4	6
v_L /V					
A_V					

（6）测试频率响应特性

保持输入信号幅度 v_i 不变，改变函数信号发生器的频率（注意：函数信号发生器的频率发生变化时，其输出电压也将发生变化），用示波器监视输出波形，并测量不同频率下的输出电压 v_L 值，并记录在表 5.15 中。

表 5.15　频率响应特性的测试

f /kHz	0.1	5	50	500	5000	30000
v_L /mV						

6. 实验报告要求

1）绘出实验原理电路图，标明实验的元器件参数值。

2）回答实验思考题。

3）整理实验数据，说明实验中出现的各种现象，得出有关的结论，画出必要的波形及曲线。

4）将实验结果与理论计算值进行比较，分析产生误差的原因。

7. 实验思考题

1）测量放大器的输入电阻时，如果改变基极偏置电阻 R_B 的值，使放大器的工作状态改变，对所测量的输入电阻值有何影响？

2）如果改变外接负载 R_L 的值，对所测量放大器的输出电阻有无影响？

3）在图 5.12 中能否用晶体管毫伏表直接测量 R_S 两端的电压？为什么？

实验 5.4 场效应管放大器

1. 实验预习

1）复习有关场效应管的部分内容，并分别用图解法与计算法估算场效应管的静态工作点，求出工作点处的跨导 g_m。

2）在测量场效应管静态工作电压 V_{GS} 时，能否用直流电压表直接并在 G、S 两端测量？为什么？

3）为什么测量场效应管输入电阻时要用测量输出电压的方法？

2. 实验目的

1）了解结型场效应管的性能和特点。

2）进一步熟悉放大器动态参数的测试方法。

3. 实验器材

示波器、函数信号发生器、数字万用表、直流稳压电源、交流毫伏表、各种元器件。

4. 实验原理

场效应管和晶体管放大电路的工作机理不同，但两种器件之间存在电极对应关系，即栅极 G 对应基极 B，源极 S 对应发射极 E，漏极 D 对应集电极 C。晶体管是电流控制型器件，场效应管是电压控制型器件。场效应管按结构可分为结型和绝缘栅型两种类型。由于场效应管栅源之间处于绝缘或反向偏置，输入电阻很高（一般可达到上百兆欧）。场效应管是一种多数载流子控制器件，热稳定性好，抗辐射能力强，噪声系数小，加之制造工艺简单，便于大规模集成，得到了越来越广泛的应用。

图 5.13 为结型场效应管组成的共源级放大电路。通常，场效应管的偏置电路形式有两种：自偏压电路和分压式自偏压电路。自偏压电路只适用于结型场效应管或耗尽型场效应管：

$$V_{GSQ} = -I_{DQ}R_S \tag{5-18}$$

分压式自偏压电路既适用于增强型场效应管，又适用于耗尽型场效应管。栅极电压：

$$V_{GQ} = \frac{R_{g2}}{R_{g1} + R_{g2}} \cdot V_{CC} \tag{5-19}$$

$$V_{GSQ} = -\left(I_{DQ}R_S - \frac{R_{g2}}{R_{g1} + R_{g2}} \cdot V_{CC}\right) \tag{5-20}$$

对场效应管放大电路静态工作点的确定，可以采用图解法或公式计算，图解法的原理和晶体管相似。用公式进行计算可使用特性方程：

$$I_{DQ}=I_{DSS}\left(1-\frac{V_{GSQ}}{V_{GS(off)}}\right)^2 \quad (5\text{-}21)$$

或

$$I_{DQ}=I_{D0}\left(\frac{V_{GS}}{V_{GS(off)}}-1\right)^2 \quad (5\text{-}22)$$

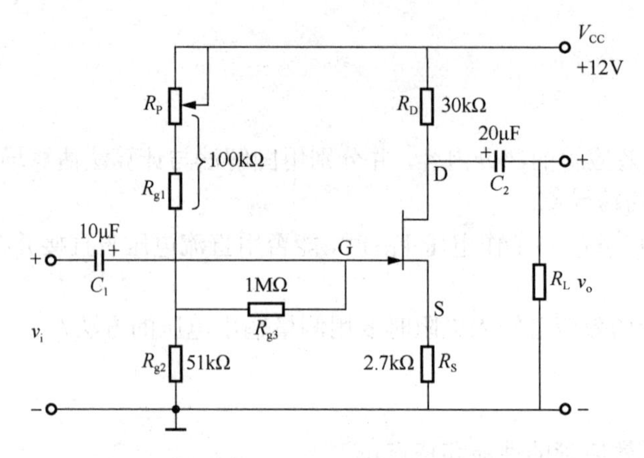

图 5.13　结型场效应管组成的共源极放大器

由共源放大电路的微变等效电路可知：

$$A_V=\frac{v_o}{v_i}=-g_m(R_D//R_L) \quad (5\text{-}23)$$

$$R_i=(R_{g1}//R_{g2})+R_{g3} \quad (5\text{-}24)$$

$$R_o=R_D \quad (5\text{-}25)$$

共源放大电路与共射电路形式相类似。只是共源放大电路的输入电阻要比共射电路的大得多，故需要高输入电阻时多宜采用场效应管放大电路。

场效应管放大器的静态工作点、电压放大倍数和输出电阻的测量方法，与晶体管放大电路测量方法相同。输入电阻的测量方法如下：输入电阻的测量从原理上讲，也可采用晶体管放大电路所用的方法，但由于场效应管的 R_i 比较大，若直接测输入电压 v_S 和 v_i，则限于测量仪器的输入电阻，必然会带来较大的误差。为了减小误差，常利用被测放大器的隔离作用，通过测量输出电压 v_o 来计算输入电阻，如图 5.14 所示。

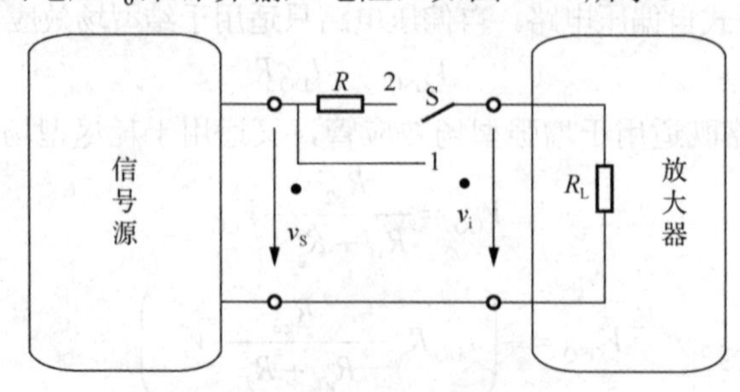

图 5.14　输出电压测量原理

在放大器的输入端串入电阻 R，把开关 S 掷向位置 1（即使 R=0），测量放大器的输出

电压 $v_{o1}=A_V v_S$；保持 v_S 不变，把 S 掷向 2（即接入 R），测量放大器的输出电压 v_{o2}。由于两次测量中 A_V 和 v_S 保持不变，故

$$v_{o2}=A_V v_i=\frac{R_i}{R+R_i}v_S A_V \tag{5-26}$$

由式（5-26）可以求出

$$R_i=\frac{v_{o2}}{v_{o1}-v_{o2}}R \tag{5-27}$$

式中，R 和 R_i 不要相差太大，本实验可取 $R=100\sim200\text{k}\Omega$。

5. 实验内容

（1）静态工作点的测量和调整

按图 5.13 连接电路，将电源+12V 接上，在输入端加 f=1kHz 的正弦波信号，输出端用示波器监视，反复调整 R_P 及函数信号发生器提供的信号幅度，用示波器观测放大器的输出信号，使输出幅度在示波器屏幕上得到一个最大不失真波形，即为该场效应管的静态工作点。断开输入信号，用数字万用表测量管子的各参数，填入表 5.16。

表 5.16　静态工作点的调测

V_G /V	V_S /V	V_D /V	V_{DS} /V	V_{GS} /V	I_D /mA

（2）电压放大倍数 A_V、输入电阻 R_i 和输出电阻 R_o 测量

1）A_V 和 R_o 的测量。在放大器的输入端加入 f = 1kHz 的正弦信号 v_i（50～100mV），并用示波器监视输出电压 v_o 的波形。在输出电压 v_o 没有失真的条件下，用示波器分别测量 $R_L=\infty$ 和 R_L= 10kΩ 的输出电压 v_o（注意：保持输入信号幅值不变），然后根据共射极单管放大电路输出电阻的计算公式求出 R_o。将测量值和计算值填入表 5.17。

表 5.17　场效应管 A_V 和 R_o 的测量参数

R_L	v_i/V	v_o/V	A_V	R_o/kΩ	v_i 和 v_o 波形
∞					
10kΩ					

2）R_i 的测量。按图 5.14 连接实验电路，选择合适大小的输入电压 v_S（50～100mV），将开关 S 置于 1，测出不接 R 时的输出电压 v_{o1}，然后将开关 S 置于 2（接入 R），保持 v_S 不变，再测出 v_{o2}，根据式（5-27）计算出 R_i，填入表 5.18。

表 5.18　场效应管 R_i 的测量参数

v_{o1} /V	v_{o2} /V	v_S /V	计算值
			R_i /kΩ

6. Multisim 仿真

用 Multisim 14.0 仿真所有实验内容。

7. 实验报告要求

1）整理实验数据，将测量得到的 A_V、R_i、R_o 和理论计算的值进行比较。
2）把场效应管放大器与晶体管放大器进行比较，总结场效应管放大器的特点。
3）分析测试中的问题，总结实验收获。

8. 实验思考题

1）场效应管放大电路与双极型晶体管放大电路比较有什么优点？
2）场效应管放大电路有哪几种基本的组态？

实验 5.5 差动放大电路

1. 实验预习

1）掌握差分放大电路的组成、器件作用及工作原理。
2）怎样进行静态调零？
3）实验中如何获得双端和单端输入差模信号？如何获得共模信号？

2. 实验目的

1）加深对差动放大电路工作原理的理解，学习差动放大电路静态工作点的测试方法。
2）了解差动放大电路零漂产生的原因及抑制零漂的方法。
3）学习差动放大电路差模放大倍数、共模放大倍数和共模抑制比的测量方法。

3. 实验仪器

示波器、函数信号发生器、数字万用表、直流稳压电源、交流毫伏表、各种元器件。

4. 实验原理

差动放大电路原理图如图 5.15 所示。该电路可以看作由两个电路参数相同的单管交流共射放大器组成的放大电路。差动放大电路对差模输入信号具有放大作用，对共模输入信号和零点漂移具有很强的抑制作用。差模信号是指电路的两个输入端输入幅值相等、极性相反的信号，共模信号是指电路的两个输入端输入幅值相等、极性相同的信号。

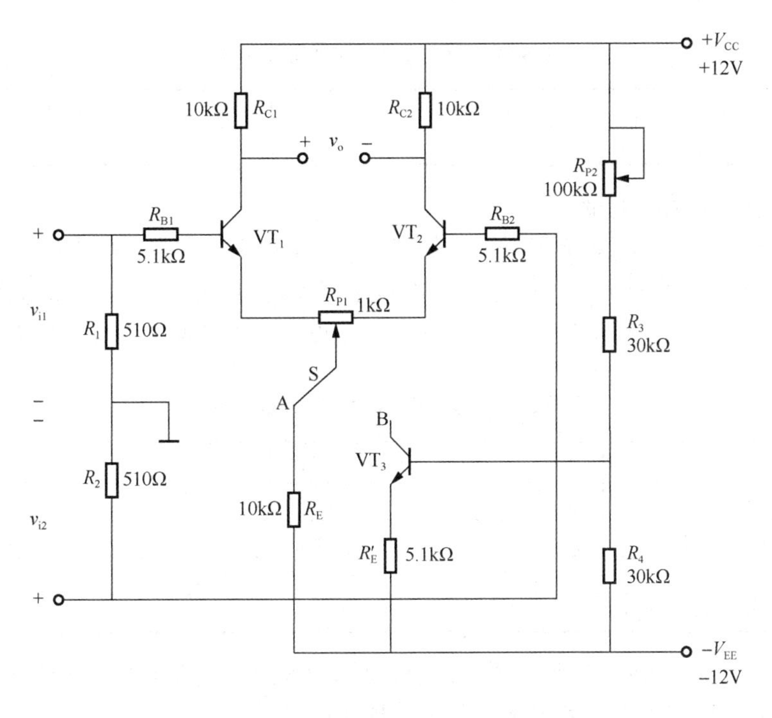

图 5.15　差动放大电路原理图

典型差动放大电路依靠发射极电阻 R_E 的强烈负反馈作用来抑制零点漂移。R_E 越大，其抑制能力越强，但 R_E 越大，就更需增加发射极的电压。为解决这一矛盾，在差动放大电路中常用晶体管组成的恒流源电路来代替电阻 R_E。如图 5.15 所示，当开关 S 打到 A 时，就构成典型的差动放大电路；当开关 S 打到 B 时，构成具有恒流源的差动放大电路。图 5.15 所示电路用晶体管恒流源代替发射极电阻 R_E，可以进一步提高差动放大器抑制共模信号的能力。

差动放大电路的输入方式有单端输入和双端输入之分，输出方式有单端输出和双端输出之分。无论输入采用何种方式，其双端输出的差模放大倍数 A_d 都等于单管电压放大倍数，而单端输出的差模放大倍数等于双端输出的一半（空载时），共模放大倍数 A_c 在理想情况下为零，而实际中并不为零。

5. 实验内容

（1）典型差动放大电路

1）静态工作点的调整与测量。将两个输入端的输入信号置为零，接通 ± 12V 的直流电源，调节电位器 R_{P1} 使 $v_o = 0$，即 $V_{C1} = V_{C2}$（用数字万用表直流电压挡测量），然后分别测量晶体管 VT$_1$ 和 VT$_2$ 的基极、发射极、集电极对地电压，并填入表 5.19。由于元件参数的离散，有的实验电路有可能最终只能调到 $V_{C1} \approx V_{C2}$。静态工作点越对称，差动放大器的共模抑制比越高。

表 5.19　静态工作点的调整与测量

参数	V_{B1}/V	V_{C1}/V	V_{E1}/V	V_{B2}/V	V_{C2}/V	V_{E2}/V
R_E=10kΩ						

2）差模放大倍数的测量。

① 输入端 v_{i1}、v_{i2} 分别接信号源的输出端，即可组成双端输入差模放大电路。调节信号源为 f=1kHz，v_i=100mV 的正弦信号，在输出无失真的情况下，用交流毫伏表或示波器测量 v_o、v_{C1}、v_{C2} 及 R_E 上的电压降 v_{R_E}，将测量结果填入表 5.20，并计算放大倍数 A_d。

表 5.20　典型差动放大电路各参数测量

参数		v_{C1}	v_{C2}	v_o	v_{R_E}	A_{d1}	A_{c1}	A_{d2}	A_{c2}	A_d	A_c
差模	双端输入										
	单端输入										
共模											
双端输入单端输出的共模抑制比 K_{CMR}=											

② 将输入信号 v_{i1}（或 v_{i2}）调为零，即组成单端输入差模放大电路，v_{i2}（或 v_{i1}）接 f=1kHz，v_i=100mV 信号，用交流毫伏表或示波器分别测量 v_o、v_{C1}、v_{C2} 及 R_E 上的电压降 v_{R_E}，计算放大倍数 A_d，并将结果填入表 5.20。

3）共模放大倍数的测量。将输入信号 v_{i1} 和 v_{i2} 的正端短接，信号源接入短接点和地之间，便组成共模放大电路，调节输入信号使 $f=1\text{kHz}$，$v_i=100\text{mV}$，在输出电压无失真的情况下，测量 v_{C1}、v_{C2} 和 v_{R_E}，计算放大倍数 A_c，并将结果填入表 5.20。

（2）具有恒流源的差动放大电路

将开关 S 拨向 B，不接信号源。

1）调平衡。将两个输入端短接并接地，调节 R_{P1} 和 R_{P2}，使 V_{C1}= V_{C2}，并等于 R_E=10kΩ 时的 V_{C1} 值。

2）差模放大倍数的测量。将输入信号 v_{i1} 和 v_{i2} 的正端短接并接入 f=1kHz，v_i =100mV 的输入信号，测量 v_{C1}、v_{C2} 和 v_{C3}，计算放大倍数并填入表 5.21。

表 5.21　具有恒流源的差动放大电路参数的测量

参数	v_{C1}	v_{C2}	v_o	v_{C3}	A_{d1}	A_{c1}	A_{d2}	A_{c2}	A_d	A_c
差模输入										
共模输入										
双端输入单端输出的共模抑制比 K_{CMR}=										

3）共模放大倍数的测量。按典型差模放大电路共模放大倍数测量的方法进行测量。

6. Multisim 仿真

用 Multisim 14.0 仿真实验内容（2）。

7. 实验报告要求

1）整理和处理实验数据。回答实验思考题。
2）对实验结果进行理论分析，找出误差产生的原因，提出减小实验误差的措施。
3）写出对本次实验的心得体会及意见，以及改进实验的建议。

8. 实验思考题

1）调零时，应该用数字万用表还是交流毫伏表来指示放大器的输出电压？为什么？
2）差动放大器为什么具有高的共模抑制比？

集成功率放大电路

1. 实验预习

1）仔细阅读实验原理中器件参数的介绍。
2）估算本实验电路的相关参数值。

2. 实验目的

1）熟悉集成功率放大器的性能特点，并学会应用集成低频功率放大器件。
2）掌握集成功率放大器主要指标的测量方法。

3. 实验器材

示波器、数字万用表、直流稳压电源、低频函数信号发生器、面包板、各种元器件。

4. 实验原理

本实验使用由集成功率放大器TDA2030组成的典型OTL低频功率放大电路，如图5.16所示。TDA2030的引脚如图5.17所示。

集成功率放大器TDA2030的电参数与极限参数分别如表5.22和表5.23所示。

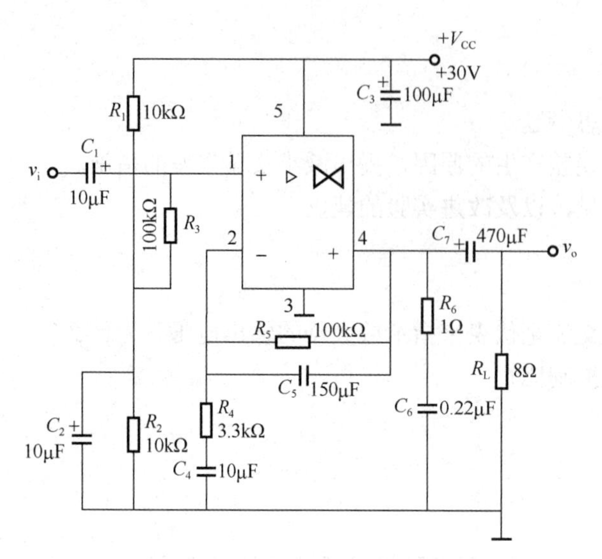

图 5.16　集成功率放大器实验电路图

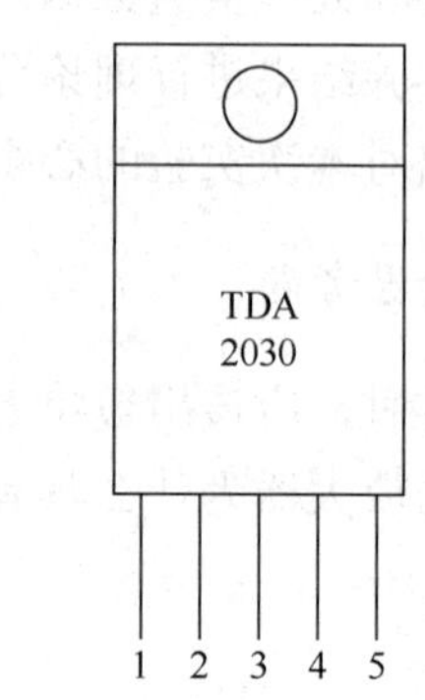

1—同相输入端；2—反相输入端；3—负电源供电端；4—输出端；5—正电源供电端。

图 5.17　TDA2030 的引脚

表 5.22　集成功率放大器 TDA2030 的电参数

参数名称	符号	测试条件 $V_{CC}=\pm15V$，$R_L=8\Omega$	典型参数值
静态电流/mA	I_{CC}		40
偏置电流/μA	I_B		0.2
输入失调电压/mV	V_{IO}		±2
输入失调电流/mA	I_{IO}		±20
输出功率/W	P_o	$\gamma=0.5\%$ $Av=30dB$ $40Hz\leqslant f\leqslant15kHz$	9
谐波失真/%	γ	$0.1W\leqslant P_o\leqslant8W$ $A_V=30dB$ $40Hz\leqslant f\leqslant15kHz$	0.1
输入灵敏度/mV	S	$P_o=8W$ $A_V=30dB$ $f=1kHz$	250
-3dB 带宽/Hz	B	$P_o=12W$ $A_V=30dB$ $R_L=4\Omega$	10～140000
输入电阻/MΩ	R_i	1 脚	5

表 5.23　集成功率放大器 TDA2030 的极限参数

极限参数（T_a=25℃）	额定值	单位
电源电压 V_{CC}	±18	V
输入电压 v_i	V_{CC}	V
输出峰值电流 I_{OM}	3.5	A

续表

极限参数（T_a =25℃）	额定值	单位
功耗（T=90℃）P_o	20	W
结温 T_j	−40～+150	℃
工作温度 T_{or}	−20～+75	℃
存放温度 T_s	−40～+150	℃

功率放大器 TDA2030 的主要性能如下：

1）额定输出功率。其指在满足规定的非线性失真系数和频率特性指标下，功率放大器所能输出的最大功率。一般由低频信号发生器输入 1kHz 的正弦波信号，在非线性失真系数不超过规定值的情况下，尽量加大输入信号幅度，此时最大输出功率 P_o 为 V_o^2 / R_L。式中，R_L 为负载值，V_o 为负载上电压值。

2）直流电源功耗。其指功率放大器在输出最大功率时电源功耗 P_E。

$$P_E = V_{CC} I_{dc}$$

式中，V_{CC} 为直流供电电源电压；I_{dc} 为输出最大功率时流过集成功率放大器的平均电流值。

3）效率 η。其指功率放大器输出最大功率时，输出功率与直流电源功耗之比，用百分数表示，即 $\eta = P_o / P_E \times 100\%$。

4）频率响应。设定最大输出电压值为 0dB，改变输入信号频率，输出电压幅度下降 3dB 所对应的下限频率 f_L 和上限频率 f_H。

5）非线性失真系数 γ。

$$\gamma = \frac{\sqrt{V_2^2 + V_3^2 + \cdots + V_n^2}}{V_1^2}$$

式中，V_1 为输出电压的基波分量有效值，V_2、V_3、…、V_n 为二次、三次、…、n 次谐波分量有效值。可以用示波器来观察波形的失真，γ 值可以用失真度测量仪测量。

5. 实验内容

1）按图 5.16 在面包板上搭接实验电路，在输出端接上等效负载 8Ω 的电阻，相当于接一个 8Ω 的扬声器。在输入端加上频率为 1kHz 的正弦波信号，在输出端用示波器观察波形。

2）最大输出功率的测量。在输入信号频率保持 1kHz，幅度逐渐加大到输出电压波形开始有明显失真之前，读出此时输出电压 v_o，以及直流电源供电的直流电流 I_{dc}，计算 P_o、P_E 和 η。

3）频率响应的测试。为了防止在测试频率响应时受到非线性失真的影响，应将输入信号幅度降低，v_i=100mV，测出 f_L 与 f_H。

6. 实验报告要求

1）整理实验数据，并进行相应计算以得到各参数的值。

2）回答实验思考题。

3）对接不同负载所测量的数据进行分析，掌握功率放大与电压放大不同的特点，以及功率放大器对负载匹配的要求。

7. 实验思考题

1）在测量集成功率放大器某一条件下的输出功率时，为什么要使输出达到最大不失真状态？

2）是否负载上得到的电压越大功率也越大？得到的最大功率是什么？

知识拓展：集成功率放大器 HA1392 介绍

图 5.18 所示功率放大电路为采用 HA1392 集成功率放大器组成双通道集成功率放大电路。

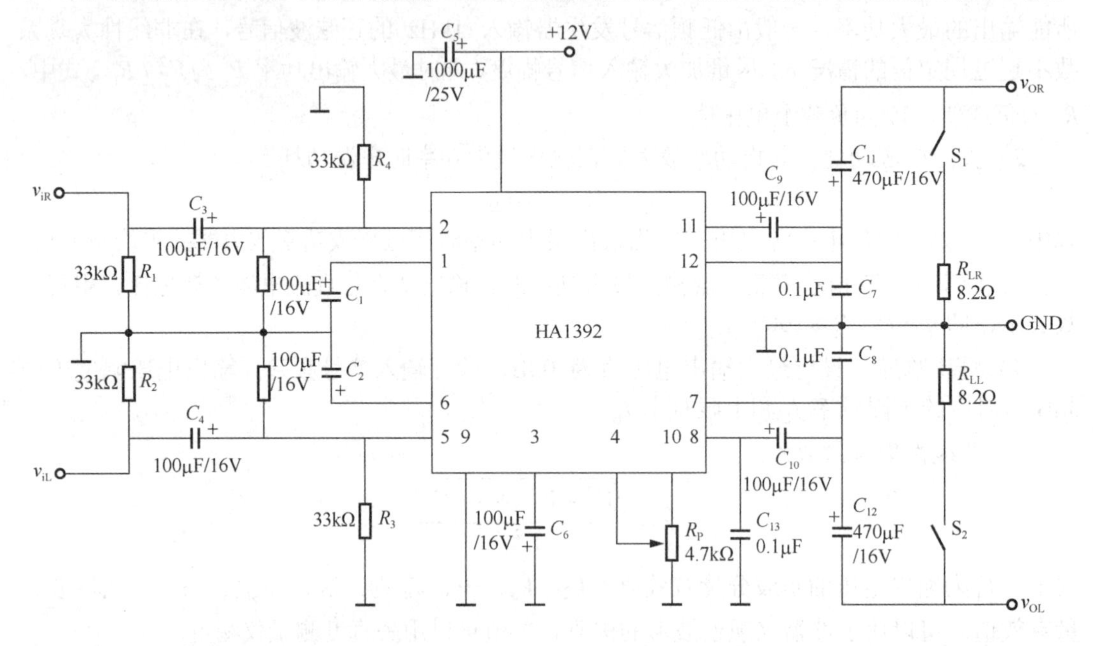

图 5.18　双通道功率放大电路

HA1392 是带静噪功能的双通道音频功率放大器，在电源电压 15V 和负载 4Ω 时单通道输出功率可达 6.8W。其静态电流小，交越失真小，电压增益可通过外接电阻调节。HA1392 既可接成双通道 OTL 电路，又可接成单通道 BTL 电路。

HA1392 的引脚如图 5.19 所示。

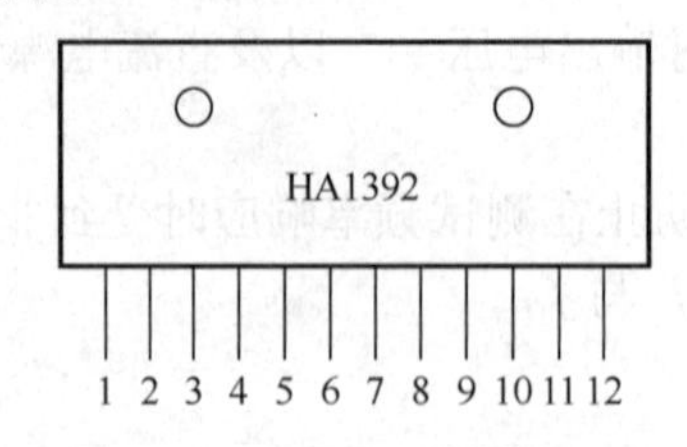

图 5.19　HA1392 的引脚

HA1392 的电性能参数及极限参数分别如表 5.24 和表 5.25 所示。

表 5.24　HA1392 电性能参数

参数名称	符号	测试条件		参数值		
				最小	典型	最大
静态电流/mA	I_{CC}	V_I=0			36	60
偏置电流/μA	I_B	V_I=1				1.0
电压增益/dB	A_v	V_I=46dB		44	46	48
通道间增益差/dB	ΔA_v	V_I=146dB		3.8		±1.5
单通道输出功率/W	P_o	THD=10%	V_{∞}=12V		4.3	
			V_{∞}=15V		6.8	
谐波失真度/%	THD	P_o=0.5W			0.25	1.0
输出噪声电压/mV	V_{NO}	R_W=10kΩ，B=20～20000Hz			0.4	1.0
电源纹波抑制比/dB	R_{rr}	f=100Hz，V_{DD}=0dB		40	44	
高音频转折频率/kHz	f_H	V_I=−46dB，A_v=−3dB		12	20	33
通道串音/dB	CT	V_I=−46dB			60	
静噪衰减/dB	A_{cc}	I_{maxi}=5mA，V=−46dB			60	

表 5.25　HA1392 的极限参数

极限参数（T_a=25℃）	额定值
电源电压 V_0/V	25
输出峰值电流 I_o/A	4
允许功耗 P_o/W	15
结温 T_j/℃	150
工作温度 T_{or}/℃	−20～+75
存放温度 T_s/℃	−50～+125

1）噪声电压 V_N。噪声电压即输入信号为零时，输出交流电压的有效值。测试方法为将两个通道的输入端与地短路，用毫伏表测量其两个通道的输出电压有效值。

2）最大不失真输出功率 $P_{om} = v_{om}^2 / R_L$（只考虑限幅失真）。测试方法为在输入端加 f=1kHz 正弦波信号，输出端接示波器或交流毫伏表，R_P 顺时针旋至最大，缓慢增加输入信号幅度，用示波器观察。当输出电压波形达到最大不失真时，用毫伏表测量正弦波电压的有效值，计算出最大不失真输出功率。

注意：应顺时针将音量电位器调至最大。

3）通道间功率增益差 ΔP_o：

$$\Delta P_o = 10\lg(P_{lom} / P_{rom}) \tag{5-28}$$

测试方法可根据两个通道的 P_{om} 来进行计算。

4）输入灵敏度 S。最大不失真输出电压时用毫伏表测量其输入电压的有效值，即为输入灵敏度。

5）电压增益 A_v。电压增益指在通频带的中心频率附近，输出电压与输入电压之比。其表达式为

$$A_v = 20\lg(v_{om} / v_i) \tag{5-29}$$

根据定义，测量时电压增益可通过最大不失真输出电压 v_{om} 与输入灵敏度之比得出。

6）输出电阻 R_o。输出电阻是用来衡量功率放大器负载特性的，可通过测量开路电压，和带载电压，以及负载电阻计算得到。其表达式为

$$R_o = (v_o / v_L - 1)R_L \tag{5-30}$$

测量方法为在不失真情况下，通过负载开关的合（on）和关（off）分别用毫伏表测量出 v_o 和 v_L 电压的有效值。通过已知负载电阻 R_L（8.2Ω）来计算出 R_o。

7）带宽 B。带宽定义为上限频率和下限频率的差，$B = f_H - f_L$。

测量时，首先给定通带一个中心频率 f_0 附近的频率，如 f=1kHz，再输入电压，该电压不能使输出失真，并记下此输入与输出电压。调节信号源将使频率降低，在输出电压为频率 f=1kHz 时的输出电压的 $\sqrt{2}/2$ 倍的情况下，若输入电压保持不变，信号源所对应的频率就是下限频率 f_L（一般 HA1392 的输入阻抗较高，故频率变化对输入信号幅度影响不大，若有变化，将输入电压调节到 f=1kHz 时的输入电压，再调节频率使其为 f=1kHz 时输出电压的 $\sqrt{2}/2$ 倍）。若将信号源频率升高，可测出上限频率 f_H。

8）通道分离度 S_{rp}。通道分离度指某信道的输出电压 E_1 与另一信道串到该信道输出电压之比。其表达式为

$$S_{rp} = 20\lg(E_1 / \Delta E_1) \tag{5-31}$$

测量时本通道输入 f=1kHz 的正弦波信号，将另一信道输入短路，测试该通道的输出电压 E_1；再将本信道的输入短路，另一信道加入 f=1kHz 的正弦波信号，测量该信道串入本通道的输出电压 ΔE_1，根据公式算出 S_{rp}。

9）加音乐信号试听。在输入端分别加入立体声音乐信号，将负载开关分别置 off 位置。在输出端接上 8Ω 的音箱负载，将音量电位器逆时针旋到底，开启电源将音量电位器顺时针旋到适当位置，用耳去听。

注意：若负载开关在 on 位置，即加负载与音箱并联，会使音量下降；在输入端严禁用手触摸，这样会将感应信号加以放大产生很大的噪声。

实验 5.7 运算放大器的应用（一）

1. 实验预习

1）复习有关运算电路和波形产生电路的相关内容。

2）掌握运算放大器的组成、原理及应用。

3）计算实验内容中待测参数的理论值。

4）为了不损坏集成电路，实验中应注意的事项。

2. 实验目的

1）掌握用运算放大器组成比例、求和电路及波形产生电路的特点及性能。
2）掌握各电路的工作原理、测试和分析方法。

3. 实验器材

示波器、数字万用表、低频函数信号发生器、直流稳压电源、面包板、各种元器件。

4. 实验原理

运算放大器是具有两个输入端、一个输出端的高增益、高输入阻抗和低输出阻抗的直流放大器。其外接负反馈网络后能够完成各种不同的功能。若负反馈网络为线性电路，则可实现放大、加法、减法、微分和积分功能；若反馈网络为非线性电路，可实现对数、乘法和除法等功能。另外，运算放大器外接负反馈网络还可组成各种波形产生电路，如产生正弦波、三角波、脉冲等。

使用运算放大器时必须注意调零和相位补偿。调零的目的是提高运算放大器的精度，消除因失调电压和失调电流引起的误差，保证运算放大器输入为零时，输出也为零。相位补偿是给具有补偿端的运算放大器增加一些元器件，以改变其开环频率响应，使在保证一定相位裕度的前提下，获得较大的环路增益。

多数情况下，将运算放大器视为理想运算放大器，即将运算放大器的各项技术指标理想化。满足下列条件的运算放大器称为理想运算放大器：失调与漂移均为零，开环电压增益 $A_{vd}=\infty$，输入阻抗 $R_i=\infty$，输出阻抗 $R_o=0$，带宽 $B=\infty$。

理想运算放大器在线性应用时的两个重要特性如下。

1）输出电压与输入电压之间满足关系式：

$$v_o = A_{vd}(v_+ - v_-) \tag{5-32}$$

由于 $A_{vd}=\infty$，而 v_o 为有限值，故 $v_+ - v_- \approx 0$，即 $v_+ \approx v_-$，称为虚短。

2）由于 $R_i=\infty$，流进运算放大器两个输入端的电流可视为零，即

$$i_{IB}=0 \tag{5-33}$$

式（5-34）是虚断的公式表现。

这两个特性是分析运算放大器的基本原则，可简化运算放大器电路的计算。

（1）反相比例运算

反相比例运算放大器原理图如图 5.20 所示，输入信号 v_i 通过 R_1 加到运算放大器的反相输入端，同相输入端通过电阻 R_2 和 R_3 的并联接地（为了减小输入级偏置电流引起的运算误差）。电路的输出信号与输入信号之间的关系为

$$v_o = -\frac{R_f}{R_1}v_i \tag{5-34}$$

（2）加法运算

加法运算电路原理图如图 5.21 所示。其中，输入信号 v_A 和 v_A 经过 R_3 后的电压 v_B 通过电阻 R_1 和 R_2 从反相输入端输入。根据叠加定理，得

$$v_o = -\left(\frac{R_f}{R_1}v_A + \frac{R_f}{R_2}v_B\right) \tag{5-35}$$

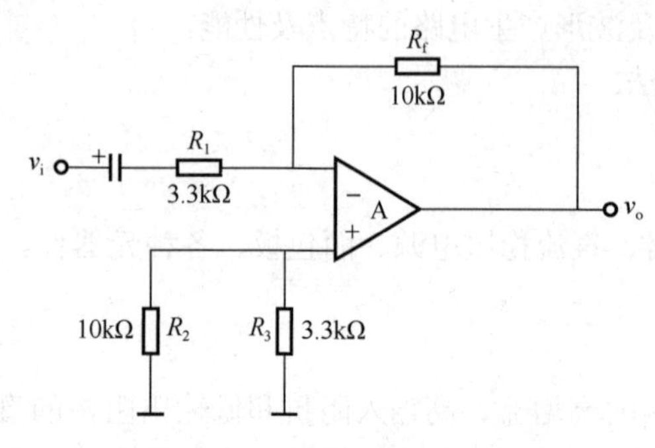

图 5.20　反相比例运算放大器原理图

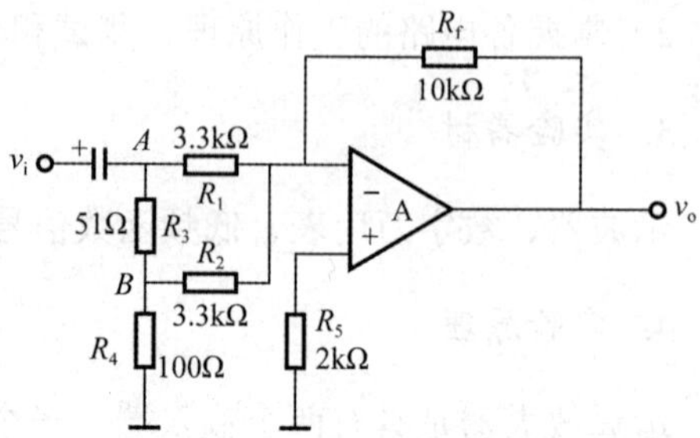

图 5.21　加法运算电路原理图

（3）减法运算

减法运算电路原理图如图 5.22 所示。其中，输入信号 v_A 和 v_A 经过 R_3 后的电压 v_B 同时加到运算放大器的反相端和同相端，即为差动运算放大器（减法器）。根据叠加原理，得

$$v_o = \frac{R_f}{R}(v_A - v_B) \tag{5-36}$$

（4）方波产生电路

方波产生电路原理图如图 5.23 所示。其中，R_2 构成正反馈电路，把输出电压 v_o 的一部分反馈到同相输入端；R_1 和 C 组成积分电路，把输出电压 v_o 经 R_1 对 C 充电后的电压 v_C 反馈到反相输入端，这样运算放大器在电路中起电压比较器的作用。

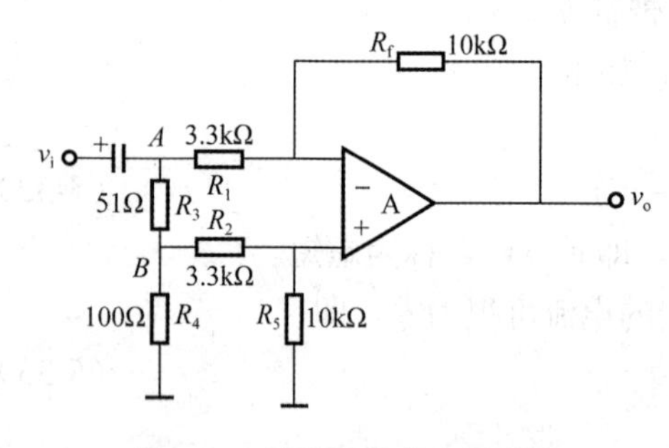

图 5.22　减法运算电路原理图

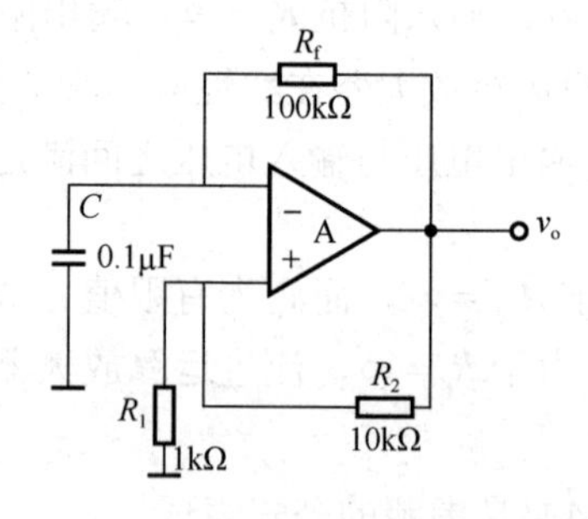

图 5.23　方波产生电路原理图

由分析得方波发生器的频率为

$$f = \frac{1}{2R_f C \ln\left(1 + \frac{2R_1}{R_2}\right)} \tag{5-37}$$

（5）*RC* 正弦波振荡器

RC 正弦波振荡器原理图如图 5.24 所示。其中，R_1、C_1 和 R_2、C_2 组成文氏桥振荡器中的串并联选频网络，VD_1、VD_2 为稳压二极管，R_3、R_P 组成负反馈回路。改变 R_P 的值可改变负反馈的强弱，即调节放大器的放大倍数。

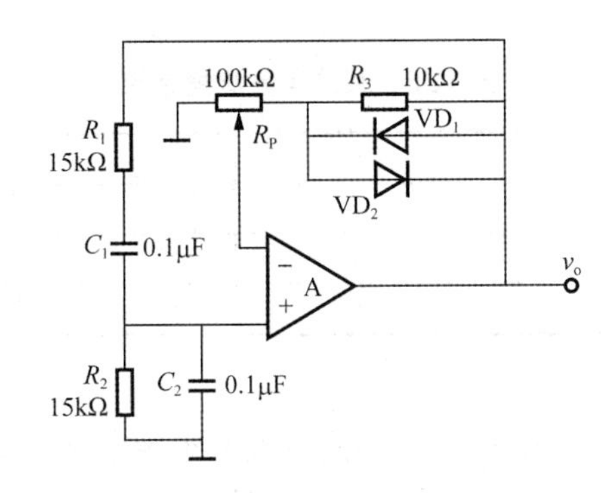

图 5.24　*RC* 正弦波振荡器原理图

由分析得正弦波发生器的频率为

$$f = \frac{1}{2\pi RC} \tag{5-38}$$

式中，$R = R_1 = R_2$，$C = C_1 = C_2$。

5. 实验内容

（1）比例器

实验电路如图 5.20 所示。按图 5.20 在面包板上搭接电路，接通 ±12V 电源。按表 5.26 的内容进行测量并记录。v_i 的频率为 1kHz。

表 5.26　反相比例器测量结果

v_i/V		0.1	0.4	0.7
$v_o = -\frac{R_f}{R_1}v_i$	测量值			
	理论值			

（2）加法运算

实验电路如图 5.21 所示。按图 5.21 在面包板上搭接电路，接通 ± 12V 电源，在电路的输入端加入 *f*=1kHz，幅度为一合适的值使 *A* 点电压分别为 0.1V、0.4V、0.7V。按表 5.27 的内容进行测量并记录。

表 5.27　加法运算测量结果

v_A/V		0.3	0.6	0.9
v_B/V				
$v_o = -\left(\frac{R_f}{R_1}v_A + \frac{R_f}{R_2}v_B\right)$	测量值			
	理论值			

（3）减法运算

实验电路如图 5.22 所示。按图 5.22 在面包板上搭接电路，接通 ± 12V 电源，在电路的输入端加入 *f*=1kHz，幅度为一合适的值使 *A* 点电压分别为 0.1V、0.4V、0.7V。按表 5.28 的内容进行测量并记录（表 5.28 中的表达式中 R=R_1=R_2）。

表 5.28　减法运算测量结果

v_A/V		0.3	0.6	0.9
v_B/V				
$v_o=\frac{R_f}{R}(v_A-v_B)$	测量值			
	理论值			

（4）方波发生器

实验电路如图 5.23 所示。按图 5.23 在面包板上搭接电路，接通 ±12V 电源后，用示波器观察输出方波、测出其频率和幅度并记录，同时画出波形图。

$f=$________，$v_{op\text{-}p}=$________。

（5）*RC* 正弦波振荡器

实验电路如图 5.24 所示。按图 5.24 在面包板上搭接电路，接通 ±12V 电源后，用示波器观察输出波形，测出其频率和幅度并记录，同时画出波形图。

$f=$________，$v_{op\text{-}p}=$________。

6. Multisim 仿真

用 Multisim 14.0 仿真实验内容（2）、（3）、（5）。

7. 实验报告要求

1）整理实验数据，并与理论值进行比较、分析和讨论，计算振荡器频率。
2）回答实验思考题。
3）用坐标纸描绘观察到的各个信号波形。
4）写出实验的心得体会。

8. 实验思考题

使用运算放大器前，为什么要连接成闭环状态调零？可否将反馈支路电阻开路调零？

知识拓展：LM324 简介

LM324 是四运算放大器，采用 14 引脚双列直插塑料封装，内部包含 4 组形式完全相同的运算放大器，除电源公用外，4 组运算放大器相互独立。

每组运算放大器可用图 5.25（a）所示的符号来表示，它有 3 个引脚，其中 v_o 为输出端，v_+、v_- 为两个输入端。v_+ 为同相输入端，表示运算放大器输出端信号与输入端信号相位相同；v_- 为反相输入端，表示运算放大器输出端信号与输入端信号相位相反。LM324 引脚图如图 5.25（b）所示。

LM324 四运算放大器电路具有电源电压范围宽，静态功耗小，价格低廉等优点，应用广泛。

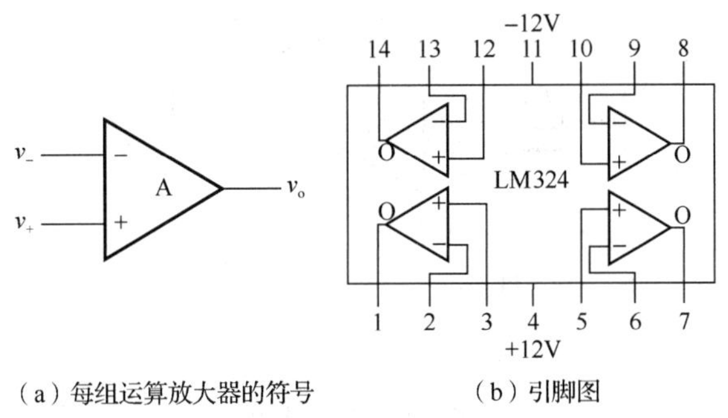

（a）每组运算放大器的符号　　（b）引脚图

图 5.25　LM324 符号及引脚图

实验 5.8　运算放大器的应用（二）

1. 实验预习

1）复习中有关积分和微分电路的相关内容。
2）掌握运算放大器的组成、原理及应用。
3）掌握设计运算放大器信号运算电路的方法。

2. 实验目的

1）学会用运算放大器组成积分、微分电路的方法。
2）掌握积分、微分电路的特点和性能。
3）进一步熟悉运算放大电路的工作原理。

3. 实验器材

双踪示波器、数字万用表、低频函数信号发生器、直流稳压电源、交流毫伏表、各种元器件。

4. 实验原理

1）图 5.26 为一积分电路，当运算放大器的开环增益足够大时，可认为

$$i_R = i_C$$

式中，$i_R = v_\mathrm{i} / R_1$，$i_C = -C\dfrac{\mathrm{d}v_\mathrm{o}(t)}{\mathrm{d}t}$，即

$$v_\mathrm{o}(t) = -\frac{1}{R_1 C}\int v_\mathrm{i}(t)\mathrm{d}t \tag{5-39}$$

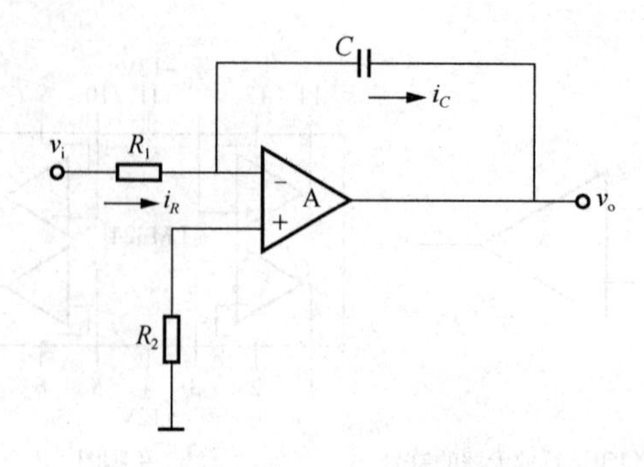

图 5.26　积分电路

如果电容器两端的初始电压为零，则

$$v_o(t) = -\frac{1}{R_1 C}\int_0^t v_i(t)\mathrm{d}t \tag{5-40}$$

式（5-40）表示输出电压 v_o 为输入电压 v_i 对时间的积分，负号表示它们在相位上是反相的。

当输入信号 $v_i(t)$ 是幅度为 A 的阶跃信号时，在它的作用下，电容将以近似恒流方式进行充电，输出电压 $v_o(t)$ 与时间 t 成近似线性关系，如图 5.27 所示。

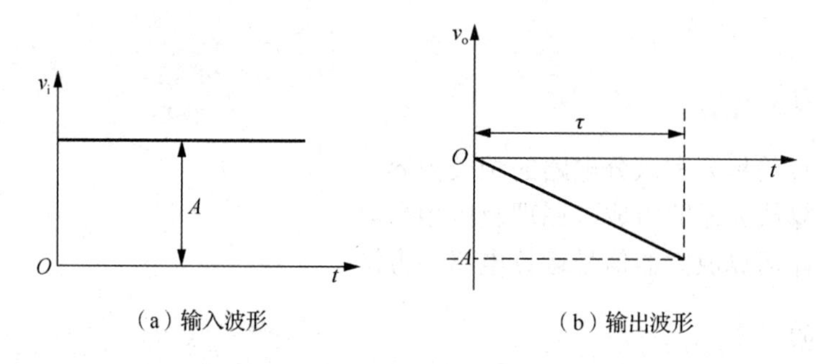

图 5.27　输入电压、输出电压波形图

$$v_o(t) = -\frac{1}{R_1 C}\int_0^t A\mathrm{d}t = -\frac{1}{R_1 C}At = -\frac{1}{\tau}At \tag{5-41}$$

式中，$\tau = R_1 C$，为时间常数。由图 5.27 可知，当 $t = \tau$ 时，有 $v_o(t) = -A$。

实际电路中，通常在积分电容两端并接反馈电阻 R_f，作为直流负反馈，以减小运算放大器输出端的直流漂移，但是 R_f 的存在将影响积分器的线性关系，所以 R_f 的取值应适当。

2）图 5.28 为一微分电路。当运算放大器的开环增益足够大时，有

$$i_1(t) = C\frac{\mathrm{d}v_i(t)}{\mathrm{d}t} \tag{5-42}$$

$$i_1(t) = i_f(t) \tag{5-43}$$

$$v_o(t) = -R_f i_f(t) = -R_f C\frac{\mathrm{d}v_i(t)}{\mathrm{d}t} \tag{5-44}$$

式（5-44）表示输出电压与输入电压的微分关系。当输入电压 $v_i(t) = A\sin\omega t$ 时，输出电压 $v_o(t) = A\cos\omega t$。

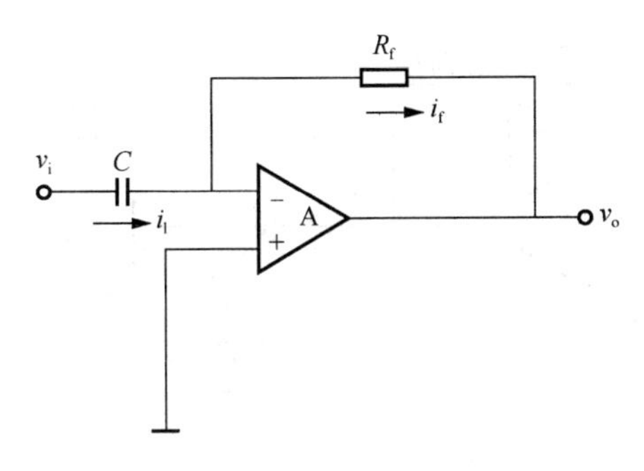

图 5.28　微分电路

实际电路中，常在 C 一端串入一电阻，在 R_f 两端并入一电容，解决直流漂移、高频噪声等问题。

5. 实验内容

（1）积分器

按图 5.29 连接电路。

1）输入信号 v_i 为正弦信号，其峰峰值为 6V，频率分别为 100Hz、1kHz 时，用双踪示波器同时观察 v_i 和 v_o 的波形，记录 v_o 的幅度及其相对于 v_i 的相位。

2）输入信号 v_i 为方波信号，其幅度值为 2V，频率为 200Hz 时，用双踪示波器同时观察 v_i 和 v_o 的波形并记录幅度值。

（2）微分器

按图 5.30 连接电路。为了防止振荡及噪声，实际电路中附加 C_2。

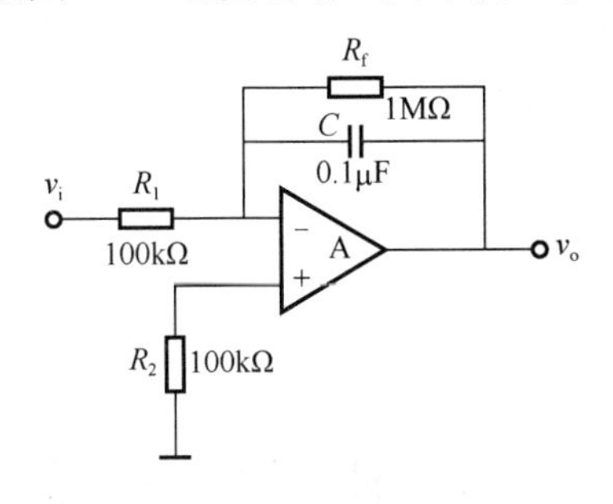

图 5.29　积分器电路

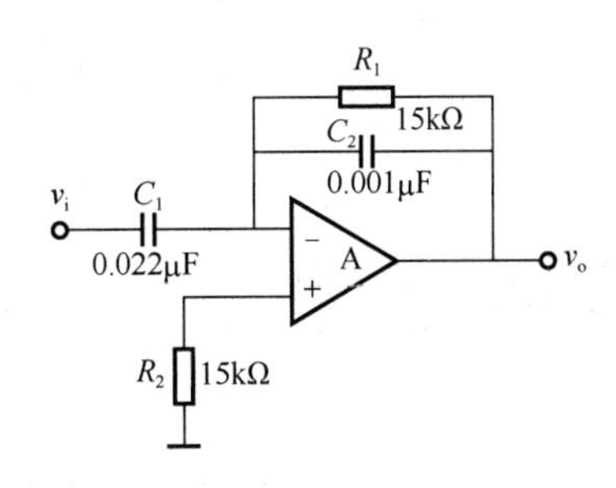

图 5.30　微分器电路

1）输入信号 v_i 为正弦信号，其峰峰值为 6V，频率分别为 100Hz、1kHz，用双踪示波器同时观察 v_i 和 v_o，记录 v_o 和 v_i 的波形及其相位关系。

2）输入信号 v_i 为方波信号，其幅度值为 2V，频率为 200Hz 时，用双踪示波器同时观察 v_i 和 v_o 的波形并记录幅度值。

（3）积分-微分电路

按图 5.31 连接电路。输入信号 v_i 为方波信号，其幅值为 2V，频率为 200Hz，用双踪示波器同时观察 v_i 和 v_o 的波形并记录。

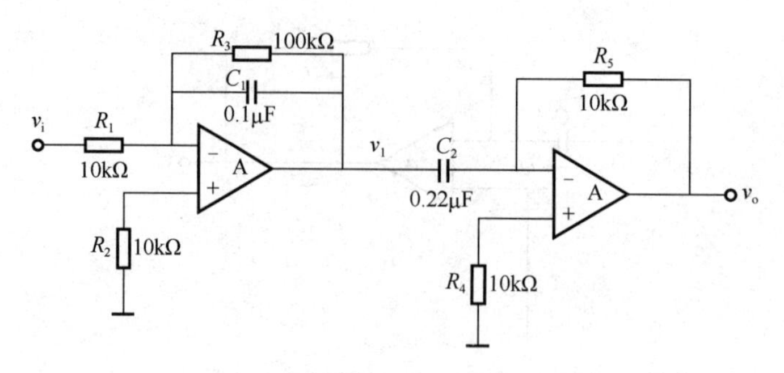

图 5.31　积分-微分实验电路图

6. Multisim 仿真

用 Multisim 14.0 仿真所有实验内容。

7. 实验报告要求

1）列表整理实验数据。
2）用坐标纸描绘观察到的各个信号波形。
3）回答实验思考题。
4）写出实验的心得体会。

8. 实验思考题

1）积分电路中，跨接在电容两端的电阻 R_1 起什么作用？
2）在实际应用中，积分器的误差与哪些因素有关？
3）产生输入失调电压和输入失调电流的原因有何不同？

比较电路

1. 实验预习

1）复习有关比较器的内容，熟悉其工作原理及电路参数的计算方法。
2）画出各类比较器的传输曲线。

2. 实验目的

1）了解单门限比较器、滞回比较器和窗口比较器的性能特点。
2）学习比较器传输特性的测试方法。
3）掌握比较器的电路构成及特点。

3. 实验器材

示波器、数字万用表、低频函数信号发生器、直流稳压电源、交流毫伏表、各种元器件。

4. 实验原理

电压比较器的功能是将输入信号与一个参考电压进行比较，并用输出的高（逻辑 1）、低（逻辑 0）电平来表示比较结果。电压比较器的特点是电路中的运算放大器工作在开环或正反馈状态，输入和输出之间呈现非线性传输特性。这种工作在非线性特性下的运算放大器在数字技术和自动控制系统中得到了广泛应用。电压比较器可以组成非正弦波形变换电路（方波、三角波、锯齿波等），广泛应用于模拟与数字电路转换等领域。

单门限比较器只有一个阈值电压。阈值电压指输出由一个状态跳变到另一个状态的临界条件所对应的输入电压值。单门限比较器抗干扰能力一般，如果阈值电压等于零，变为过零比较器，通常用于信号过零检测。

滞回比较器具有两个阈值电压。当输入逐渐由小增大或由大减小时，阈值电压是不同的。滞回比较器抗干扰能力比较强。

窗口比较器能检测输入电压是否在两个给定的参考电压之间，可以对落在范围以内的信号进行选择输出。

（1）过零比较器

图 5.32（a）为加限幅电路的过零比较器的原理图。其电压传输特性如图 5.32（b）所示。其中，V_Z 为稳压二极管的稳压电压，V_D 为管压降。

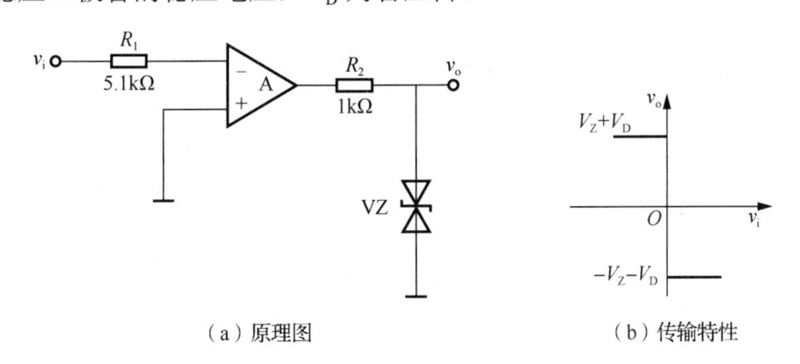

（a）原理图　　（b）传输特性

图 5.32　加限幅电路的过零比较器的原理图及传输特性

当 $v_i > 0$ 时：

$$v_o = -(V_Z + V_D) \tag{5-45}$$

当 $v_i < 0$ 时：

$$v_o = +(V_Z + V_D) \tag{5-46}$$

（2）滞回比较器

滞回比较器电路的原理图如图 5.33（a）所示，其中 V_R 为参考电压。其传输特性如图 5.33（b）所示。通过电阻 R_f 将输出电压反馈到同相输入端，从而引入了正反馈，使同相输入电压与输出电压相关。它具有上、下两个阈值电压。

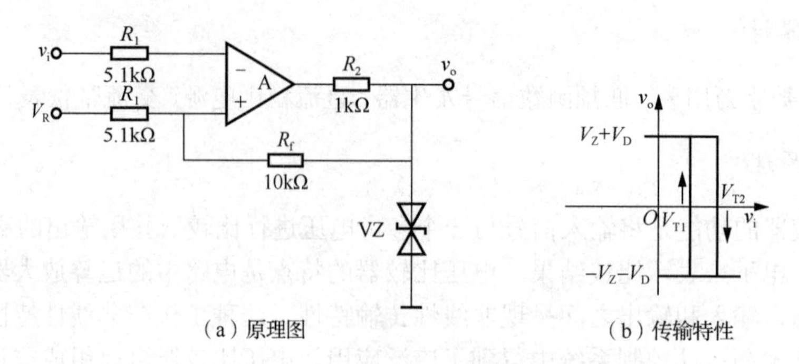

（a）原理图　　（b）传输特性

图 5.33　滞回比较器的原理图及传输特性

上限阈值电压为

$$V_{T1}=\frac{R_f}{R_1+R_f}V_R-\frac{R_f}{R_1+R_f}(V_Z+V_D) \tag{5-47}$$

下限阈值电压为

$$V_{T2}=\frac{R_f}{R_1+R_f}V_R+\frac{R_f}{R_1+R_f}(V_Z+V_D) \tag{5-48}$$

（3）窗口比较器

窗口比较器的原理如图 5.34（a）所示。如果 $V_{RL}<v_i<V_{RH}$（其中 V_{RL}、V_{RH} 为两个不同的参考电压），则窗口比较器的输出电压 v_o 等于零，否则，等于稳压管的稳定电压 V_Z。其电压传输特性如图 5.34（b）所示。

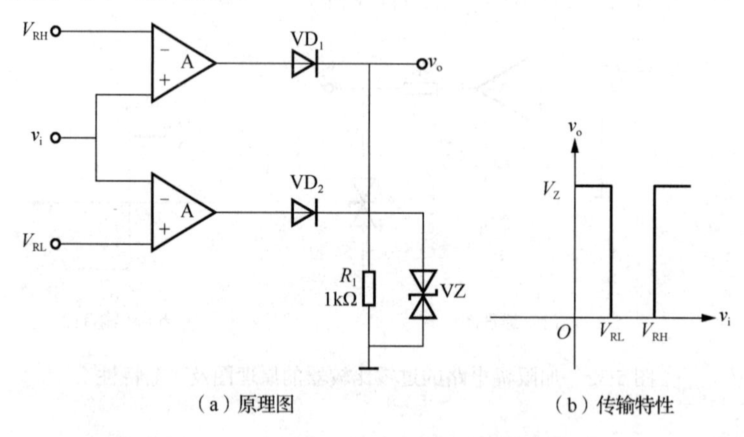

（a）原理图　　（b）传输特性

图 5.34　窗口比较器的原理图及传输特性

5. 实验内容

（1）过零比较器

按图 5.32（a）连接电路。

1）当 $v_i=0$ 时，用示波器测量 v_o 的值。

2）当输入信号为 $v_i=2\text{V}$，$f=200\text{Hz}$ 的正弦信号，观测 v_i、v_o 波形。

3）v_i 输入直流电压，改变 v_i 的电压值，测量对应的 v_o 值，并绘出电压传输特性曲线。

（2）滞回比较器

按图 5.33（a）连接电路。

1）当$V_R = 2V$，v_i输入直流电压，改变v_i的电压值，测出v_o由正的最大输出电压变化到负的最大输出电压，即$+V_{OM} \to -V_{OM}$时v_i的临界值。同时测出v_o由$-V_{OM} \to +V_{OM}$时v_i的临界值，并绘出电压传输特性曲线。

2）当$V_R = 0$时，重复步骤1）。

6. 实验报告要求

1）用坐标纸描绘观测到的各个信号波形和传输特性曲线。
2）将各个实验结果进行分析讨论。
3）写出实验心得体会。
4）回答实验思考题。

7. 实验思考题

1）比较器是否需要调零？为什么？

2）将图5.32（a）中运算放大器的反向输入端接地，同向输入端接v_i，绘出其传输特性。

实验5.10 电流源电路

1. 实验预习

1）复习电流源电路的相关内容。
2）复合结构的电路有什么优缺点。

2. 实验目的

1）了解电流源的几种组成形式。
2）通过对电流源的测试和计算，掌握电流源的恒流特性。

3. 实验器材

示波器、数字万用表、低频函数信号发生器、直流稳压电源、交流毫伏表、各种元器件。

4. 实验原理

电流源广泛用于模拟集成电路中，它为放大电路提供了稳定的偏置电流，也可以作为放大器的有源负载。

（1）镜像电流源

镜像电流源的电路原理图如图5.35所示。VT_1、VT_2两管参数完全一致，因此$V_{BE1}=V_{BE2}$，$I_{E1}=I_{E2}$，$I_{C1}=I_{C2}$，当β值较大时，I_{B1}可以忽略，有

$$I_{C2} \approx I_{ref} = \frac{V_{CC} - V_{BE}}{R_{ref}} \approx \frac{V_{CC}}{R_{ref}} \tag{5-49}$$

由式（5-49）可知，若 R_{ref} 确定，I_{ref} 就确定了，I_{C2} 也随之确定，因此称 I_{C2} 是 I_{ref} 的镜像。此外，VT_1 对 VT_2 具有温度补偿作用，使 I_{C2} 的温度稳定性也较好。镜像电流源适用于较大工作电流场合。

（2）带缓冲级的镜像电流源

带缓冲级的镜像电流源的电路原理图如图 5.36 所示。当 VT_1、VT_2 两管 β 值不够大时，I_{C2} 与 I_{ref} 存在一定的差别。为了弥补这一缺陷，在电路中增加一个晶体管 VT_3。利用 VT_3 的电流放大作用，减小了 I_{B1} 对 I_{ref} 的分流作用，从而提高了 I_{C2} 与 I_{ref} 互成镜像的精度。为了避免 VT_3 的电流过小而使 β_3 下降，在 VT_3 的发射极加了一个电阻 R_E，使 I_{E3} 增大。

（3）微电流源

微电流源的电路原理图如图 5.37 所示。与图 5.35 相比，在 VT_2 的发射极串入电阻 R_{E2}，则 I_{C2} 可确定为

$$V_{BE1} - V_{BE2} = \Delta V_{BE} = I_{E2}R_{E2} \tag{5-50}$$

$$I_{C2} \approx I_{E2} = \frac{\Delta V_{BE}}{R_{E2}} \tag{5-51}$$

ΔV_{BE} 很小，因此电阻 R_{E2} 阻值不大便可获得微小的工作电流，所以称为微电流源。

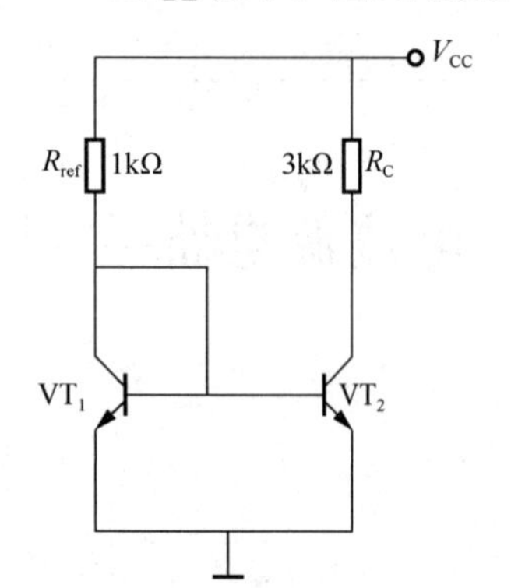

图 5.35　镜像电流源的电路原理图

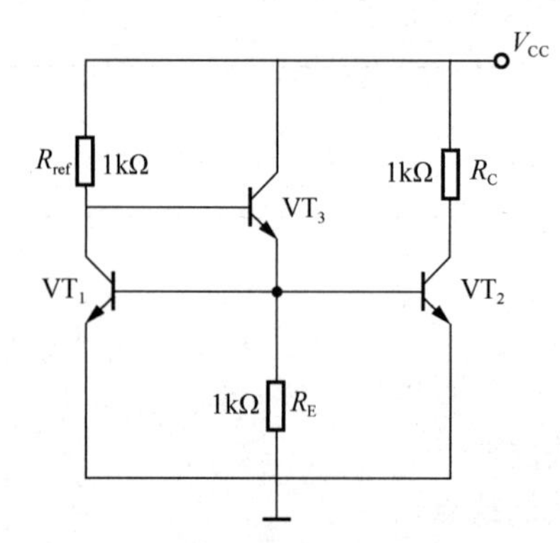

图 5.36　带缓冲级的镜像电流源的电路原理图

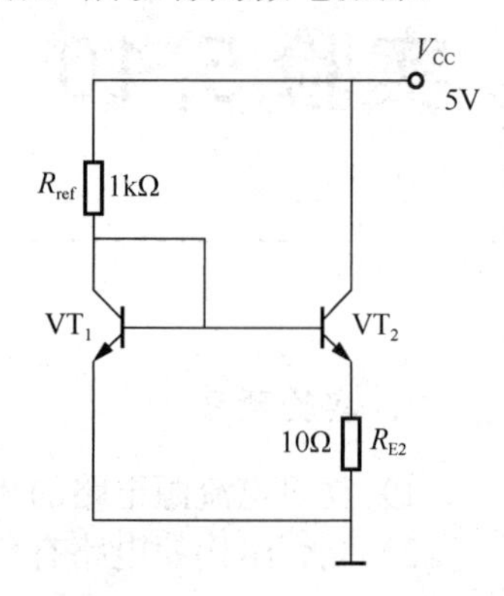

图 5.37　微电流源的电路原理图

5. 实验内容

（1）镜像电流源的参数测量

按图 5.35 连接电路，V_{CC}=5V，改变 VT_2 负载 R_C 的值分别为 510Ω、1kΩ、2kΩ、3kΩ，用数字万用表直流电压挡间接测量，计算出 I_{C2} 和 I_{ref} 的值，填入表 5.29。

表 5.29　镜像电流源的参数测量结果

R_C	510Ω	1kΩ	2kΩ	3kΩ
I_{C2}				
I_{ref}				

（2）带缓冲级的镜像电流源的参数测量

按图 5.36 连接电路，V_{CC}=5V，改变 VT_2 负载 R_C 的值分别为 510Ω、1kΩ、2kΩ、3kΩ，用数字万用表直流电压挡间接测量，计算出 I_{C2} 和 I_{ref} 的值，填入表 5.30。

表 5.30　带缓冲级的镜像电流源的参数测量结果

R_C	510Ω	1kΩ	2kΩ	3kΩ
I_{C2}				
I_{ref}				

（3）微电流源的参数测量

按图 5.37 连接电路，分别改变 V_{CC}、R_{E2}、R_{ref} 的值，测量并计算 I_{C2} 和 I_{ref} 的值，填入表 5.31（默认 V_{CC}=15V、R_{E2}=51Ω、R_{ref}=1kΩ）。

表 5.31　微电流源的参数测量结果

参数	V_{CC}=5V	V_{CC}=15V	R_{E2}=10Ω	R_{E2}=51Ω	R_{ref}=1kΩ	R_{ref}=3kΩ
I_{C2}						
I_{ref}						

6. 实验报告要求

1）将各个实验结果进行分析讨论。
2）回答实验思考题。
3）写出实验的心得体会。

7. 实验思考题

1）电流源电路在模拟集成电路中可起什么作用？
2）设计一个多路电流源，使 I_{ref} 确定后可以获得不同比例的多路输出电流。

实验 5.11　负反馈放大电路

1. 实验预习

1）复习有关负反馈放大器的内容。
2）估算实验原理图中负反馈放大电路的静态工作点。（$\beta_1=\beta_2=100$）
3）各指标参数的估算。

2. 实验目的

1）掌握负反馈放大器性能指标的调节和测试方法。

2）加深对负反馈放大器放大特性的理解。

3. 实验器材

示波器、数字万用表、直流稳压电源、低频函数信号发生器、交流毫伏表、各种元器件。

4. 实验原理

负反馈放大电路由主网络（即无反馈的放大器）和反馈网络组成。反馈网络的作用是把输出信号（电压或电流）的全部或一部分反馈到信号的输入端，如果反馈信号削弱了原输入信号，则为负反馈。负反馈的引入影响了放大电路的性能，降低了放大倍数，提高了放大电路的稳定性，改变了输入和输出阻抗，展宽了通频带，改善了输出波形。

观察放大器输出回路，若反馈网络从输出端引出，反馈信号正比于输出电压，则为电压负反馈，它能降低输出电阻。若反馈网络不从输出端引出，反馈信号正比于输出电流，而与输出电压无关，则为电流负反馈，它提高了输出电阻。观察放大器输入回路，若反馈网络直接并联在输入端，则为并联负反馈，它降低了输入电阻；否则，为串联负反馈，它能提高输入电阻。负反馈分为电压串联负反馈、电压并联负反馈、电流串联负反馈、电流并联负反馈。

本实验研究的是电压串联负反馈，如图 5.38 所示，放大器中引入了电压串联负反馈，故输入电阻增加，输出电阻减小。

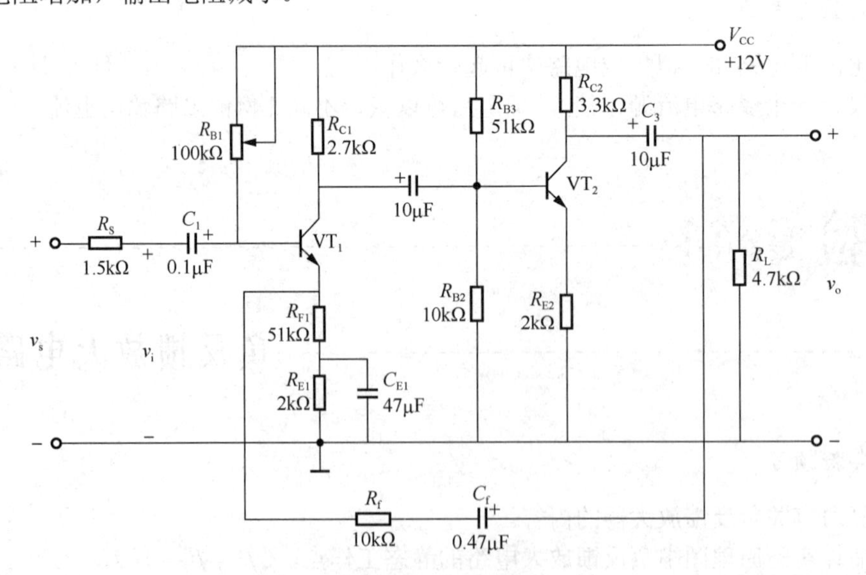

图 5.38　负反馈放大器实验电路

图 5.38 中 VT_1、VT_2 组成两级电压放大器，并以 *RC* 方式耦合。在电路中通过 R_f 把输出电压 v_o 引回输入端，加在晶体管 VT_1 的发射极上，在发射极电阻 R_{F1} 上形成反馈电压 V_f。类似于晶体管放大电路，负反馈放大电路也是应用晶体管的电流放大作用来放大信号，该

电路有两次反相，因此输出电压与输入电压同相，R_f、C_f 支路引入交流电压串联负反馈，用于改善放大器的性能。

（1）主要性能指标

1）闭环电压放大倍数。

$$A_{Vf}=\frac{A_V}{1+A_V F_V} \tag{5-52}$$

式中，A_V 为基本放大器（无反馈）的电压放大倍数，即开环电压放大倍数 $A_V=v_o/v_i$。$1+A_V F_V$ 为反馈深度，它的大小决定了负反馈对放大器性能改善的程度。

2）反馈系数。

$$F_V=\frac{R_{F1}}{R_{F1}+R_f} \tag{5-53}$$

3）输入电阻。

$$R_{if}=(1+A_V F_V)R_i \tag{5-54}$$

式中，R_i 为基本放大器的输入电阻。

4）输出电阻。

$$R_{of}=\frac{R_o}{1+A_{Vo}F_V} \tag{5-55}$$

式中，R_o 为基本放大器的输出电阻；A_{Vo} 为基本放大器输出空载时的电压放大倍数。

（2）基本放大器电路

本实验还需要测量基本放大器的动态参数，怎样实现无反馈而得到基本放大器呢？不能简单地断开反馈支路，应去掉反馈作用，且要在基本放大器中考虑反馈网络的影响（负载效应）。

1）在画基本放大器的输入回路时，因为是电压负反馈，所以可将负反馈放大器的输出端交流短路，即令 v_o=0V 时，此时 R_f 相当于并联在 R_{F1} 上。

2）在画基本放大器的输出回路时，输入端是串联负反馈，要将反馈放大器的输入端（VT_1 的射极）开路，此时（R_f+R_{F1}）相当于并接在输出端，可近似认为 R_f 并接在输出端。

5. 实验内容

（1）静态工作点的测量

按图 5.38 连接电路，使 V_{CC}=12V，v_i=0。调节 R_{B1} 使 V_{C1}=9V。用数字万用表直流电压挡分别测出晶体管 VT_1 和 VT_2 3 个引脚对地的电压，并填入表 5.32。

表 5.32　电压串联负反馈放大电路静态工作点的测量

名称	参数		
	V_B/V	V_C/V	V_E/V
晶体管 VT_1			
晶体管 VT_2			

（2）观测负反馈对电路电压放大倍数的影响

1）按图 5.39 连接电路，即将反馈电阻 R_f 并接到 R_{F1} 两端，得到无反馈的基本放大电路。

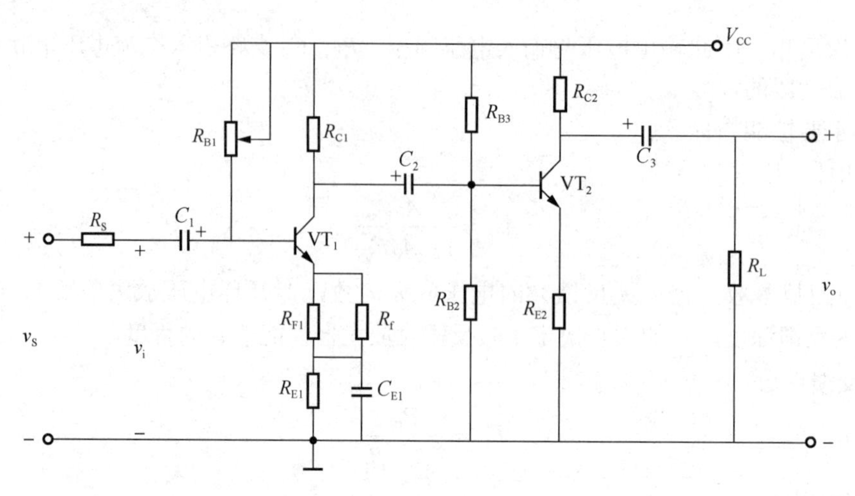

图 5.39　基本放大电路

2）在输入端加入 f=1kHz，v_i=100mV 的正弦信号，用示波器观察输出电压信号，在保证输出信号不失真的条件下，对基本放大电路的动态参数进行测量，并将结果填入表 5.33。

3）按图 5.38 连接电路，得到电压串联负反馈放大电路，在输入信号不变、输出信号不失真的情况下，对反馈放大电路的动态参数进行测量，并将结果填入表 5.33。

表 5.33　加入负反馈前后电压放大倍数的变化

名称	参数		
	v_i/mV	v_o/mV	A_V
基本放大电路			
负反馈放大电路			

（3）观测负反馈对电路输入电阻的影响

1）基本放大电路。按图 5.39 连接电路，测出此时的输出电压，即 v_o。在输入端串联 R_S=1.5kΩ 的电阻，并增大输入信号使 v_o 等于未加入 R_S 时的值，用示波器或交流毫伏表测出此时输入端的信号 v_S、v_i 的值，计算 R_i 的值，填入表 5.34。

2）负反馈放大电路。按图 5.38 连接电路，记下此时的输出电压 v_o，在输入端串联 R_S=1.5kΩ 的电阻，并增大输入信号使输出电压等于未加入 R_S 时的值 v_o，用示波器或交流毫伏表测出此时输入端的信号 v_s、v_i 的值，计算 R_i 的值，填入表 5.34。

表 5.34　负反馈对电路输入电阻的影响

名称	参数		
	v_S /mV	v_i /mV	R_i/kΩ
基本放大电路			
负反馈放大电路			

注：R_i 的计算方法同共射极单管放大电路中 R_i 的求法相同。

（4）观测负反馈对电路输出电阻的影响

1）先使电路接成无反馈的基本放大电路（即按图 5.39 连接电路），在输入端加入 v_i=100mV，f=1kHz 的正弦信号，测出输出电压 v_{oc}（用示波器或交流毫伏表测量），再使输出

端接入 R_L=4.7kΩ的负载电阻，测出输出电压 v_{oL}，计算 R_o，填入表 5.35。

2）使电路接成带负反馈的放大电路（按图 5.38 连接电路），在输入端加入 v_i =100mV，f=1kHz 的正弦信号，分别测出空载和带 4.7kΩ时的输出电压 v_{oc} 和 v_{oL}，计算 R_o，填入表 5.35。

表 5.35　负反馈对电路输出电阻的影响

名称	参数		
	v_{oc}/mV	v_{oL}/mV	R_o/kΩ
基本放大电路			
负反馈放大电路			

注：R_o 的计算方法同共射极单管放大电路中 R_o 的求法相同。

（5）观察负反馈对输出波形失真的影响

1）按图 5.39 连接电路，增大输入信号的幅度直至输出电压波形产生失真，用示波器观测输出电压 v_o。

2）按图 5.38 连接电路，观察失真波形 v_o 有何变化，并绘出前后两种波形进行比较。

6. Multisim 仿真

用 Multisim 14.0 仿真加入反馈前后放大器增益、输入电阻、输出电阻的变化。

7. 实验报告要求

1）整理实验数据，并按要求填入相应的表中。

2）分析加入负反馈前后电路参数的变化，总结负反馈对放大器性能的影响，并与理论值相比较，分析测量结果的正确性。

8. 实验思考题

1）负反馈的加入可以使某些参量得到稳定，而另一些参量则是条件稳定量，在以上实验中应如何验证条件稳定量？如何研究温度变化对放大器性能指标的影响？

2）调试中发现哪些元器件对放大器的性能影响最明显？为什么？

3）负反馈对放大器性能的改善程度取决于反馈深度，那么反馈深度是不是越大越好？为什么？

RC 有源滤波电路

1. 实验预习

1）复习有关滤波器的内容。

2）分析实验电路图 5.41 和图 5.42，写出它们的增益特性表达式。

3）讨论计算实验电路图 5.41 和图 5.42 的截止频率，以及图 5.43 所示电路的中心频率。

4）画出实验内容中 3 个电路的幅频特性曲线。

2. 实验目的

1）熟悉 *RC* 有源滤波器的构成及其特性。

2）学会测量 *RC* 有源滤波器幅频特性。

3. 实验器材

示波器、数字万用表、直流稳压电源、函数信号发生器、交流毫伏表、各种元器件。

4. 实验原理

滤波器的功能是让一定频率范围内的信号通过，抑制或急剧衰减此频率范围外的信号。根据对频率范围的选择不同，滤波器可分为低通、高通、带通和带阻 4 种滤波器，它们的幅频特性如图 5.40 所示。

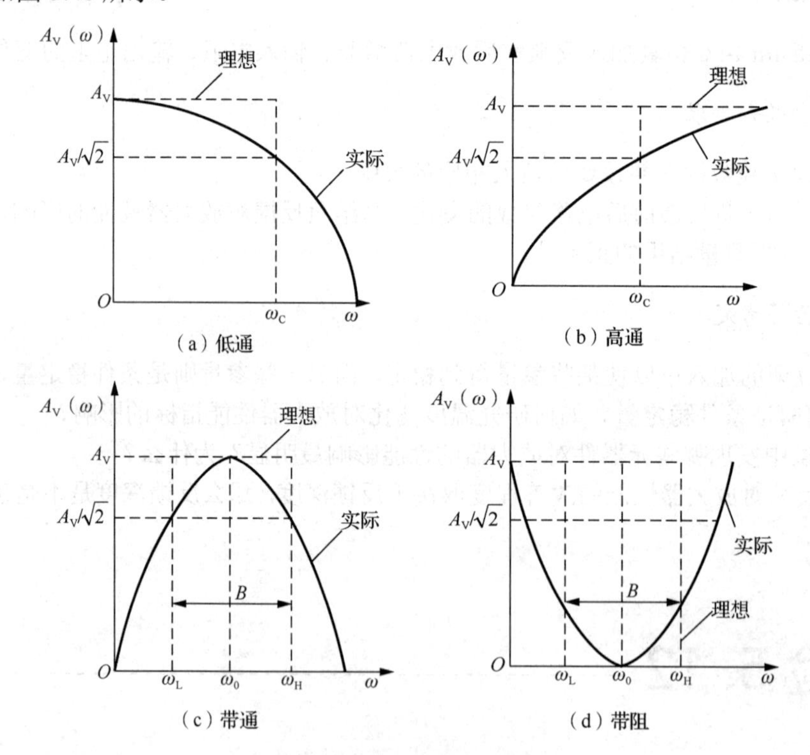

图 5.40 滤波器的幅频特性

具有理想幅频特性的滤波器是很难实现的，只能用实际的幅频特性去逼近理想的。一般来说，滤波器的幅频特性越好，其相频特性越差，反之亦然。单纯由 *RC* 元件组成的滤波器称为无源滤波器，*RC* 元件和集成运算放大器一起组成了有源滤波器。在有源滤波器中集成运算放大器起着放大的作用，大大提高了电路的增益。集成运算放大器的输入阻抗高、输出阻抗低，又增强了电路的带负载能力，所以有源滤波器中的集成运算放大器是作为放大元件，应工作在线性区。

5. 实验内容

(1) 低通滤波器

按图 5.41 连接电路。电路连接准确无误后接通电源（12V），将函数信号发生器接入 v_i，并使其输出幅度为 1V，频率按表 5.36 所示的正弦波信号，用交流毫伏表测相应的输出电压 v_o，并填入表 5.36。

注意：当频率发生变化时，要用交流毫伏表监测信号发生器的输出信号，使之幅度保持 1V 不变。

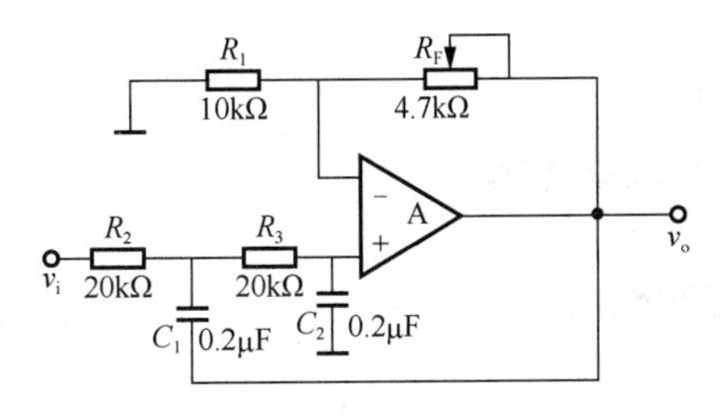

图 5.41　低通滤波器

表 5.36　低通滤波器输出电压测量

v_i/V	1	1	1	1	1	1	1	1	1
f/Hz	5	10	15	30	60	100	150	200	300
v_o/V									

(2) 高通滤波器

按图 5.42 连接电路。电路连接准确无误后接通电源（12V），将函数信号发生器接入 v_i，并使其输出幅度为 1V，频率按表 5.37 所示的正弦波信号，用交流毫伏表测相应的输出电压 v_o，并填入表 5.37。

注意：信号发生器输出信号的幅度保持 1V 不变。

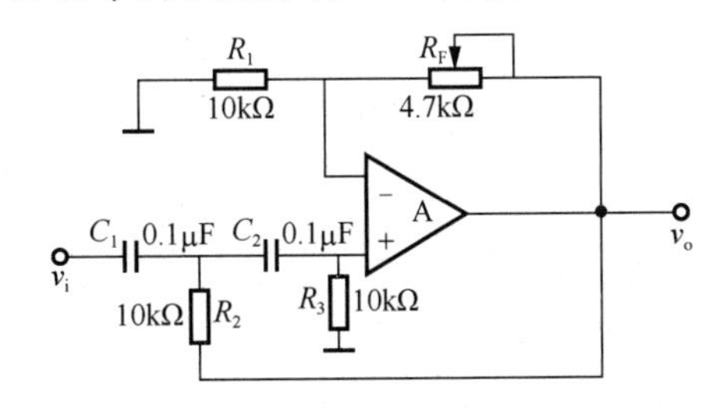

图 5.42　高通滤波器

表 5.37　高通滤波器输出电压测量

v_i/V	1	1	1	1	1	1	1	1	1
f/Hz	10	16	50	100	130	160	200	300	400
v_o/V									

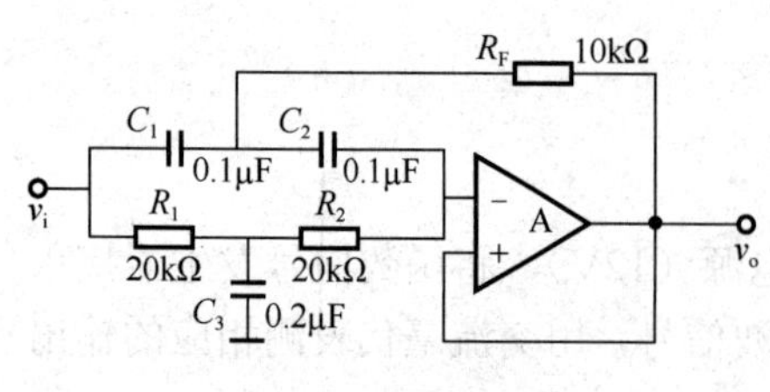

图 5.43　带阻滤波器

（3）带阻滤波器

按图 5.43 连接电路。电路连接准确无误后，先实测电路的中心频率。测出中心频率后，依照前面的方法，以实测的中心频率为中心测出电路的幅频特性。将结果填入自己设计的表格。

6. Multisim 仿真

用 Multisim 14.0 仿真所有实验内容。

7. 实验报告要求

1）总结、整理实验数据。
2）进行误差分析和实验现象分析。
3）回答实验思考题。
4）总结本次实验的收获体会。

8. 实验思考题

1）简述集成运算放大器故障的判断方法。
2）实验中，若集成运算放大器不工作将产生什么现象？为什么？

6 单元 综合设计类实验

◎ **单元导读**

设计类实验是综合运用电子技术理论知识来解决工程应用问题的实验。通过大量的调研、查阅资料、方案比较、设计计算、元器件选择等环节设计出一个符合实际需要、性能和经济指标良好的电路是电子技术相关专业学生追求的目标。

◎ **能力目标**

1. 了解模拟电子电路的设计方法。
2. 能够对设计的电路进行硬件验证。
3. 掌握硬件电路的故障分析与处理方法。

◎ **思政目标**

1. 树立正确的学习观、价值观，自觉践行行业道德规范。
2. 遵规守纪，安全实验，爱护设备，钻研技术。
3. 培养一丝不苟、精益求精的工作作风。

模拟电子电路设计是综合运用电子技术理论知识解决工程应用的过程，必须从实际出发，通过调查研究、查阅有关资料、方案比较及确定、设计计算及选取元器件等环节，设计出一个符合实际需要、性能和经济指标良好的电路。由于电子元器件参数的离散性，加之设计者缺乏经验，理论上设计出来的电路，可能存在各种问题，这就需要通过实验、调试来发现和纠正设计中存在的问题，使设计方案逐步完善，以达到设计要求。

模拟电路的设计，首先要根据电路的实际要求，拟定切实可行的总体方案。在确定方案的过程中，应反复研究设计要求、性能指标，然后将确定的方案划分成若干单元电路，并对各单元电路进行初步设计，包括电路形式的确定、参数的计算、元器件的选用等。最后将设计完成的各单元电路连接在一起，组成一个符合要求的完整电路。

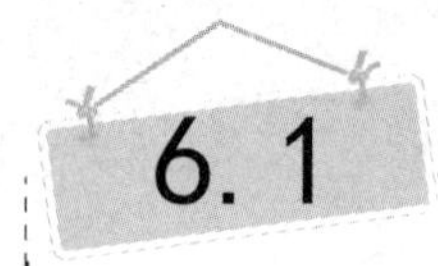

6.1 模拟电子电路的设计方法

6.1.1 总体方案的确定

所谓总体方案，就是根据实际问题的要求和性能指标把需要完成的任务分配给若干单元电路，并画出一个能反映各单元功能的整体原理框图，必要时可加简要的文字说明。一个复杂的系统需要进行原理方案的构思，也就是用什么原理来实现系统要求。因此，应对课题的任务、要求和条件进行仔细的分析与研究，找出其关键问题，再根据此关键问题提出实现的原理与方法。提出的原理方案关系到设计全局，应广泛收集与查阅有关资料，广开思路，开动脑筋，利用已有的各种理论知识，提出尽可能多的方案，以便做出更合理的选择。针对某一系统，可能会有多种原理方案，应对提出的多种方案进行分析比较，综合考虑，并做出初步选择。如果一开始有两种方案难以选择，那么可对这两种方案进行后续阶段设计，直到得出两种方案的总体电路图，再就性能、成本、体积等多方面进行分析比较，最终确定系统的实施方案。

选定原理方案以后，便可着手进行总体方案的确定。由于原理方案只着眼于方案的原理，不涉及方案的细节，因此原理方案框图中的每个框图也只是原理性的、粗略的，它可能由一个单元电路构成，也可能由许多单元电路构成。每个框图不宜分得太细，也不宜分得太粗。分得太细会给选择不同的单元电路或元器件带来不便，并使单元电路之间的相互连接复杂化；分得太粗将使单元电路本身功能过于复杂，不容易进行设计或选择。总之，应从单元电路和单元之间连接的设计与选择出发，恰当地分解框图。

例如，在模拟电路中经常采用的多级放大电路，一般可分为输入级、中间级和输出级3个部分，如图6.1所示。在确定总体方案时，要根据放大器的增益、输入电阻、输出电阻、通频带和噪声系数等性能指标要求来确定电路结构。

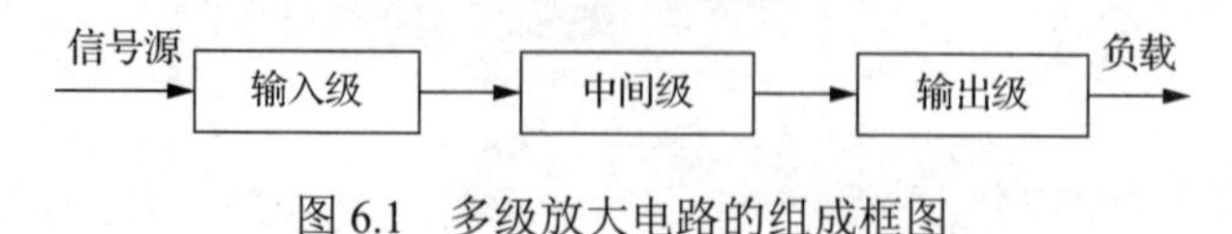

图6.1　多级放大电路的组成框图

对于输入级，首先应考虑其输入电阻必须与信号源内阻相匹配，根据信号源的特点来确定电路的结构。同时，由于输入级的噪声会对整个电路产生很大影响，因此要求其噪声系数小。对于中间级，主要考虑提高电压增益，当要求增益较高时，一级放大器难以满足要求，可以由若干级组成。在确定总体方案时，就要根据总的增益要求来确定其级数。输出级主要向负载提供足够的功率，因此要求其具有一定的动态范围和带负载能力，应根据负载情况来确定电路的形式。为了改善放大器的性能，使之达到实际要求，在总体方案确定时还应考虑电路中应采用何种类型的负反馈。

6.1.2 单元电路设计

一个复杂的电子电路，一般由若干单元电路组合而成。对单元电路进行设计，实际上是把复杂的任务简单化，这样便可利用学过的基础知识来完成较复杂的设计任务。只有合理设计各单元电路，才能保证整体电路设计的质量。

在单元电路设计前，应按已确定的总体方案框图对各功能框分别进行设计或选出满足要求的单元电路。因此，必须根据系统要求，明确功能框对单元电路的技术要求，必要时应先详细拟定单元电路的性能指标，然后进行单元电路结构形式的选择或设计。满足功能要求的单元电路可能不止一个，必须进行分析比较，择优选择。

在进行元件参数计算时，应在正确理解电路原理的基础上，正确运用计算公式（有的可以采用近似计算公式）。对于计算结果，要善于分析，并进行必要的处理，然后确定元器件的有关参数。一般来说，元器件的工作电流、工作电压、功耗和频率等参数，必须满足电路设计指标的要求；元器件的极限参数应留有足够的裕量。电阻、电容的参数，应取与计算值相近的标称值。

6.1.3 元器件的选择

电子电路的设计过程实际上就是选择最合适的元器件，用最合理的电路形式把它们组合起来，以实现要求的功能过程。元器件的品种规格繁多，性能、价格和体积各异，新品种不断涌现，这就要求设计者密切关注元器件的信息和动向，多查阅元器件手册和有关的资料。设计者要熟悉一些常用的元器件型号、性能和价格，这对单元电路和总体电路设计极为有利。选择什么样的元器件最合适，需要进行分析比较才能确定。实践证明，电子电路的各种故障往往以元器件的故障、损坏形式表现出来。究其原因，多是对元器件的选用不当所致。因此，在进行电路总体方案设计和单元电路的参数计算时，元器件的选择就显得尤为重要。

元器件主要分为半导体分立器件和集成器件，选择时可参考以下思路：

（1）集成电路的选择

由于集成电路可实现许多单元电路甚至某些电子系统的功能，因此电子电路选用集成电路既方便又灵活。它不仅可以大大简化设计过程，还减小了电路的体积，提高了电路工作的可靠性，安装和调试也极其方便。因此，在电子电路设计过程中应优先选用集成电路。常用的模拟集成电路有运算放大器、电压比较器、仪器用放大器、视频放大器、功率放大器、模拟乘法器、函数信号发生器、稳压器等。由于集成电路的品种很多，在选用时首先应根据总体方案确定选用什么功能的集成电路，然后考虑所选集成电路的性能，最后根据价格、货源等因素选择具体型号的集成电路。

（2）半导体分立器件的选择

半导体分立器件包括二极管、晶体管、场效应管和其他特殊的半导体器件，选用时应根据电路设计中的具体用途和要求来确定选用哪一种器件。对于同一种半导体器件，型号不同时适用的场合也不同，选用时必须注意。例如，在选用二极管时，首先要看其用途，用于整流时，应选用整流二极管；用于高压整流时，应选用硅整流堆；用于高频检波时，应选用高频检波二极管；用于高速脉冲电路时，应选用开关二极管。在选用半导体器件时，应根据电路设计中的有关参数查阅半导体器件手册，使其实际使用的管压降、工作电流、频率、功耗和环境温度等都不超过手册中的规定值，以保证半导体器件的性能和安全工作。

在选用晶体管时，首先要确定管子的类型，是 NPN 型还是 PNP 型；然后根据电路设计指标的要求选用所需型号。例如，根据电路的工作频率确定选用相应工作频率的晶体管，根据输出功率确定选用相应输出功率的晶体管。另外，还应考虑管子的电流放大系数 β 、特征频率 f_T 等参数。

晶体管的极限参数有集电极最大允许电流 I_{CM}、集电极-发射极反向击穿电压 $U_{BR(CEO)}$、集电极最大允许耗散功率 P_{CM} 等。在选用晶体管时，要查阅手册，了解这些参数，使晶体管使用时不超过这些极限参数值，并且应留有一定的裕量。

（3）电阻器的选择

电阻器是电子电路中最常用的元件，其种类很多，按结构形式可分为固定电阻器、可调电阻器和电位器。在选用时首先根据其在电路中的用途确定选用哪一种结构形式的电阻器。

电阻器的主要性能参数有标称阻值及允许偏差、额定功率（常用的有 W/8、W/4、W/2、1W、2W 等）和温度系数等。表 6.1 列出了电阻器的标称值系列和允许偏差。表 6.1 中所列数值再乘以10^n（其中 n 为正数或负数，单位为 Ω），构成实际电阻的标称阻值。

表 6.1　电阻器的标称值系列和允许偏差

系列代号	E24	E12	E6	系列代号	E24	E12	E6
允许偏差	±5%	±10%	±20%	允许偏差	±5%	±10%	±20%
系列标称阻值	**1.0**	1.0	1.0	系列标称阻值	**3.6**		
	1.2	1.2			**3.9**	3.9	
	1.3				**4.3**		
	1.5	1.5			**4.7**	4.7	4.7
	1.6				**5.1**		
	1.8	1.8			**5.6**	5.6	
	2.0				**6.2**		
	2.2	2.2	2.2		**6.8**	6.8	6.8
	2.4				**7.5**		
	2.7	2.7			**8.2**	8.2	
	3.0				**9.1**		
	3.3	3.3	3.3				

注：加粗部分为实验室中提供的电阻阻值。

在电子电路中，对于电阻器的阻值一般允许有一定的误差。因此，除精密电阻器或特殊需要的自制电阻器外，通常选用标称阻值的通用电阻器。

用不同材料制成的电阻器具有不同的性能和特点，在一般电子电路中，对电阻器的要求并不高，可选用价格低廉、体积小的碳膜电阻器。在低噪声和耐热性、稳定性要求较高的电路中，可选用金属膜电阻器或线绕电阻器。在高频电路中，可选用自身电感量很小的合金箔电阻器。要求在高温下工作时，可选用金属氧化膜电阻器。

（4）电容器的选择

电容器也是电子电路中常用的元件，种类很多，按结构分类有固定电容器、半可变电容器、可变电容器 3 种。电容器的主要性能参数有标称容量及允许误差、额定工作电压、绝缘电阻、损耗等，表 6.2 列出了固定电容器的标称容量系列和允许偏差，表中所列数值乘以10^n（其中 n 为正数或负数，单位为 pF），构成实际电容的标称容量。

表 6.2　固定电容器标称容量系列和允许偏差

系列代号	E24	E12	E6
允许偏差	±5%（Ⅰ级）	±10%（Ⅱ级）	±20%（Ⅲ级）
标称容量	10，11，12，13，15，16，18，20，22，24，27，30，33，36，39，43，47，51，56，62，75，82，91	10，12，15，18，22，27，33，39，47，56，68，82	10，15，22，33，47，68

在选用电容器时，首先要根据其在电路中的作用及工作环境来确定类型。例如，在耦合、旁路、电源滤波及去耦电路中，由于对电容器的精度要求不高，可选择价格低、误差大、稳定性较差的铝电解电容器。对于高频电路中的滤波、旁路电容器，可选择无电感的铁电陶瓷电容器或独石电容器。应用于高压环境中的电容器，可选用耐压较高、稳定性好、温度系数小的云母电容器、高压瓷介质电容器或高压穿心式电容器。

如果需要同时兼顾高频和低频，可以用一个容量大的铝电解电容器与另一个容量小的无感电容器并联使用。

在电源滤波电路中，用一个容量较大的铝电解电容器就可以起到滤波作用，但这种电容器的电感效应大，对高次谐波的滤波效果较差，为此通常再并联一个 0.01～0.1μF 的高频滤波电容器（如高频瓷介质电容器），滤波效果更佳。

为了使电容器能在电路中长期可靠地工作，其实际工作电压不仅不能超过它的耐压值（或称电容器的直流工作电压），而且要留有足够的裕量，一般选用耐压值为其实际工作电压的两倍以上。在交流电路中，电容器所加交流电压的最大值同样不能超过它的耐压值。

由于电容器两极板间的介质并非绝对的绝缘体，它们间的电阻称为绝缘电阻，其值一般在 1000MΩ以上。绝缘电阻小，不仅会引起绝缘能量的损耗，影响电路的正常工作，还会影响电容器的使用寿命。所以，选用电容器时绝缘电阻越大越好。

6.1.4　电路原理图绘制要求

在绘制电路图的过程中应注意：

1）电路图的总体安排要合理，图面必须紧凑而清晰，元器件的排列必须均匀，连线画成水平线或竖线。在折弯处要画成直角，不要画成斜线或曲线。两条连线相交时，如果两线在电路上是相通的，则在两线的交点处要有连接点。

2）电路图中的所有元器件的图形符号必须使用国标符号。各种符号的大小要比例合适，同一种符号的大小要一致。元器件图形符号的排列方向与图纸的底边平行或垂直，尽量避免使用斜线排列。

3）图中的每个元器件应标明主要参数。

4）电路图中的信号流向，一般从输入端或信号源画起，从左到右，自下而上，按信号的流向画出各单元电路，而且尽量要画在同一张图上。如果电路比较复杂，也可分画成几张图，但应把主电路图画在同一张图纸上，而把一些相对独立或次要的部分画在另外的图纸上，并用适当的方式说明各图样在电路连线之间的关系。

5）电路图画好后要仔细检查有无错误，二极管的方向、有极电容器的极性和电源的极性等容易发生错误的地方更要认真检查。

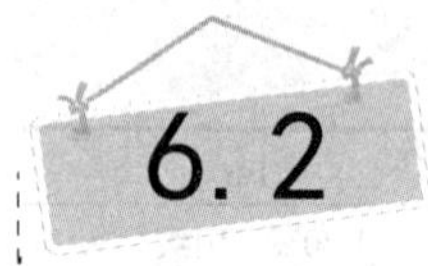

6.2 硬件电路验证

电子电路设计完成后，都要安装成实验电路，以便对理论设计进行验证。若不能达到要求，还需要对原实验方案进行修改，使之达到实验要求。实践证明，一个理论设计十分合理的电子电路，若电路安装不当，则会严重影响电路的性能，甚至使电路无法工作。因此，电子电路的结构布局、元器件的安排布置、线路的走向及连接线路的可靠性等实际安装技术，是完成电子电路设计的重要环节。在实验中，一般在面包板上完成设计电路的验证。

6.2.1 整体结构布局和元器件的安置

在电子电路安装过程中，整体结构布局和元器件的安置首先应考虑电气性能上的合理性，其次要尽可能注意整齐美观，具体注意以下几点：

1）整体结构布局要合理，要根据电路板或面包板的面积，合理布置元器件的密度。当电路较复杂时，可由几块电路板或面包板组成，相互之间再用连线或电路板插座连成整体。在搭接硬件电路时，最好按电路功能模块分配电路板或面包板区域。

2）元器件的安置要便于调试、测量和更换。电路图中相邻的元器件，在安装时原则上应就近安置。不同级的元器件不要混在一起，输入级和输出级之间不能靠近，以免引起级与级之间的寄生耦合。

3）对于有磁场产生相互影响和干扰的元器件，应尽可能分开或采取自身屏蔽。若有输入变压器和输出变压器，则应将二者相互垂直安装。

4）发热元器件（如功率管）的安置要尽可能靠近电路板或面包板的边缘，以利于散热，必要时需加装散热器。为保证电路稳定工作，晶体管、热敏器件等对温度敏感的元器件要尽量远离发热元器件。

5）元器件的标志（如型号和参数）安装时一律向外，以便检查。元器件在电路板或面包板上的安装方向原则上应横平竖直。插接集成电路时首先要认清引脚排列的方向，所有集成电路的插入方向应保持一致，集成电路上有缺口或小孔标记的一端一般在左侧。

6）元器件的安置还应注意中心平衡和稳定，在较重的元器件安装时，高度要尽量降低，使中心贴近电路板。对于各种可调的元器件应安置在便于调整的位置。

6.2.2　电路布线

电子电路布线是否合理，不仅影响其外观，还是影响电子电路性能的重要因素之一。电路中（特别是较高频率的电路）常见的自激振荡，往往就是布线不合理所致。因此，为了保证电路工作的稳定性，电路在搭接时的布线应注意以下几点：

1）所有布线应直线排列，并做到横平竖直，以减小分布参数对电路的影响。走线要尽可能短，信号线不可迂回，尽量不要形成闭合回路。

2）布线应贴近电路板，不应悬空，更不要跨接在元器件上面，走线之间应避免相互重叠，电源线不要紧靠有源器件的引脚，以免测量时不小心造成短路。

3）为使布线整洁美观，便于测量和检查，要尽可能选用不同颜色的导线。电源线的正、负极和地线的颜色应有规律，通常用红色线接电源正极，黑色或蓝色线接负极，地线一般用黑色线。

4）布线时，一般先布置电源线和地线，再布置信号线。布线时，要根据电路原理图或装配图，从输入级到输出级布线，切忌东接一根西接一根没有规律，这样容易错线和漏线。

6.2.3　硬件电路的调试

硬件电路的调试是电子电路设计中的重要内容，它包括电子电路的测试和调整两个方面。测试是对已经安装完成的电路进行参数及工作状态的测量，调整是在测量的基础上对电路元器件的参数进行必要的修正，使电路的各项性能指标达到设计要求。电子电路的调试通常用以下两种方法。

第一种称为分块调试法，这是一种边安装边调试的方法。由于电子电路一般由若干单元电路组成。因此，可以把一个复杂的电路按原理图上的功能分成若干单元电路，分别进行安装和调试。在完成各单元电路调试的基础上，扩大安装和调试的范围，最后完成整机的调试。采用这种方法便于调试，能及时发现和解决存在的问题。对于新设计的电路，这是一种常用的方法。

第二种称为统一调试法，这是在整个电路安装完成之后，进行一次性统一调试的方法。这种方法一般适用于简单电路或已定型的产品。

（1）通电前的检查

电路安装好后，必须在没有接通电源的情况下对电路进行认真细致的检查，以便发现并纠正电路在安装过程中的疏漏和错误，避免在电路通电后发生不必要的故障，甚至损坏元器件。

1）检查元器件。对照原理图检查电路中各个元器件的参数是否符合设计要求。在检查时还要注意各元器件引脚之间有无短路，连接处的接触是否良好。应特别注意集成芯片的方向和引脚、二极管的方向和引脚，以及电解电容器的极性等是否连接正确。

2）检查连线。电路连线错误是造成电路故障的主要原因之一。因此，在通电前必须检查所有连线是否正确，包括错线、多线和少线等。查线过程中还要注意各连线的接触点是否良好。

3）检查电源进线。在检查电源的进线时，先查看线的正、负极性是否接对。然后用万用表的 $R\times1$ 挡测量进线之间有无短路现象，再用万用表的 $R\times10\text{k}$ 挡检查两进线间有无开路现象。若电源进线之间有短路或开路现象，则不能接通电源，必须排除故障后才能通电。

（2）通电检查

当通电前所有的检查无误后，将与电压相符的电源接入电路。电源接通后不应急于测量数据或观察结果，而应首先观察电路中有无异常现象，如有无冒烟，是否有异常现象等。若有异常，应立即断开电源，重新检查电路并找出原因，待故障排除后方可重新接通电源。

（3）静态调试

静态调试即在电路接通电源而没有接入外加信号的情况下，对电路直流工作状态进行的测量和调试。例如，在模拟电路中，对各级晶体管的静态工作点进行测量，晶体管 V_{BE} 和 V_{CE} 值是否正常。对于集成运算放大器则应测量各有关引脚的直流电位是否符合设计要求。

对于数字电路，就是在输入端加固定电平时，测量电路中各点电位值与设计值相比较有无超出允许范围，各部分的逻辑关系是否正确。通过静态调试可以判断电路的工作是否正常。如果工作状态不符合要求，则应及时调整电路参数，直至各测量值符合要求为止。如果发现损坏元器件，应及时更换，并分析原因进行处理。

（4）动态调试

电路经过静态调试并达到设计要求后，便可以在输入端接入信号进行动态调试。对于模拟电路一般应按照信号的流向，从输入级开始逐级向后进行调试。当输入端加入适当频率和幅度的信号后，各级的输出端都应该有相应的信号输出。这时应测出各级输出（或输入）信号的波形形状、幅度、频率和相位关系，并根据测量结果估算电路的性能指标，若达不到设计要求，则应对电路有关参数进行调整，使之达到要求。若调试过程中发现电路工作不正常，则应立即切断电源和输入信号，找出原因并排除故障再进行动态调试。经过初步动态调试后，如果电路性能已基本达到设计指标要求，便可以进行电路性能指标的全面测量。

必须指出，掌握正确的调试方法，不仅可以提高电路的调试效果，缩短调试过程，而且可以保证电路的各项性能指标达到设计要求。为此，在调试时应注意以下 5 点：

1）在进行电路调试前，应在设计的电路原理图上标明主要测试点的电位值及相应的波形图，以便在调试时做到心中有数，有的放矢。

2）调试前先要熟悉有关测试仪器的使用方法和注意事项，检查仪器的性能是否良好。有的仪器在使用之前需要进行必要的校正，避免在测量过程中由于仪器使用不当，或仪器的性能达不到要求而造成测量结果的误差，甚至得出错误的结果。

3）测量仪器的地线（公共端）应和被测电路的地线连接在一起，使之形成一个公共的电位参考点，这样测量的结果才是正确的。测量交流信号测试线应该使用屏蔽线，并将屏蔽线的屏蔽层接到被测电路的地线上，这样可以避免干扰，以保证测量的准确性。

4）在电路调试过程中，要保持良好的心态，出现故障或异常现象时不要手忙脚乱草率行事，而要切断电源，认真查找原因，以确定是原理上的问题还是安装中的问题。切不可一遇到问题就拆掉线路重新安装。

5）在调试电路过程中要有严谨的科学作风与实事求是的态度，不能凭主观感觉和印象，应始终借助仪器进行仔细的测量、观察，做到边测量、边记录、边分析、边解决问题。

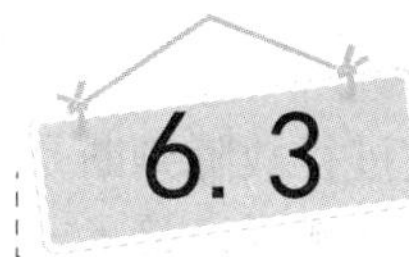

6.3 硬件电路的故障分析与处理

硬件电路调试过程中常常会遇到各种各样的故障，学会分析和处理这些故障可以提高分析问题和解决问题的能力。

6.3.1　故障产生的原因

对于新设计安装的电路来说，测试中产生故障的原因主要有以下4个方面：

1）元器件、实验电路板或面包板损坏。电子电路通常有很多元器件（包括集成芯片）安装在面包板上，这些元器件只要有一个损坏或面包板中的连线有一处断裂，都将造成电路故障，使电路无法正常工作。对于面包板，如内部存在短路、开路等现象，也将造成电路故障。

2）安装和布线不当。例如，安装时出现断线或线路走向不合理，集成电路芯片方向插反或闲置端未做正确处理等，都将造成电路的故障。

3）工作环境不当。电子电路在高温或严寒环境下工作，特别是在强干扰源环境中工作，将会受到不可忽视的影响，严重时电路将无法正常工作。

4）测量操作错误。例如，测量仪器的连接方式不正确，测量点位置接错，测量线断线或接触不良等。此外，测量仪器本身故障或使用方法不当等也会造成电路测量过程中的故障。

6.3.2　故障的诊断方法

硬件电路调试过程中出现故障是难免的，在查找故障时，首先要耐心和细心，切忌马虎，同时要开动脑筋，进行认真的分析和判断。下面介绍5种常用的诊断电子电路故障的方法。

（1）直观检查法

直观检查法是在电路不通电的情况下，通过目测，对照电路原理图和装配图，检查每个元器件和集成电路芯片的型号是否正确，极性有无接反，引脚有无损坏，连线有无接错（包括漏、错线，短路和接触不良等）。

（2）信号寻迹法

对于自己设计安装并非常熟悉的电路，由于对电路各部分的工作原理、工作波形、性能指标等都比较了解，因此可以按照信号的流向逐级寻找故障。一般先在电路的输入端增加适当信号，然后用示波器或电压表逐级检查信号在电路内部的传输情况，从而观察并判断其功能是否正常。若有问题，应及时处理。

信号寻迹法也可以从输出级向输入级倒退进行，即先向最后一级的输入端加合适信号，观察输出端是否正常。若正常，再将信号加到前一级的输入端，继续进行检查，直至各电路都正常为止。

（3）分割测试法

对一些有反馈回路的电路，如振荡器等带有各种类型反馈的放大器，进行故障判断是比较困难的。因为它们各级的工作情况互相牵连，查找故障时需把反馈回路断开，接入一个合适的信号，使电路成为开环系统，再逐级查找发生故障的部分。

（4）对半分割法

电路由若干串联模块组成时，可将其分割成两个相等的部分（对半分割），通过测量的方法先判断这两部分中究竟哪一部分有故障，再把有故障的电路分成两半来进行检查，直到找出故障的位置。显然，采用半分割法可以减少测量的工作量。

（5）替代法

替代法即用经过测量且工作正常的单元电路代替相同的但存在故障或有疑问的电路，以便很快判断故障的部位。有些元器件的故障往往不明显，如电容器的漏电、电阻的变质、晶体管和集成电路的性能下降等，可以用相同规格的优质元器件逐一替代，从而很快地确定有故障的元器件。应当指出，为了迅速查找出电路的故障，可以根据具体情况灵活运用上述一种或几种方法，切不可盲目检测，否则不但不能找出故障，反而可能引出新的故障。

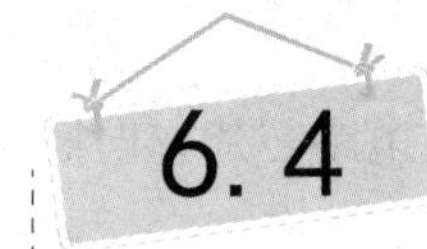

设 计 举 例

综合设计类实验是基础实验的扩展和延伸，是培养学生分析、解决复杂问题综合能力的重要途径。综合设计类实验一般要求学生根据指定的条件或元器件设计出满足性能指标的电路，并自行搭建硬件电路、调试电路。这类实验的开设使学生从验证性实验转移到加强基本技能的训练，从小单元局部电路为主的实验转移到多模块、综合系统实验；从单一的实验室内实验形式转移到课上课下、实验室内外的多元化实验形式，培养了学生自主学习和分析问题、解决问题的能力。

综合设计类实验的设计步骤如图 6.2 所示。

下面举一个例子来具体说明此类实验的完成过程。

【例 6.1】设计一放大器，已知条件：$V_{CC}=+12\text{V}$，$R_L=2\text{k}\Omega$，$v_i=100\text{mV}$，$R_S=75\Omega$。

性能指标要求：$A_V>40$，$R_o<2\text{k}\Omega$，$R_i>3\text{k}\Omega$，$f_L>20\text{Hz}$，$f_H>100\text{kHz}$，电路稳定性好。

1. 拟定电路方案

采用分压式射极偏置电路，如图 6.3 所示。此电路的优点是有稳定的静态工作点。晶体管选用 C9018，$\beta = 80$。

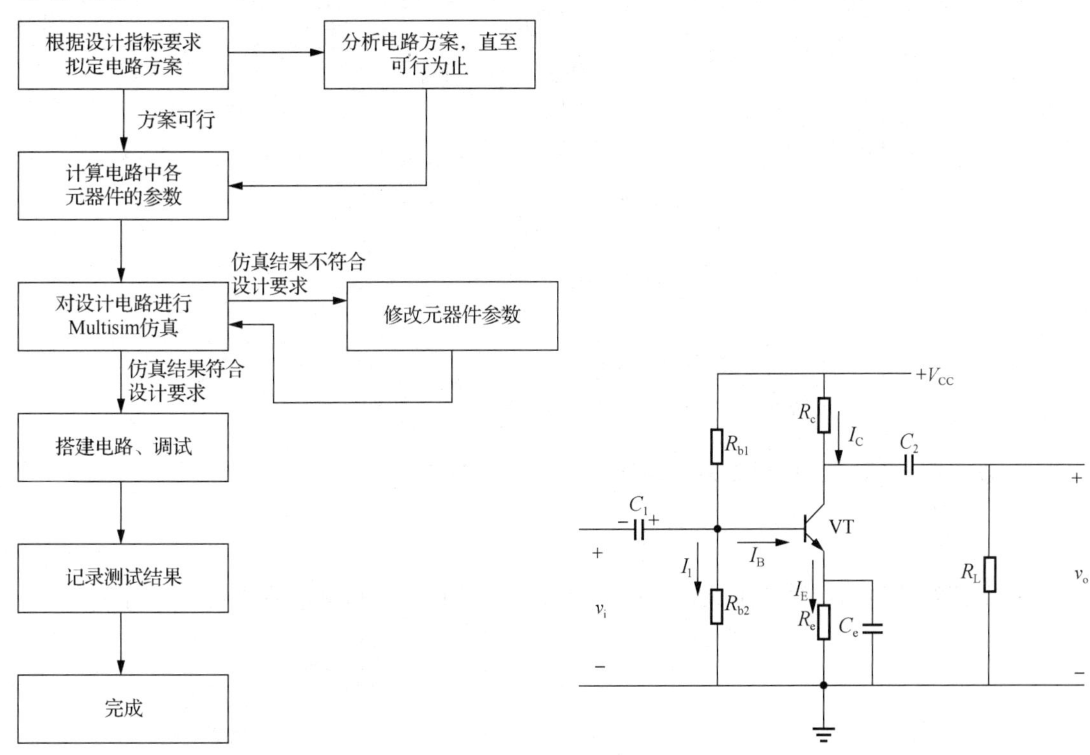

图 6.2　综合设计类实验的设计步骤

图 6.3　电路图

2. 计算电路中元器件参数

在实际情况下，为使 Q 点稳定，I_1 越大于 I_{BQ}，V_{BQ} 越大于 V_{BE} 越好，兼顾其他指标，对于硅管，一般取 $I_1 = (5\sim10)I_{BQ}$，$V_{BQ} = (3\sim5)\text{V}$。

1）要求 $R_i > 2\text{k}\Omega$，$R_i \approx r_{be} \approx 200\Omega + \beta\dfrac{26\text{mV}}{I_{CQ}\text{mA}}$，得

$$I_{CQ} < \frac{26\beta}{2000 - 200}\text{mA} = 1.16\text{mA}$$

一般取 $I_{CQ} = (0.5\sim2)\text{mA}$，$V_{BQ} = (3\sim5)\text{V}$，这里取 $I_{CQ} = 1\text{mA}$，$V_{BQ} = 3\text{V}$，得到 $R_e \approx \dfrac{V_{BQ} - V_{BE}}{I_{CQ}} = 2.3(\text{k}\Omega)$，取标称阻值 $R_e = 2.2\text{k}\Omega$。

2）一般取 $I_1 = (5\sim10)I_{BQ}$，而 $I_{BQ} = \dfrac{I_{CQ}}{\beta}$，所以

$$R_{b2} = \frac{V_{BQ}}{I_1} = 30(\text{k}\Omega)，\quad R_{b1} \approx \frac{V_{CC} - V_{BQ}}{V_{BQ}} R_{b2} = 90(\text{k}\Omega)$$

取 $R_{b2} = 30\text{k}\Omega$，$R_{b1}$ 为 30kΩ的固定电阻和 100kΩ的可调电阻串联。

3）要求 $A_V > 40$，$A_V = -\beta\frac{R_L'}{r_{be}}$，得 $R_L' \approx \frac{A_V r_{be}}{\beta} \approx 1.1\text{k}\Omega = R_c // R_L$，所以

$$R_c = \frac{r_L' R_L}{R_L' - R_L} = 2.4(\text{k}\Omega)$$

4）电容器的选择。

$$C_1 \geqslant (3\sim10)\frac{1}{2\pi f_L(R_s + r_{be})}$$

$$C_2 \geqslant (3\sim10)\frac{1}{2\pi f_L(R_c + R_L)}$$

$$C_e \geqslant (3\sim10)\frac{1}{2\pi f_L\left(R_e // \frac{R_s + r_{be}}{1+\beta}\right)}$$

一般取 $C_1 = C_2$，计算得 $C_1 = C_2 = 10\mu\text{F}$，$C_e = 100\mu\text{F}$。

3. *仿真*

根据计算的电路参数，用 Multisim 14.0 完成电路仿真，仿真电路图如图 6.4 所示。

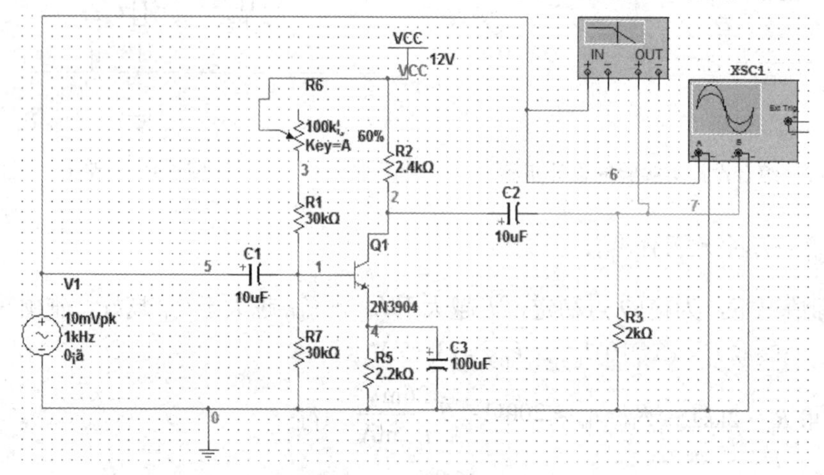

图 6.4　仿真电路图

1）测量静态工作点。V_{BQ}、V_{CQ} 的测量结果分别如图 6.5 所示，显然，满足放大条件，工作点合适。

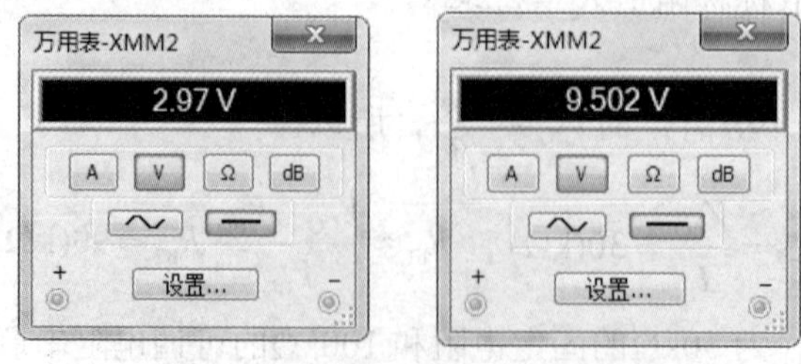

图 6.5　V_{BQ} 测量结果和 V_{CQ} 测量结果

2）测量放大倍数 A_V，A 通路为输入信号，B 通路为输出信号，由图 6.6 中可以看出输

入信号为 5mV/div，峰峰值约为 10mV，输出信号为 100mV/div，峰峰值约为 400mV，放大倍数 $A_V \approx 40$，满足性能指标要求。

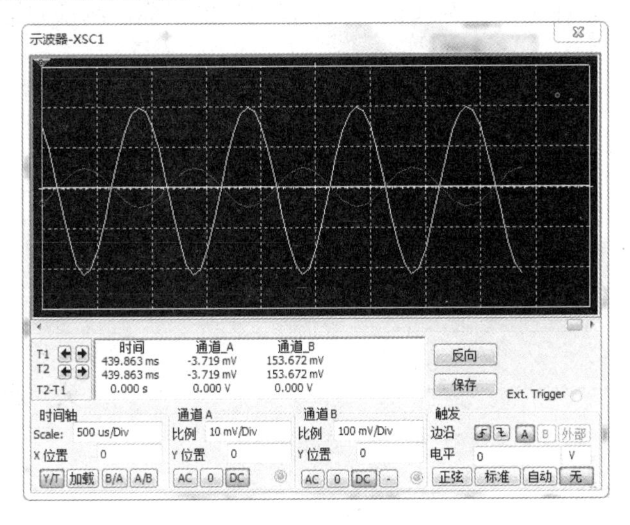

图 6.6　放大倍数仿真结果

3）测试频率特性。图 6.7 所示为上述电路的频率特性测量结果，可以看出此时电路的低频特性不能满足性能指标要求 $f_L > 20\text{Hz}$ 。

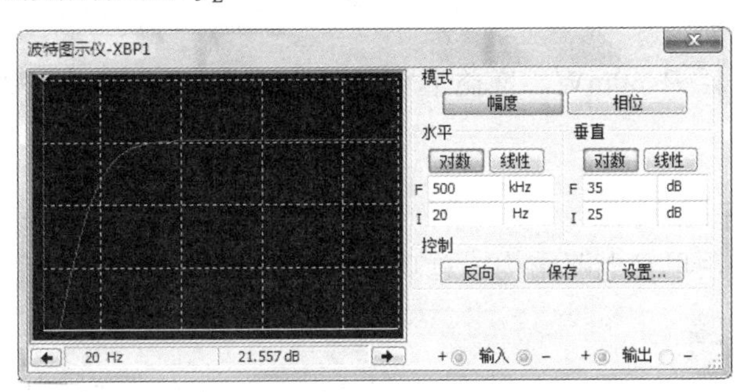

图 6.7　频率特性测量结果

在该电路结构形式下，影响 f_L 的因素主要是晶体管的结电容，以及晶体管发射极并入的电容 C_e，所以应调节电容 C_e 的大小。可以看到，当调节 $C_e = 500\mu\text{F}$ 时，得到的频率特性如图 6.8 所示。可以看出，此时 20Hz 处增益满足通带增益要求，符合指标要求。

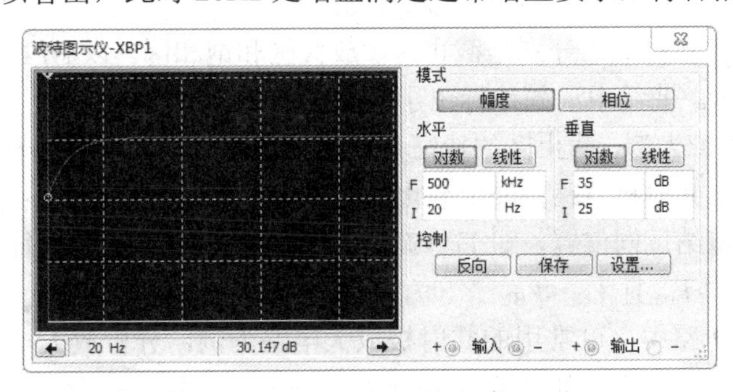

图 6.8　C_e=500μF 时频率特性测量结果

4. 搭建电路

在硬件电路板上搭建电路，并调试，使其满足性能指标，测量并记录结果，即可完成放大电路的设计。

5. 实验报告

完成实验报告，特别注意记录实验中遇到的问题，以及解决的方法。

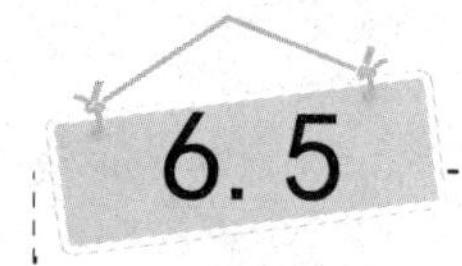

6.5 实验题目

6.5.1 多级放大器的设计

1. 已知条件

$V_{CC}=+12V$，$R_L=200\Omega$，$v_i \geqslant 1V$，$R_S=51k\Omega$。

2. 性能指标要求

$A_V=3$，功率消耗 $P<50mW$，增益不平坦度小于 0.1dB，$20Hz<f<20kHz$，电路稳定性好，采用分立元器件。

3. 扩展要求

负载为51Ω，采用单管电路结构，总功率小于 30mW。

4. 实验仪器与设备

直流稳压电源 1 台、数字万用表 1 只、面包板 1 块、F40 型数字合成函数信号发生器 1 台、双踪示波器（DS5062 或 TDS1002）1 台、元器件及工具 1 盒。

5. 设计步骤与要求

在放大器设计实验中，要求采用分立元器件来实现，考虑晶体管是具有电流放大功能的电子器件。因此，以晶体管为例介绍设计思路。

晶体管有 3 个工作区域，分别是截止区、放大区和饱和区。以 NPN 型硅管为例，其工作区域如图 6.9 所示。曲线中清楚地标出了晶体管的 3 个工作区。

以 NPN 型晶体管为例，截止区的特征是发射结和集电结均反向偏置，发射极电流为零所对应的区域，对于共射极电路，处于截止区时即 $V_{BE}<V_{on}$ 且 $V_{CE}>V_{BE}$；放大区的特征是发射结正向偏置，集电结反向偏置，即 $V_{BE}>V_{on}$ 且 $V_{CE}>V_{BE}$；饱和区的特征是发射结和集电结均正向偏置，即 $V_{BE}>V_{on}$ 且 $V_{CE}<V_{BE}$。

在晶体管放大电路中，以常用的共射极放大电路为例，分析放大电路的静态工作点等参数。共射极放大电路原理图如图 6.10 所示。

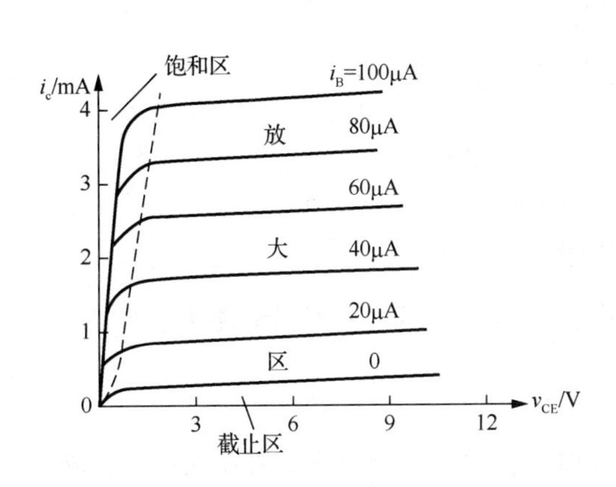

图 6.9 晶体管的工作区域

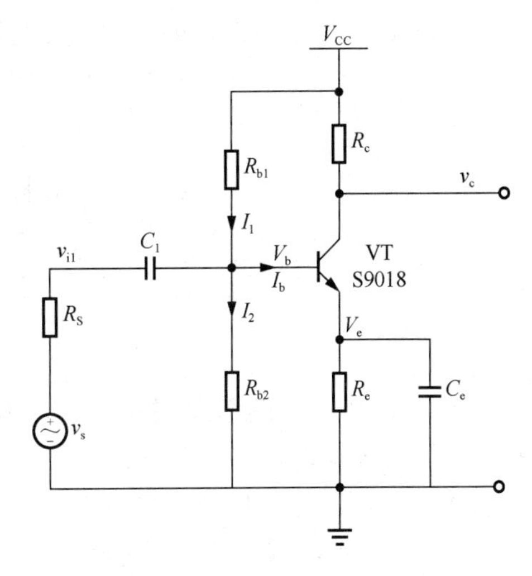

图 6.10 共射极放大电路原理图

在图 6.10 所示的放大电路中，晶体管 VT 的静态工作电压 V_B 是否等于 $\frac{R_{b2}}{R_{b1}+R_{b2}}V_{CC}$ 呢？对于大部分人而言，这是毋庸置疑的。但是：

$$V_B = \frac{R_{b2}}{R_{b1}+R_{b2}}V_{CC} \quad (6\text{-}1)$$

式（6-1）成立的前提是，在静态工作条件下流经晶体管基极的静态电流 $I_B \approx 0$。在图 6.10 所示的电路中，当 $V_S = 0$，即静态时：

$$I_1 = I_2 + I_B \quad (6\text{-}2)$$

$$I_B = \frac{V_B - V_{BE}}{(1+\beta)R_e} \quad (6\text{-}3)$$

显然，由式（6-2）和式（6-3）两个式子可以看出，只有 $I_B \ll I_2$ 时，V_B 的电压才近似等于 R_{b1} 与 R_{b2} 的分压，即式（6-1）成立。

当 I_B 与 I_2 的大小在同一数量级时，式（6-1）将不再成立，那么，V_B 的计算公式应该如何表达呢？

晶体管处于静态工作点时，从 I_B 电流方向看过去的等效输入阻抗是多少呢？显然，由输入阻抗的定义可知，I_B 电流流经支路的等效输入阻抗为

$$R_i = V_B / I_B = (V_{BE} + I_E R_e)/I_B = R_{BE} + (1+\beta)R_e$$

即 I_B 电流流经支路的等效输入阻抗，$R_i = R_{BE} + (1+\beta)R_e$（$R_{BE}$ 通常取 200Ω或 300Ω）。

因此，晶体管静态工作电压 V_B 的确切表达式为

$$V_B = (R_{b2} // R_i)V_{CC} / (R_{b1} + R_{b2} // R_i) \quad (6\text{-}4)$$

在式（6-4）中，当 $R_i \gg R_{b2}$ 时，才可近似认为式（6-1）成立。因此，在电路设计过程中，必须牢记每一个公式成立的条件。

在图 6.10 所示的电路中，交流输出信号 $\dot{V}_c$ 与信号源的输入电压 $\dot{V}_S$ 的比例关系是什么呢？输出信号 $\dot{V}_c$ 与输入信号 $\dot{V}_S$ 的放大倍数 $\dot{A}_{VS}$ 的表达式如何？

对于图 6.10 所示电路，其交流等效电路如图 6.11 所示。

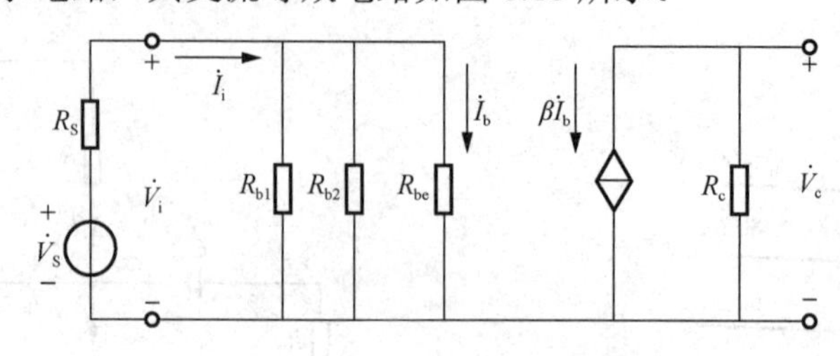

图 6.11　图 6.10 的交流等效电路

在图 6.11 所示的交流等效电路中，耦合电容 C_1 和晶体管的发射极旁路电容 C_e 做短路处理，此时可能会有如下的疑问？

疑问 1：电容 C_1、C_e 可以随意选择吗？

疑问 2：如果电容的选择不是随意的，那么电容在交流等效电路中应该如何分析呢？

疑问 3：设计要求中的“在线增益不平坦度小于 0.1dB”是不是多余的？

为分析电容对电路的影响，下面以图 6.12 所示的电路为例进行介绍。

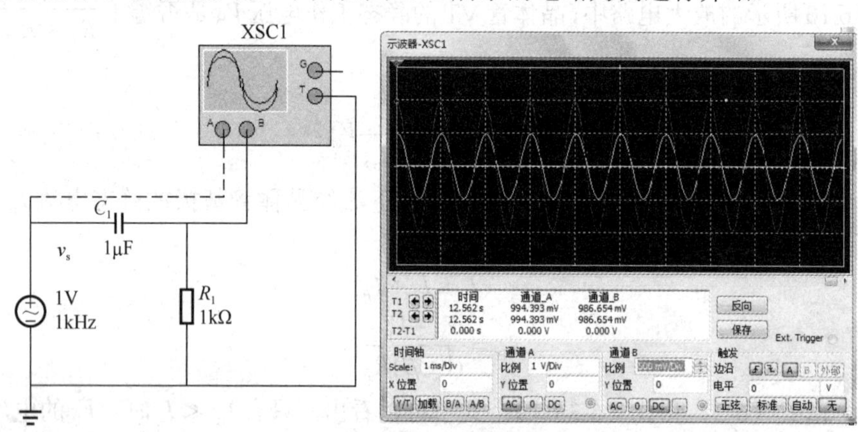

图 6.12　电容 C_1=1μF 时对电路输入、输出信号的影响

在图 6.12 所示的电路中，交流信号是幅值为 1V，频率为 1kHz 的正弦波信号，耦合电容 C_1 为 1μF，负载为 1kΩ的电阻。从图 6.12 显示的示波器测量图中可以看出，输入信号的电压幅度为 V_S=1V，负载 R_1 的电压幅度为 $V_{o1}=975\text{mV}$，即 $V_{o1}\approx V_S$。

改变图 6.12 中电容 C_1 的大小，其电路输出波形如图 6.13 所示。

在图 6.13 所示的电路中，将图 6.12 中电容 C_1 的值变为 1nF，输入信号和负载均未改变。然而，在图 6.13 所示示波器所测量的波形图中，输出信号与输入信号的幅度分别为 V_{o2}=6.28mV 和 V_S=1V。

显然，图 6.13 所示电路的输出信号 V_{o2} 远小于图 6.12 所示电路中的输出信号 V_{o1}。由此可见，交流电路中不能将电容简单地理解为短路；同时，可以看出，电容耦合到负载上的信号大小与电容值的大小有关。

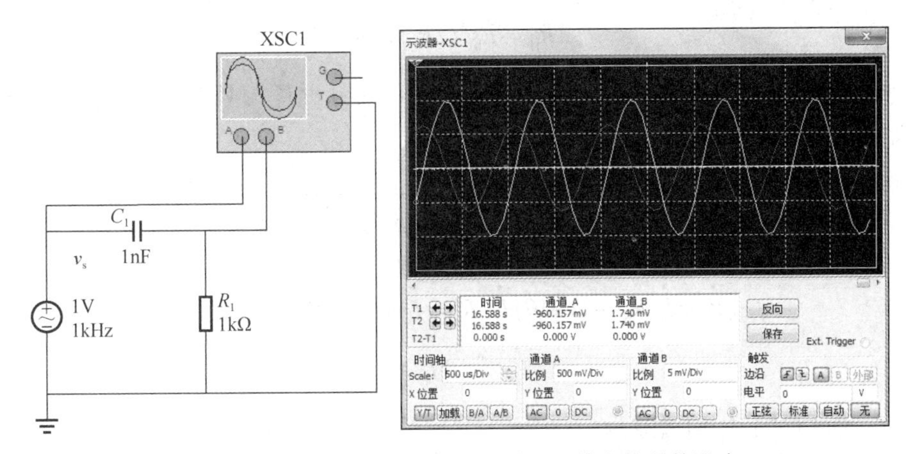

图 6.13　电容 C_1=1nF 时对电路输入、输出信号的影响

利用电路分析基础所学知识，分析负载 R_1 耦合的电压大小为

$$V_{o1}=\frac{V_S R_1}{\left(\frac{1}{j\omega C_1}+R_1\right)}=\frac{V_S R_1}{\left(\frac{1}{j2\pi f C_1}+R_1\right)} \tag{6-5}$$

将 $V_S=1\text{V}$， $f=1\text{kHz}$， $R_1=1\text{k}\Omega$ 代入式（6-5）中，有 V_{o1} 的模值约为 988mV，显然，该计算结果与测量值 975mV 非常接近（通过示波器读取输出电压时，存在读数误差，所以读取数值与实际测量值存在误差），因此，认为测量结果与理论计算吻合。

同理，将图 6.13 中的电路参数 $V_S=1\text{V}$， $f=1\text{kHz}$， $R_1=1\text{k}\Omega$ 代入式（6-5）中，计算其输出电压 V_{o2} 的模值与图 6.13 的测量结果 6.28mV 接近。

因此，在交流电路中不能简单地将电容视为短路，应该计算出其容抗，然后利用分压原理或分流原理对电路进行分析和计算。只有电容的容抗在分析整个回路中可以忽略时，才能将其视为短路。故对于图 6.10 所示的电路，在没有给出电容和信号频率的情况下，其准确的交流等效电路应该如图 6.14 所示。图 6.11 所示的交流等效电路为电容的容抗在整个电路中可以忽略的一种特殊情况。

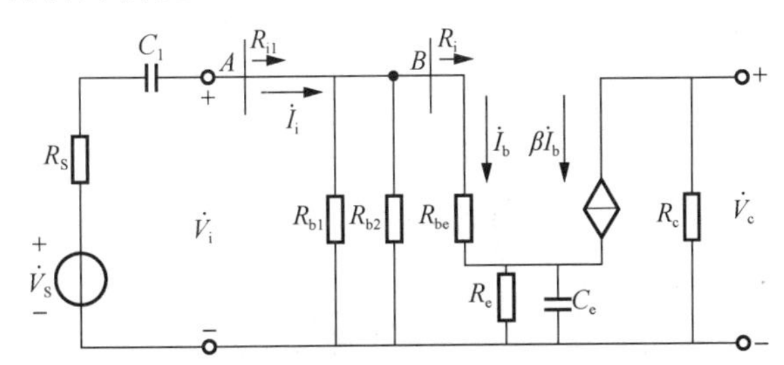

图 6.14　图 6.10 电路考虑电容的交流等效电路

在图 6.14 所示的电路中，从 B 点即晶体管的基极看过去的等效输入阻抗为

$$R_i=\dot{V}_B/\dot{I}_B=R_{be}+(1+\beta)R_e' \tag{6-6}$$

在式（6-6）中， $R_e'=R_e//\frac{1}{j\omega C_e}$。

从图 6.14 的 A 点看过去的等效输入阻抗为

$$R_{i1}=R_{b1}//R_{b2}//R_i \tag{6-7}$$

为分析输出电压 $\dot{V}_c$ 与输入信号 $\dot{V}_S$ 的放大关系，先分析 $\dot{V}_i$ 与 $\dot{V}_S$ 及 $\dot{V}_c$ 与 $\dot{V}_i$ 的关系。

在如图 6.14 所示的电路中：

$$A_{Vis}=\dot{V}_i/\dot{V}_S=\frac{R_{i1}}{R_S+\dfrac{1}{j\omega C_1}+R_{i1}} \tag{6-8}$$

$$\dot{V}_i=\dot{I}_b R_{be}+(1+\beta)\dot{I}_b\cdot R'_e=\dot{I}_b\cdot\left[R_{be}+(1+\beta)\cdot R'_e\right]$$

$$\dot{V}_c=-\beta\dot{I}_b R_c$$

因此，$\dot{V}_c$ 相对于 $\dot{V}_i$ 的增益为

$$A_{VCi}=\dot{V}_c/\dot{V}_i=-\frac{\beta R_c}{R_{be}+(1+\beta)R'_e} \tag{6-9}$$

在式（6-9）中，$(1+\beta)R'_e\gg R_{be}$ 时，有

$$A_{VCi}=-\frac{\beta R_c}{(1+\beta)R'_e}\approx-\frac{R_c}{R'_e} \tag{6-10}$$

由式（6-8）～式（6-10）可知，当 $(1+\beta)R'_e\gg R_{be}$ 时，输出信号 $\dot{V}_c$ 与输入信号 $\dot{V}_S$ 的增益表达式为

$$A_{VS}=A_{Vis}A_{VCi}=\frac{\dot{V}_i}{\dot{V}_S}\cdot\frac{\dot{V}_c}{\dot{V}_i} \tag{6-11}$$

共集电极电路即射极跟随器具有电压增益接近 1，输出电压与输入电压同相，输入电阻高，输出电阻低的特点。虽然电压跟随器的电压增益小于 1，但其输入电阻高，可减小放大电路对信号源所取的电流。同时，射极跟随器输出电阻低，可减小负载变动对电压增益的影响，因此得到了广泛的应用。

共集电极电路的基本电路如图 6.15 所示。

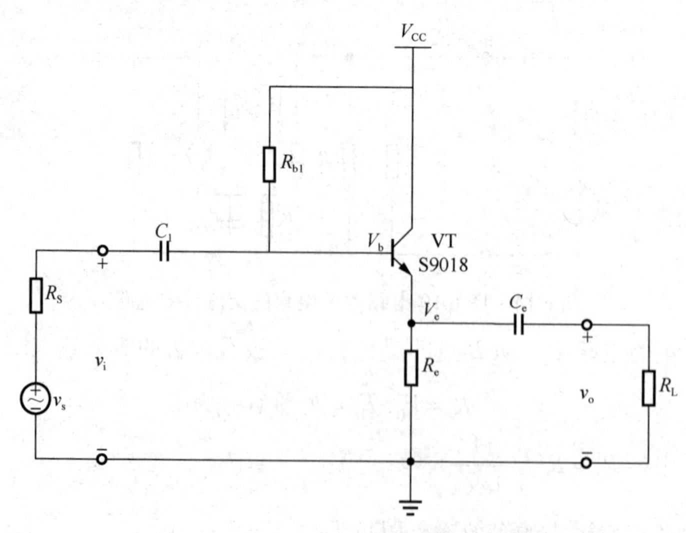

图 6.15　共集电极电路的基本电路

图 6.15 所示为共集电极电路的交流小信号等效电路如图 6.16 所示。

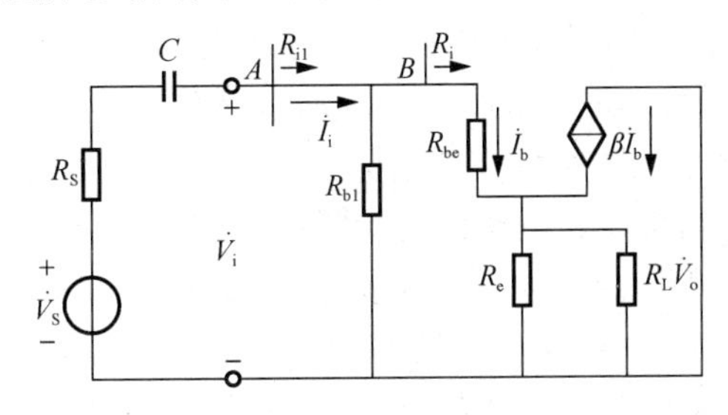

图 6.16　共集电极电路的交流小信号等效电路

由共集电极电路的小信号等效模型可以看出：

$$\dot{V}_{\mathrm{i}} = \dot{I}_{\mathrm{b}} R_{\mathrm{be}} + (1+\beta)\dot{I}_{\mathrm{b}} R_{\mathrm{L}}'$$

$$\dot{V}_{\mathrm{o}} = (1+\beta)\dot{I}_{\mathrm{b}} R_{\mathrm{L}}'$$

$(1+\beta)R_{\mathrm{L}}' \gg R_{\mathrm{be}}$ 时，共集电极放大电路的电压增益为

$$A_{\mathrm{V}} = \frac{\dot{V}_{\mathrm{o}}}{\dot{V}_{\mathrm{i}}} = \frac{(1+\beta)R_{\mathrm{L}}'}{R_{\mathrm{be}} + (1+\beta)R_{\mathrm{L}}'} \approx 1$$

在硬件电路验证时，常用面包板作为硬件连接的载体。在使用电路板的过程中，可能出现连接纵向 5 个孔的铜皮断裂而出现断路的情况。在电路检测的过程中，可以将数字万用表置于二极管挡，然后用红、黑表笔连接到纵向的插孔，如果发出声音，则表明铜皮连接可靠；同样也可将数字万用表置于电阻挡，如果两个插孔间的电阻为 0，则表明连通正常；如果阻值为无穷，则表明铜皮断裂。

6.5.2　单级阻容耦合晶体管放大器设计

1. 已知条件

$V_{\mathrm{CC}} = +12\mathrm{V}$， $R_{\mathrm{L}} = 2\mathrm{k\Omega}$， $v_{\mathrm{i}} = 100\mathrm{mV}$， $R_{\mathrm{s}} = 50\Omega$ 。

2. 性能指标要求

$A_{\mathrm{V}} > 30$， $R_{\mathrm{i}} > 2\mathrm{k\Omega}$， $R_{\mathrm{o}} < 3\mathrm{k\Omega}$， $f_{\mathrm{L}} < 20\mathrm{Hz}$， $f_{\mathrm{H}} > 500\mathrm{kHz}$，电路稳定性好。

3. 实验仪器与设备

直流稳压电源 1 台、数字万用表 1 只、面包板 1 块、F40 型数字合成函数信号发生器 1 台、双踪示波器（DS5062 或 TDS1002）1 台、元器件及工具 1 盒。

4. 设计步骤与要求

1）认真阅读本课题介绍的设计方法和测试技术，写出预习报告。

2）根据设计的参数和指标要求，确定电路结构及元器件，设置静态工作点，计算电路元件参数。

注意：以上两步要求在实验前完成。

3）利用 Multisim 设计工具对设计的电路进行仿真，同时应用 Multisim 提供的各种虚拟仪器对电路参数进行测量，并不断调整电路参数，使电路满足各项设计指标要求。

4）在 Multisim 中测量电路符合设计指标要求后，在面包板上搭建相应的硬件电路，并对电路的各项指标进行测量，若电路与设计要求有偏差，可以对电路参数进行微调。

5）所有实验完成后，写出设计报告，设计报告要求包括以下几个方面：①设计要求；②对设计要求进行分析；③设计涉及的原理及模型（理论）；④实际设计中的一些问题；⑤最终设计出的电路及仿真结果（波形、频率特性、功耗等）；⑥实际测量结果及分析；⑦心得体会及对本设计的想法或对本课程的一些想法或意见。

6.5.3 稳压电路设计

1. 已知条件

输入信号幅度为 9.5～20V，频率为 50Hz，内阻为 2Ω，脉动直流，负载电流为 0～0.5A。

2. 性能指标要求

输出电压幅度为 5V，且在负载电流的额定变化范围内，$\Delta V_o \leqslant 100\text{mV}$。

3. 扩展指标要求

满足以下一项均可：电路采用开关电源结构，$\Delta V_o \leqslant 40\text{mV}$，负载电流 0～1A，其他突出特点或创新结构。

4. 实验仪器与设备

直流稳压电源 1 台、数字万用表 1 只、面包板 1 块、F40 型数字合成函数信号发生器 1 台、双踪示波器（DS5062 或 TDS1002）1 台、元器件及工具 1 盒。

5. 设计步骤与要求

具体同 6.5.2 节“设计步骤与要求”的内容，这里不再赘述。

6.5.4 滤波电路设计

1. 已知条件

输入信号为主信号与干扰信号的混合信号，其中主信号为 1000Hz、1V 正弦波，干扰 1 为 1400Hz、0.7V 正弦波，干扰 2 为 260Hz、0.9V 正弦波，干扰 3 为 5000Hz、3V 正弦波。

2. 性能指标要求

整理出只含主信号频率的脉冲信号，对相位抖动、脉宽是否恒定不做要求。

3. 实验仪器与设备

直流稳压电源 1 台、数字万用表 1 只、面包板 1 块、F40 型数字合成函数信号发生器 2

台、双踪示波器（DS5062 或 TDS1002）1 台、元器件及工具 1 盒。

4. 设计步骤与要求

具体同 6.5.2 节“设计步骤与要求”的内容，这里不再赘述。

6.5.5　波形产生电路设计

1. 已知条件

设计一个函数信号发生电路，要求能产生方波、三角波和正弦波。

2. 性能指标要求

频率范围为 1～10Hz、10～100Hz，输出电压为方波 $V_{p-p} \leqslant 24V$，三角波 $V_{p-p} = 8V$，正弦波 $V_{p-p} > 1V$；波形特性为方波上升时间 $t_r < 100\mu s$，三角波失真度 $\gamma < 2\%$，正弦波失真度 $\gamma < 5\%$。

3. 实验仪器与设备

直流稳压电源 1 台、数字万用表 1 只、面包板 1 块、双踪示波器（DS5062 或 TDS1002）1 台、元器件及工具 1 盒。

4. 设计步骤与要求

具体同 6.5.2 节“设计步骤与要求”的内容，这里不再赘述。

参考文献

操长茂，胡小波，2009. 电工电子技术基础实验[M]. 武汉：华中科技大学出版社.
陈小平，李长杰，2008. 电路实验与仿真设计[M]. 南京：东南大学出版社.
付扬，2007. 电路与电子技术实验教程[M]. 北京：机械工业出版社.
顾江，鲁宏，2009. 电子电路基础实验与实践[M]. 南京：东南大学出版社.
康华光，2003. 电子技术基础[M]. 4 版. 北京：高等教育出版社.
梅开乡，梅军进，2010. 电子电路实验[M]. 北京：北京理工大学出版社.
沈小丰，2007. 电子线路实验：数字电路实验[M]. 北京：清华大学出版社.
王冠华，2008. Multisim10 电路设计及应用[M]. 北京：国防工业出版社.
王连英，2009. 基于 Multisim 10 的电子仿真实验与设计[M]. 北京：北京邮电大学出版社.
王松林，吴大正，李小平，等，2008. 电路基础[M]. 3 版. 西安：西安电子科技大学出版社.
王振宇，2004. 实验电子技术[M]. 北京：电子工业出版社.
于卫，李志军，谢勇，2008. 模拟电子技术实验及综合实训教程[M]. 武汉：华中科技大学出版社.
余佩琼，孙惠英，2010. 电路实验教程[M]. 北京：人民邮电出版社.
曾浩，2008. 电子电路实验教程[M]. 北京：人民邮电出版社.
张咏梅，陈凌霄，2002. 电子测量与电子电路实验[M]. 北京：北京邮电大学出版社.
周开邻，王彩君，杨睿，2009. 模拟电路实验[M]. 北京：国防工业出版社.